LES NOUVEAUX Précis BRÉAL

Mécanique des fluides

PC - PSI

P. CHASSAING
Professeur à l'INPT-ENSEEIHT
Chef du Département de Mécanique des Fluides de l'ENSICA

X. CARBONNEAU
Enseignant-chercheur à l'ENSICA (Dr.)

J.-B. CAZALBOU
Enseignant-chercheur à l'ENSICA (Dr., HdR)

L. JOLY
Enseignant-chercheur à l'ENSICA (Dr., HdR)

Bréal éditions
1, rue de Rome - 93561 Rosny-sous-Bois cedex

Sommaire

Dépôt légal : août 2005
ISBN 2 7495 0404 X

CHAPITRE

1 Données physiques sur les milieux fluides

Introduction

La mécanique des fluides est la partie de la physique qui traite du mouvement des fluides. Ces mouvements peuvent être d'origine naturelle ou résulter d'activités humaines. Ainsi, cette discipline est-elle en amont d'applications en météorologie, océanographie, hydraulique maritime ou fluviale, hydrodynamique, aérodynamique…

Le champ de ces applications recouvre également des situations relevant de la thermique, du génie des procédés, de l'énergétique, dès lors que les écoulements mettent en jeu des transferts thermiques et /ou massiques, en fluides polyphasiques (gaz, liquide, particules solides) et milieux chimiquement réactifs (combustion, par exemple).

Sur le plan théorique, la mécanique des fluides continue de faire l'objet d'une activité de recherche soutenue car elle pose encore nombre de questions fondamentales mal ou non élucidées.

Plan du chapitre 1

A. Notion de fluide

A.1. Qu'est-ce qu'un fluide pour le mécanicien ?

Un fluide est une substance matérielle qui, soumise à des forces extérieures **constantes dans le temps** mais non réductibles à des pressions[1], se déforme ou coule **en permanence** aussi longtemps que ces forces restent appliquées. Cette propriété s'appelle la mobilité[2]. Elle oppose le fluide au solide déformable qui, dans les mêmes conditions, atteint un état de déformation fixe[3], où se sont développées des tensions internes qui équilibrent l'action des forces externes.

L'absence de rigidité du fluide rend ce matériau inapte à s'opposer à un cisaillement en résistant au glissement relatif de différentes parties.

Ainsi, un fluide ne peut être au repos (dans le repère du centre d'inertie) qu'en présence d'actions extérieures susceptibles d'être équilibrées par des forces internes exclusivement normales (pression).

A.2. Qu'est-ce qu'un fluide pour le physicien ?

En physique, les interactions ou forces mutuelles entre les molécules[4] déterminent différents états de la matière :

– l'***état solide*** ordonné ou amorphe, où les atomes occupent des positions relatives fixes dans l'espace, avec des vibrations de faibles amplitudes, d'origine thermique ;

– l'***état gazeux*** sous faible pression, qui est celui d'un ensemble de molécules diluées dans l'espace, affectées de mouvements désordonnés et de vibrations, avec interaction par collisions ;

– l'***état liquide***, qui correspond à un état intermédiaire entre celui du solide et du gaz pouvant, de ce fait, être perçu soit comme un solide désordonné, soit comme un gaz très dense.

La notion de fluide pour le physicien fait référence à l'absence de structure organisée de la matière à l'échelle microscopique, autorisant des déplacements de grande amplitude des molécules. Elle regroupe donc les états liquides et gazeux.

B. L'approche du milieu continu : les trois niveaux d'échelles

Les fluides étudiés ici sont des liquides et des gaz « denses[5] » dont on étudie les mouvements à une échelle de longueur L (dite échelle de « l'observateur ») très supérieure à celle caractérisant la structure discrète du milieu, ℓ (échelle dite « moléculaire »).

B.1. Niveau microscopique

Le niveau microscopique est celui des molécules. Son échelle de longueur caractéristique ℓ dépend du milieu.

• Dans les liquides usuels[6], les molécules se rapprochent entre elles autant que les forces de répulsion le permettent. La distance inter-moléculaire δ (fig. 1) peut alors servir de référence d'échelle caractéristique ℓ, soit :

$$\ell \sim \delta.$$

1. Les forces de pression sont des forces qui s'exercent toujours de façon normale à la surface du fluide. Elles sont à l'origine de l'équilibre hydrostatique du fluide au repos.

2. Le mouvement de certains milieux solides *dispersés*, tel le sable, peut donner globalement une impression de mobilité évoquant celle d'un milieu fluide *continu*.

3. Cette déformation peut n'être perceptible que sur de très grandes durées, comme pour « l'écoulement » d'un glacier apparenté au mouvement très lent d'un matériau déformable.

4. L'identité microscopique peut être l'atome comme dans certains gaz et le mercure (seul métal liquide à constituant atomique sous les conditions normales). Le terme de « molécule », employé dans la suite, aura donc valeur de générique.

5. L'atmosphère terrestre, sous les conditions normales de température et de pression, est considérée comme un gaz dense. Elle devient un milieu raréfié avec l'altitude.

6. Les liquides formés de macromolécules en solution, par exemple, sont exclus de la discussion.

Fig. 1 – Échelle microscopique caractéristique dans un liquide : distance inter-moléculaire δ.

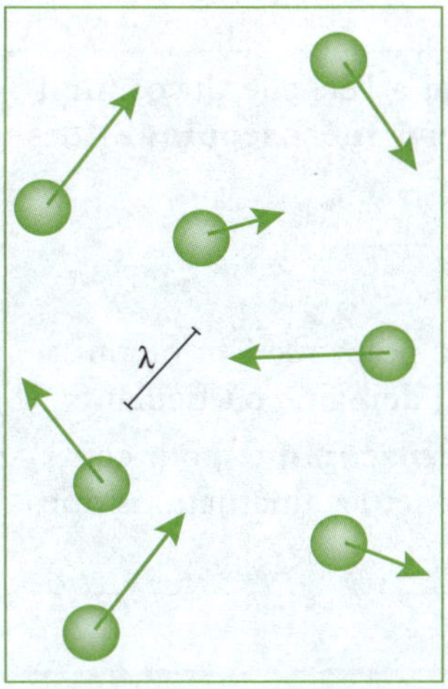

Fig. 2 – Échelle microscopique caractéristique dans un gaz : libre parcours moyen λ.

Variable selon le corps considéré, cette distance est de même ordre de grandeur que la dimension représentative de la taille d'une molécule, soit typiquement l'Angström ($1 Å = 10^{-10}$ m).

• Dans les gaz (fig. 2), les molécules sont soumises à une agitation provoquant des chocs entre elles, de sorte que l'échelle moléculaire caractéristique devient le libre parcours moyen λ, distance statistiquement franchie « en moyenne » par une molécule entre deux chocs consécutifs. On a alors :

$$\ell \sim \lambda.$$

Variable selon la nature du gaz et les conditions de température et de pression, le libre parcours moyen est typiquement de l'ordre de 10 Å.

En résumé, la majorante de l'échelle moléculaire caractéristique ℓ est de l'ordre de 100 nanomètres ($1 \text{ nm} = 10^{-9}$ m).

B.2. Niveau macroscopique

Ce niveau, fixé par l'observateur humain, recouvre une très large plage d'échelles L.

La borne supérieure peut aller jusqu'à la centaine, voire le millier de kilomètres (écoulements de géo-fluides, océan, atmosphère).

La borne inférieure peut se situer aux environs du millimètre ou du dixième de millimètre, en limite de résolution spatiale de capteurs de mesure, ou en référence aux écoulements (micro-circulation sanguine, filtration en milieux poreux…).

En résumé :

$$L \geqslant 10^{-1} \text{ mm}.$$

B.3. L'hypothèse du continu

Dans les gaz, sous conditions normales de température et de pression, on compte $6{,}023 \cdot 10^{23}$ molécules (nombre d'Avogadro) dans 22,4 litres, ce qui signifie qu'un cube de 1 µm de côté renferme $2{,}69 \cdot 10^{7}$ molécules. Ce résultat montre que, même à cette échelle, les effets de la structure discontinue de la matière peuvent être statistiquement lissés par un effet de grand nombre. On supposera donc que :

Hypothèse

Pour l'étude de son mouvement à échelle macroscopique, le fluide se comporte comme **un milieu continu**, au sens où la matière est répartie continûment dans tout le domaine où s'effectue le mouvement[1].

1. L'hypothèse du continu ne permet pas de « voir » les molécules constitutives de la matière. Cela dit, ne pas « voir » le mouvement propre des molécules ne signifie pas ignorer les effets de l'agitation moléculaire. Une question majeure de l'approche du continu est ainsi de savoir traduire, à l'échelle macroscopique, les conséquences de l'agitation microscopique. C'est là l'origine physique des propriétés diffusives des fluides (viscosité et diffusivité thermique notamment, *cf.* § E).

B.4. Concept de particule fluide

En référence à un domaine macroscopique $\Delta \sim L^3$ de l'écoulement, l'adoption de l'hypothèse du continu pose la question du sens physique à donner au passage à la limite « $\Delta \to 0$ ». On ne peut en effet envisager un « domaine limite » de volume mathématiquement nul.

En arrière plan, c'est la notion de grandeur « locale » à l'échelle du milieu continu qui devra être définie, la localisation ne pouvant **physiquement** se rapporter à un « point mathématique ».

Le concept de particule fluide (fig. 3) fournit ainsi la réponse à ces interrogations.

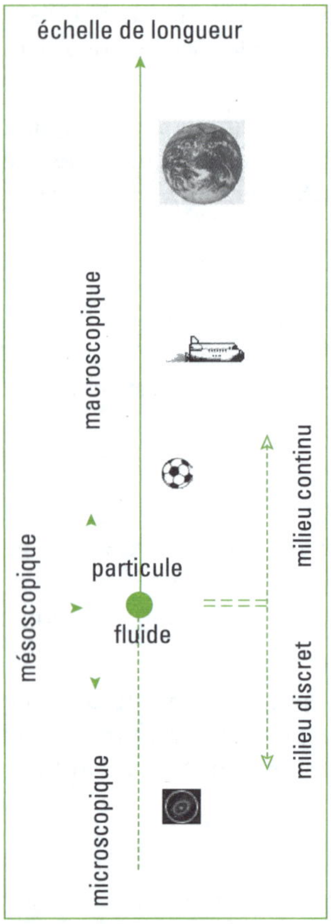

Fig. 3 – Concept de particule fluide et classes d'échelles.

Définition 1

La particule fluide **ε** est le domaine infinitésimal à l'échelle du continu. Son volume $\delta\upsilon$ se situe au raccordement (**niveau mésoscopique**) des échelles micro et macroscopique :

$$\ell^3 \ll \boldsymbol{\delta\upsilon} \ll \mathbf{L}^3,$$

de telle sorte qu'il soit à la fois :

– **suffisamment petit** à l'ordre **macroscopique** pour que l'on ne puisse distinguer aucune variation spatiale à l'échelle du domaine particulaire,

– **suffisamment grand** vis-à-vis de l'échelle **microscopique** pour contenir un nombre élevé de molécules, afin de moyenner les fluctuations dues à leurs mouvements d'agitation.

Il résulte directement de cette définition que :

Propriété 1

À l'échelle de la particule fluide, la valeur limite d'une intégrale de volume

$$F_\Delta(t) = \iiint_{M \in \Delta} f(M, t)\, dx\, dy\, dz \text{ pour } \Delta \to \boldsymbol{\varepsilon} \text{ est telle que :}$$

$$\lim_{\Delta \to \varepsilon} \mathbf{F}_\Delta(t) = f(\mathbf{P}, t) \times \boldsymbol{\delta\upsilon}$$

où $f(P, t)$ représente la **valeur macroscopique locale** de la fonction f pour la particule fluide de volume $\delta\upsilon$, occupant le domaine $\varepsilon(t)$ centré au « point matériel » P autour duquel s'évanouit le domaine $\Delta(t)$ à l'échelle mésoscopique (fig. 4).

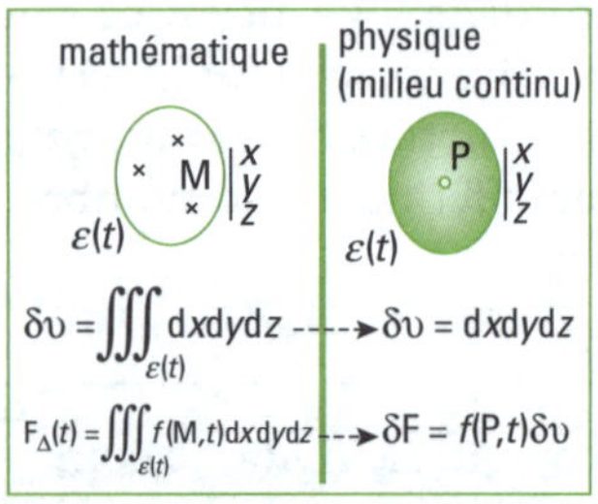

Fig. 4 – Particule fluide : équivalence entre concept physique et notions mathématiques.

Propriété 2

D'un point de vue mathématique, le concept de particule fluide comme entité physique de « localisation » d'un « point matériel » $P(x, y, z)$ du milieu continu assure la **définition** de toute fonction de « point » $f(x, y, z)$ à cette échelle. Elle n'assure pas pour autant la **continuité** mathématique de cette même fonction, dans la mesure où de fortes variations « *mathématiquement continues à un ordre infra-particulaire* » apparaîtront comme des discontinuités à « l'échelle mésoscopique » (fig. 5).

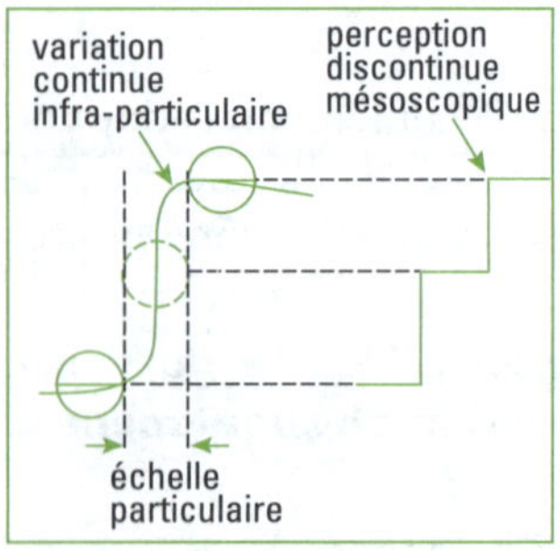

Fig. 5 – Variation sub-mésoscopique perçue comme une discontinuité à l'échelle macroscopique.

B.5. Valeur macroscopique locale de la masse volumique

À un instant t donné, on considère la masse volumique, selon les trois niveaux d'échelles :

– *microscopique* :

$$\frac{\sum_{k=1}^{k=N} m_k}{\upsilon},$$

rapport de la masse de N molécules, de masse élémentaire m_k, dans un volume $\upsilon \sim \ell^3$;

– *macroscopique* :

$$\frac{M}{D},$$

rapport de la masse M de fluide dans un domaine $D \sim L^3$;

1. Du fait de l'agitation moléculaire, un **même** volume particulaire de référence observé à des instants différents ne contient pas les mêmes molécules.

– *mésoscopique*: $\rho(P, t)$ valeur locale (mésoscopique) obtenue en raccordement par double passage à la limite « $\upsilon \to \infty$ » et « $D \to 0$ ». Cette opération élimine à la fois les fluctuations d'ordre microscopique et par inhomogénéité macroscopique (fig. 6) sur un volume particulaire[1] de référence:

$$\rho(P, t) = \frac{\text{masse de fluide dans le domaine } \varepsilon(t)}{\text{volume du domaine } \varepsilon(t)} . \quad \left[\frac{kg}{m^3}\right]$$

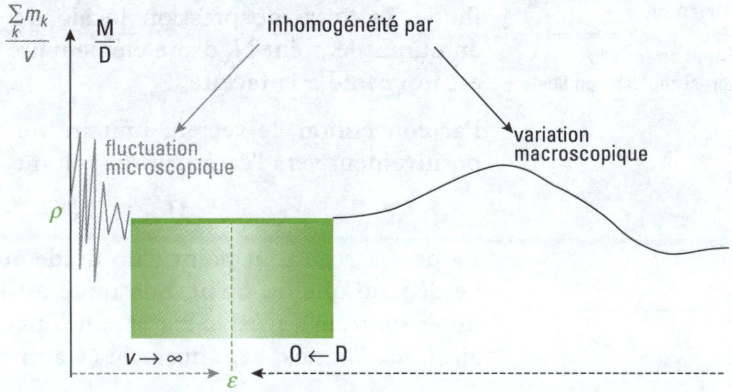

Fig. 6 – Niveau mésoscopique et valeur macroscopique locale de la masse volumique.

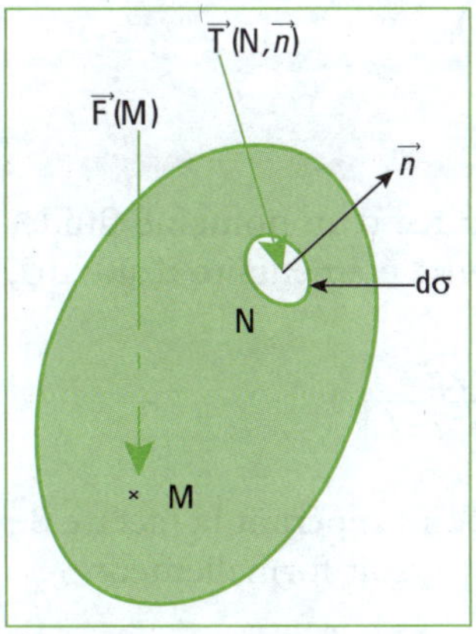

Fig. 7 – Force de volume (action à distance) et contrainte de surface (action de contact) sur un domaine de fluide en mouvement.

C. Les forces dans un fluide en mouvement

La mise en mouvement d'un domaine matériel D de fluide initialement au repos peut résulter de l'action de deux types de forces extérieures, agissant soit en tout point M du volume, soit en tout point N de la surface limitant le domaine (fig. 7).

C.1. Action à distance et forces de volume

Les gaz ionisés (plasmas) ou les métaux liquides conducteurs de l'électricité peuvent être le siège de forces de volume d'origine électromagnétique. Ce cas est exclu ici où les seules forces agissant à distance dans le fluide en mouvement sont les forces de gravité[2].

En tout point $M \in D$, où le volume de la particule fluide est $\delta\upsilon$ (m^3) et sa masse volumique[3] ρ ($kg \cdot m^{-3}$), elles s'expriment, par:

$$\delta\vec{F}^{vol}(M) = \rho\vec{g}\,\delta\upsilon = -\rho g \delta\upsilon\,\vec{e}_z$$

où $\vec{g}$ ($m \cdot s^{-2}$) est l'accélération de la pesanteur[4] et $\vec{e}_z$ le vecteur unitaire de la verticale ascendante.

Ces forces ont pour densité massique locale le vecteur $\vec{F}(M)$ – homogène à une accélération $[m \cdot s^{-2}]$ –, qui dérive du potentiel $\mathcal{P}(M)$, énergie potentielle de pesanteur par unité de masse ($m \cdot s^{-2}$):

$$\delta\vec{F}^{vol}(M) = \rho\vec{F}(M)\,\delta\upsilon,$$

avec $\vec{F}(M) = -\overrightarrow{\text{grad}}\,\mathcal{P}(M)$, où $\mathcal{P}(M) = gz$.

Sur un domaine D fini de fluide, la résultante s'obtient par sommation sur toutes les particules fluides du domaine, ce qui s'exprime par une intégrale de volume au sens de l'approche macroscopique:

$$\vec{F}^{vol} = \iiint_{M \in D} \delta\vec{F}^{vol}(M) = \iiint_D \rho\vec{F}(M)\,dx\,dy\,dz.$$

2. Des forces d'inertie d'entraînement et de Coriolis sont aussi à considérer dans le cas de mouvements rapportés à un référentiel non-galiléen.

3. Pour alléger les écritures, on n'explicite pas formellement la dépendance spatiale de cette fonction. Mais on gardera en mémoire qu'ici $\rho = \rho(M)$.

4. Le module sera supposé constant sauf mention contraire dans les applications.

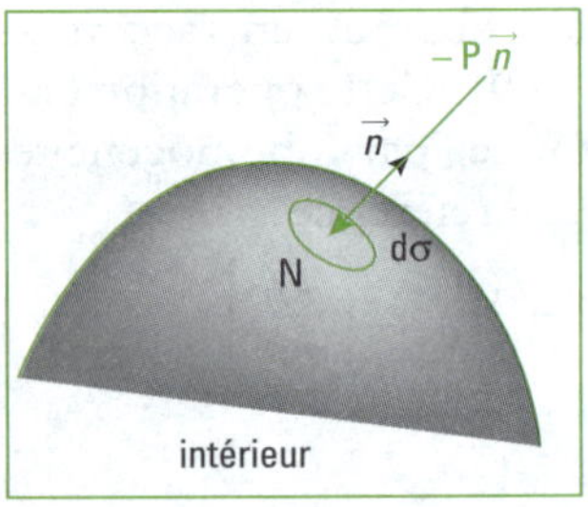

Fig. 8 – Force de surface normale (pression) dans un fluide au repos.

C.2. Action de contact et forces de surface

Tout volume fluide en contact par sa surface limite avec une autre partie du même fluide, un autre fluide ou un solide, subit de la part de ce milieu extérieur quel qu'il soit des actions dites « de surface ».

• Dans un **fluide au repos**, il s'agit de forces de pression « hydrostatique » (fig. 8). Si P(N) (Pa) désigne la valeur de cette pression en un point N du fluide, la force de pression locale $d\vec{F}^s_{repos}(N)$ s'exerçant sur une facette entourant le point N, d'aire élémentaire dσ (m^2) (à l'échelle mésoscopique), est **normale** à la facette.

Par convention, le vecteur unitaire de la normale $\vec{n}$ étant toujours orienté positivement vers l'extérieur du volume, on a :

$$d\vec{F}^s_{repos}(N) = -P(N)\vec{n}\, d\sigma.$$

La pression en tout point d'un fluide au repos est une fonction scalaire qui ne dépend que du point. Son unité est le pascal (1 Pa = 1 $N \cdot m^{-2}$). En pratique, on utilise aussi le bar et son sous-multiple, le millibar (1 bar = 10^5 Pa) ainsi que l'atmosphère normale (1 atm = 101 325 Pa).

• Dans un **fluide en mouvement**, la force de contact locale $d\vec{F}^s_{mvt}(N)$ comprend en général deux composantes, **normale et tangentielle** (fig. 9), de sorte que :

$$(d\vec{F}^s)_{mvt} = (d\vec{F}^s_n)_{mvt} + (d\vec{F}^s_t)_{mvt}.$$

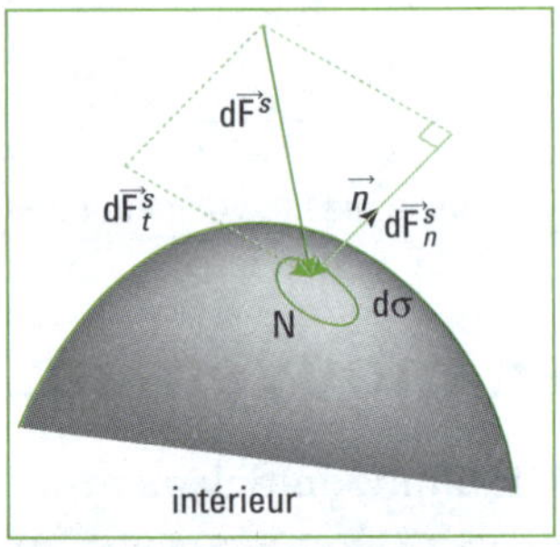

Fig. 9 – Force de surface à composantes normale et tangentielle dans un fluide en mouvement. La contrainte de pression est toujours une contrainte normale. Dans un fluide en mouvement, les contraintes normales ne se réduisent pas seulement à la pression.

C.3. Contrainte

On appelle contrainte $\vec{T}$ en tout point N de la surface d'un domaine fluide, la force de contact par *unité de surface*. Sur une facette élémentaire d'aire dσ, elle s'écrit :

$$\boxed{\vec{T} = \frac{d\vec{F}^s(N)}{d\sigma}} \quad [Pa] \text{ ou } \left[\frac{kg}{m \times s^2}\right]$$

Le vecteur contrainte local dépend en général du point repérant la facette de l'élément fluide, de la normale à celle-ci et du temps, soit formellement :

$$\vec{T} = \vec{T}(N, \vec{n}, t).$$

C.4. Expression volumique de la résultante des forces de pression sur un domaine élémentaire

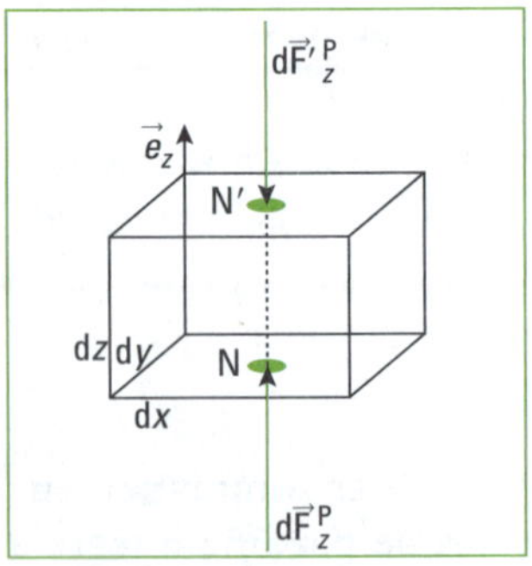

Fig. 10 – Forces de pression sur deux faces opposées d'un pavé élémentaire. La contrainte de pression est toujours une contrainte normale.

Soit un pavé élémentaire de fluide $dx\,dy\,dz$ dans un repère orthonormé (fig. 10). Sur la facette S_N s'exerce la force de pression :

$$d\vec{F}^P_z = P\, dx\, dy\, \vec{e}_z$$

et sur la facette $S_{N'}$:

$$d\vec{F}'^P_z = -\left(P + \frac{\partial P}{\partial z} dz\right) dx\, dy\, \vec{e}_z.$$

La résultante $\delta\vec{F}^P_z$ des forces de pression suivant la direction $\vec{e}_z$ vaut donc :

$$\delta\vec{F}^P_z = d\vec{F}^P_z + d\vec{F}'^P_z = -\frac{\partial P}{\partial z} dx\, dy\, dz\, \vec{e}_z$$

soit, en introduisant le volume élémentaire $\delta\upsilon = dx\, dy\, dz$:

$$\delta\vec{F}^P_z = -\frac{\partial P}{\partial z} \delta\upsilon\, \vec{e}_z.$$

On obtiendrait de même pour les résultantes suivant x et y:

$$\delta\vec{F}^{P}_{x} = -\frac{\partial P}{\partial x}\,\delta\upsilon\,\vec{e}_{x} \quad \text{et} \quad \delta\vec{F}^{P}_{y} = -\frac{\partial P}{\partial y}\,\delta\upsilon\,\vec{e}_{y}.$$

Théorème 1

La résultante des **forces extérieures de pression** s'exerçant sur un volume élémentaire centré autour d'un point M s'exprime par:

$$\boldsymbol{\delta\vec{F}^{P}(M) = \delta\vec{F}^{P}_{x} + \delta\vec{F}^{P}_{y} + \delta\vec{F}^{P}_{z} = -\overrightarrow{\mathrm{grad}}\,P(M)\,\delta\upsilon}$$

et a donc pour densité volumique le vecteur opposé au **gradient de pression.**

D. Propriétés physiques du fluide monophasique, homogène et isotherme

Par propriétés physiques du fluide, on entend des caractéristiques du milieu continu dont les valeurs, à l'échelle mésoscopique, peuvent être considérées comme très largement indépendantes du mouvement.

• Pour des écoulements isothermes, en se limitant au fluide monophasique[1] homogène[2], il s'agira essentiellement de la viscosité et de la compressibilité.

Tout **fluide** réel est intrinsèquement, et à un certain degré, visqueux et compressible. Cela ne signifie pas pour autant que son **mouvement** (l'écoulement) soit lui aussi, systématiquement et dans sa totalité, affecté par de telles propriétés.

Un des objectifs majeurs du mécanicien des fluides consiste précisément à savoir déterminer les conditions sous lesquelles telle ou telle propriété physique joue ou pas un rôle significatif dans le mouvement. Ainsi, par exemple, certains écoulements d'air, gaz compressible, peuvent se calculer avec une excellente précision en négligeant la compressibilité. De même, des résultats majeurs peuvent s'obtenir en ignorant la viscosité dans tout ou partie de certains écoulements.

• En écoulements non isothermes, la variation de température peut résulter:
– d'une conversion thermodynamique d'énergie mécanique (par compression ou détente d'un gaz parfait par exemple),
– d'un transfert thermique direct par apport d'énergie en volume (radiatif) ou à travers la surface d'échange du domaine fluide (conductif).

Tout **fluide** réel est intrinsèquement conducteur de la chaleur, propriété physique que l'on peut caractériser par un coefficient de diffusivité thermique [$m^2 \cdot s^{-1}$]. Cette propriété a même origine physique que la viscosité, à savoir un transfert microscopique par agitation moléculaire[3].

1. Plus généralement, on néglige les phénomènes d'interface gaz (vapeur) / liquide. La tension interfaciale n'interviendra pas.

2. Le milieu fluide a même composition en tout point: la diffusion massique n'est pas à considérer.

3. Un fluide pour lequel tout transfert par agitation moléculaire est nul est qualifié de fluide parfait. Il s'agit donc d'un milieu non visqueux et non conducteur de la chaleur.
Ce concept de **fluide parfait** ne doit pas être confondu avec la notion thermodynamique de **gaz parfait**. Ainsi, dans un fluide parfait, la variation de température aura pour seule origine la conversion thermodynamique d'énergie mécanique. En fluide réel, la diffusion de chaleur peut être caractérisée par un coefficient: conductivité thermique λ [$W \cdot m^{-1} \cdot K^{-1}$] ou diffusivité thermique k [$m^2 \cdot s^{-1}$], avec $k = \dfrac{\lambda}{\rho C_p}$.

E. Viscosité

E.1. Origine microscopique et perception mésoscopique

La viscosité est la propriété qui se manifeste, au niveau macroscopique, par la résistance qu'oppose le fluide à tout mouvement. Elle tire son origine physique des transferts de quantité de mouvement, siégeant à l'échelle microscopique, du fait de l'agitation moléculaire.

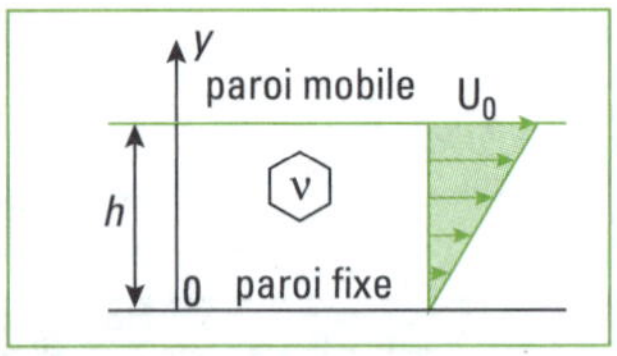

Fig. 11 – Mouvement d'un fluide visqueux newtonien résultat du déplacement du plan supérieur par translation à vitesse constante $\vec{U}_0$.

Cette agitation moléculaire échappe à toute analyse directe par une approche de type milieu continu. On se limite alors à en schématiser les effets à l'échelle mésoscopique.

E.2. Manifestation élémentaire

On considère une lame fluide d'épaisseur h entre deux plans parallèles et immobiles. À l'instant initial, l'un des plans est mis en translation, relativement à l'autre, à vitesse constante U_0 suivant $\vec{e}_x$ (fig. 11). L'expérience montre que progressivement le mouvement se communique à l'ensemble de la lame fluide[1].

L'explication de cette observation est d'ordre moléculaire. Le mouvement des particules fluides au voisinage immédiat de la paroi mobile[2] se transmet de proche en proche par transfert de quantité de mouvement à l'échelle microscopique: c'est le phénomène de **diffusion moléculaire** de quantité de mouvement.

Les conséquences macroscopiques dépendent de la nature du fluide. Pour les fluides dits newtoniens, elle se traduisent par:

• l'établissement d'un écoulement dans le sens du plan mobile, stationnaire dans le temps, et de vitesse variant linéairement sur toute l'épaisseur de la lame fluide $0 < y \leqslant h$:

$$\frac{U(y)}{U_0} = \frac{y}{h} ;$$

• l'apparition d'une force de résistance à la traction de la plaque (dirigée suivant $-\vec{e}_x$), également constante dans le temps, et dont le module F pour une paroi supérieure d'aire A vaut[3]:

$$\frac{F}{A} = \mu \frac{U_0}{h},$$

où μ est un coefficient exprimé en $kg \cdot m^{-1} \cdot s^{-1}$.

Définition 2

Le coefficient μ[4] est la **viscosité dynamique** du fluide[5]. Il a pour unité le Poiseuille, de symbole Pℓ, avec:

$$\mathbf{1\ P\ell = 1\ kg \cdot m^{-1} \cdot s^{-1} = 1\ N \cdot s \cdot m^{-2}}\ .$$

Définition 3

La **viscosité cinématique** du fluide[6] est définie à partir de la viscosité dynamique et de la masse volumique du fluide par:

$$\nu = \frac{\mu}{\rho}$$

ν viscosité cinématique ($m^2 \cdot s^{-1}$)
μ viscosité dynamique (Pℓ)
ρ masse volumique ($kg \cdot m^{-3}$)

L'unité internationale de viscosité cinématique est le Stokes, de symbole St, avec $1\ St = 10^{-4}\ m^2 \cdot s^{-1}$.

E.3. Contrainte tangentielle de viscosité en écoulement unidirectionnel cisaillé

L'extension de la situation précédente à un écoulement dont le champ de vitesse dans un repère orthonormé (O, x, y, z) a pour composantes $U = U(z)$,

1. Cette configuration correspond à l'écoulement de Couette plan.

2. On admet que les particules fluides en contact avec la paroi solide adhèrent à celle-ci. Leur vitesse est donc celle du solide au point coïncidant (pas de glissement).

3. D'une lecture « rapide » de la « formule », on pourrait « induire » que la force de viscosité par unité de surface est proportionnelle à la vitesse. En réalité, il faut comprendre que:

$$\frac{U_0}{h} = \frac{U(y=h) - U(y=0)}{h-0} \equiv \frac{\Delta U}{\Delta y}$$

La force de viscosité par unité de surface est donc proportionnelle au taux de variation de la vitesse sur l'épaisseur transversale !

4. On utilise parfois le symbole η.

5. La viscosité dynamique de l'air est $1{,}85 \cdot 10^{-5}$ Pℓ sous les conditions normales de température et pression; celle de l'eau est de 10^{-3} Pℓ. Dans les gaz, elle augmente avec la température, alors qu'elle diminue dans les liquides.

6. La viscosité cinématique de l'air est de $1{,}43 \cdot 10^{-5}\ m^2 \cdot s^{-1}$ sous les conditions normales de température et de pression et de $10^{-6}\ m^2 \cdot s^{-1}$ pour l'eau.

$V = W = 0$ (fig. 12), se fait en remplaçant le taux de variation spatiale $\dfrac{\Delta U}{\Delta y}$ par le gradient transversal de vitesse. Ainsi, sur toute facette élémentaire $dx\, dy$ de normale $\vec{e}_z$, la contrainte tangentielle de viscosité[1] a pour expression locale :

$$\vec{\tau}_{xz} = \mu \frac{dU}{dz} \vec{e}_x$$

donnant, par unité de surface, la force, suivant x, qui est exercée par le fluide situé du côté positif de la normale sur celui situé du côté négatif.

En généralisant les notations (fig. 13) :

$$\vec{\tau}_{tn} = \mu \frac{\partial U_t}{\partial x_n} \vec{e}_t \, .$$

La force de cisaillement visqueux est dans le sens de l'écoulement tangentiel si la variation de vitesse, orthogonalement à la facette, présente un gradient positif dans le sens de la normale, orientée depuis la couche qui subit la contrainte vers celle qui la crée.

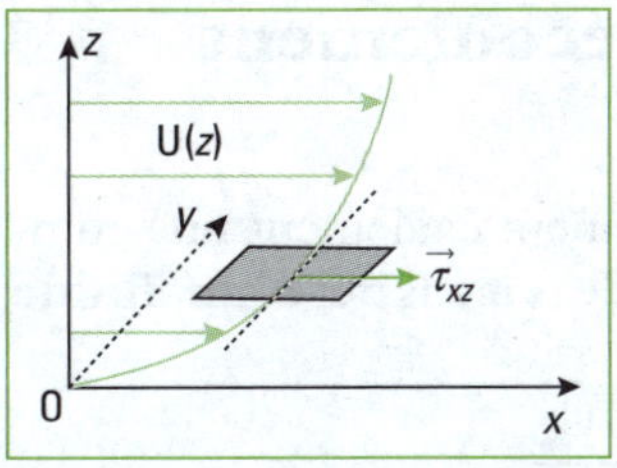

Fig. 12 – Contrainte tangentielle de viscosité en écoulement cisaillé unidirectionnel.

1. On parle encore de (contrainte de) cisaillement ou de frottement visqueux.

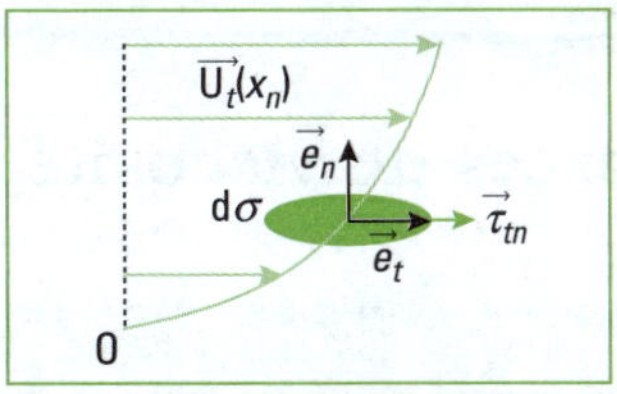

Fig. 13 – Contrainte tangentielle de viscosité en repère local.

E.4. Expression volumique des forces de viscosité en écoulement unidirectionnel cisaillé

Comme pour la pression, la résultante des forces de viscosité appliquées à la surface de la particule fluide peut s'exprimer à partir d'une densité volumique.

Théorème 2

La résultante des **forces tangentielles de viscosité** sur un pavé élémentaire en écoulement cisaillé unidirectionnel de vitesse $\vec{V} = U(z)\vec{e}_x$ s'exprime par :

$$\boldsymbol{\delta \vec{F}^t_x = \mu \frac{d^2U}{dz^2} \, d\upsilon \, \vec{e}_x}$$

et a donc pour densité volumique en module $\mu \dfrac{d^2U}{dz^2}$.

Démonstration :

Soit un pavé élémentaire de fluide $dx\, dy\, dz$ dans un écoulement cisaillé unidirectionnel, de composantes de vitesse $U = U(z), V = W = 0$ (fig. 14).

Les forces tangentielles de viscosité sur les deux facettes de normales opposées et d'aire commune $dx\, dy$, centrées en $N(x, y, z)$ et $N'(x, y, z + dz)$ sont respectivement :

$$d\vec{F}^t_x(N) = -\tau_{xz}(N)\, dx\, dy\, \vec{e}_x$$

et $$d\vec{F}^t_x(N') = +\tau_{xz}(N')\, dx\, dy\, \vec{e}_x = \left[\tau_{xz}(N) + \frac{d\tau_{xz}(N)}{dz} dz\right] dx\, dy\, \vec{e}_x \, .$$

La résultante $\delta\vec{F}^t_x = d\vec{F}^t_x(N) + d\vec{F}^t_x(N')$ vaut donc :

$$\delta\vec{F}^t_x = \frac{d\tau_{xz}(N)}{dz} dx\, dy\, dz\, \vec{e}_x \, ,$$

soit en remplaçant la contrainte de viscosité par son expression à viscosité dynamique constante :

$$\delta\vec{F}^t_x = \mu \frac{d^2U}{dz^2} dx\, dy\, dz\, \vec{e}_x \, .$$

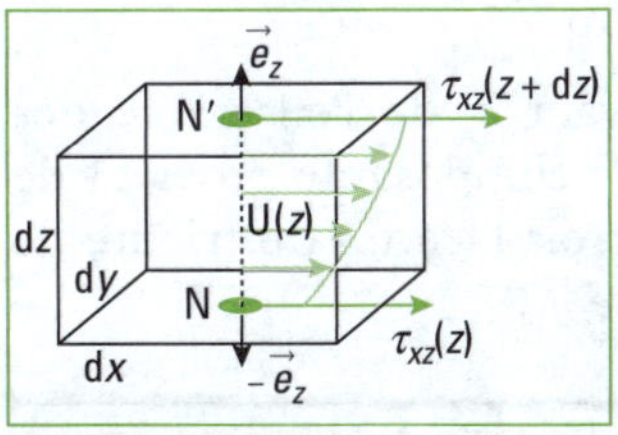

Fig. 14 – Contraintes de viscosité en écoulement cisaillé unidirectionnel.

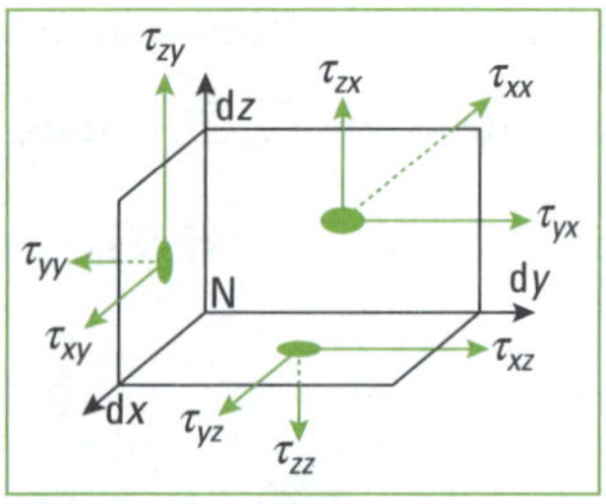

Fig. 15 – Contraintes de viscosité en écoulement général quelconque. Convention de notation :

τ_{pq} : p = composante de la contrainte ; q = direction de la normale

E.5. Contraintes de viscosité en écoulement quelconque

Dans le cas général, les forces de viscosité comprennent également une composante normale $\vec{F}^n$. La **contrainte normale de viscosité d'un fluide newtonien** s'exprime par :

$$\vec{F}^n = \tau_{nn}\, d\sigma \vec{n}, \quad \text{avec} \quad \tau_{nn} = \mu \frac{\partial U_n}{\partial x_n},$$

faisant intervenir la dérivée suivant la normale à la facette de la composante de la vitesse U_n colinéaire à la normale.

Ainsi, sur un trièdre de facettes élémentaires, les contraintes de viscosité comprennent neuf composantes (fig. 15). On montre qu'il n'existe que six composantes indépendantes, compte tenu des trois relations de symétrie : $\tau_{xy} = \tau_{yx}$, $\tau_{yz} = \tau_{zy}$ et $\tau_{xz} = \tau_{zx}$.

E.6. Expression volumique des forces de viscosité en écoulement quelconque

Théorème 3

La résultante des **forces extérieures de viscosité** s'exerçant sur un pavé élémentaire centré en un point M d'un écoulement quelconque de fluide visqueux newtonien s'exprime par :

$$\boldsymbol{\delta \vec{F}^v = \mu \vec{\Delta} \vec{V}\, \delta\upsilon \equiv \mu(\Delta U \vec{e}_x + \Delta V \vec{e}_y + \Delta W \vec{e}_z)\, \delta\upsilon}$$

et a donc pour densité volumique à tout instant t le vecteur $\mu \vec{\Delta} \vec{V}$ où $\vec{V}$ de composantes $U(x, y, z, t), V(x, y, z, t), W(x, y, z, t)$ est le vecteur vitesse de l'écoulement[1].

L'expression ci-dessus n'est rigoureusement valable que si $\text{div}\, \vec{V} = 0$.

Démonstration[2] :

Pour un écoulement tridimensionnel quelconque, la résultante des forces de viscosité $\delta \vec{F}^\upsilon$ sur un pavé élémentaire $\delta\upsilon = dx\, dy\, dz$ (fig. 16) vaut :

$$\frac{\delta F^\upsilon}{\delta\upsilon} = \frac{\delta F_x^\upsilon}{\delta\upsilon} \vec{e}_x + \frac{\delta F_y^\upsilon}{\delta\upsilon} \vec{e}_y + \frac{\delta F_z^\upsilon}{\delta\upsilon} \vec{e}_z .$$

Considérons en premier lieu la composante suivant $\vec{e}_x$ de l'ensemble des forces de viscosité qui s'exercent sur ce pavé. Cette composante provient de six contributions, regroupées deux à deux sur les trois facettes du trièdre de normales respectives $(-\vec{e}_x, \vec{e}_x)$, $(-\vec{e}_y, \vec{e}_y)$ et $(-\vec{e}_z, \vec{e}_z)$:

Normale	Contrainte suivant $\vec{e}_x$	Aire	Résultante pour le couple de facettes
$-\vec{e}_x$ $\vec{e}_x$	$-\tau_{xx}(x)$ $\tau_{xx}(x + dx) = \tau_{xx}(x) + \dfrac{\partial \tau_{xx}}{\partial x} dx$	$dy\, dz$	$\dfrac{\partial \tau_{xx}}{\partial x} dx\, dy\, dz$
$-\vec{e}_y$ $\vec{e}_y$	$-\tau_{xy}(y)$ $\tau_{xy}(y + dy) = \tau_{xy}(y) + \dfrac{\partial \tau_{xy}}{\partial y} dy$	$dx\, dz$	$\dfrac{\partial \tau_{xy}}{\partial y} dx\, dy\, dz$
$-\vec{e}_z$ $\vec{e}_z$	$-\tau_{xz}(z)$ $\tau_{xz}(z + dz) = \tau_{xz}(z) + \dfrac{\partial \tau_{xz}}{\partial z} dz$	$dx\, dy$	$\dfrac{\partial \tau_{xz}}{\partial z} dx\, dy\, dz$

1. Composantes du vecteur $\vec{\Delta}\vec{V}$ en repère orthonormé cartésien :

$$\begin{cases} \vec{e}_x : \dfrac{\partial^2 U}{\partial x^2} + \dfrac{\partial^2 U}{\partial y^2} + \dfrac{\partial^2 U}{\partial z^2} \\ \vec{e}_y : \dfrac{\partial^2 V}{\partial x^2} + \dfrac{\partial^2 V}{\partial y^2} + \dfrac{\partial^2 V}{\partial z^2} \\ \vec{e}_z : \dfrac{\partial^2 W}{\partial x^2} + \dfrac{\partial^2 W}{\partial y^2} + \dfrac{\partial^2 W}{\partial z^2} \end{cases}$$

2. Ce résultat peut être admis. La démonstration qui suit est donnée à titre d'exercice, en extension facultative au programme.

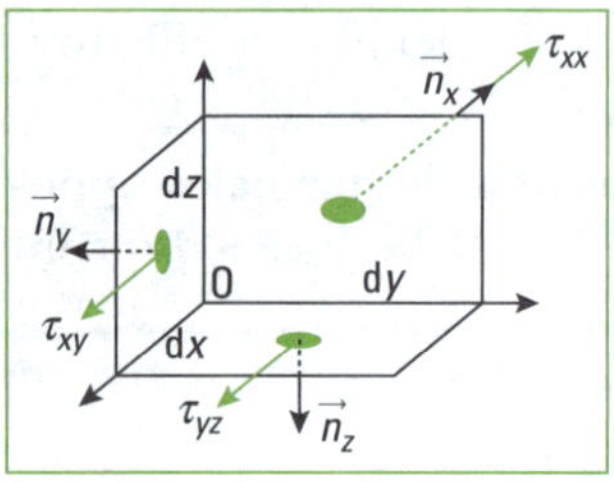

Fig. 16 – Éléments de la résultante suivant x des contraintes visqueuses sur un trièdre élémentaire.

1. En toute généralité, la schématisation du comportement visqueux d'un fluide newtonien nécessite d'introduire un second coefficient de viscosité (viscosité dite de compressibilité ou en volume). Cette notion est hors programme.

La résultante des forces de viscosité suivant $\vec{e}_x$ vaut donc en module :

$$\delta F_x^v = \left(\frac{\partial \tau_{xx}}{\partial x} + \frac{\partial \tau_{xy}}{\partial y} + \frac{\partial \tau_{xz}}{\partial z} \right) dx\, dy\, dz.$$

Or, pour le fluide visqueux newtonien considéré ici[1] :

$$\tau_{xx} = \mu \frac{\partial U}{\partial x},\ \tau_{xy} = \mu \frac{\partial U}{\partial y} \text{ et } \tau_{xz} = \mu \frac{\partial U}{\partial z}.$$

Après substitution et considérant que $dx\, dy\, dz \sim \delta\upsilon$, volume macroscopique élémentaire, il vient :

$$\delta F_x^v = \mu \left(\frac{\partial^2 U}{\partial x^2} + \frac{\partial^2 U}{\partial y^2} + \frac{\partial^2 U}{\partial z^2} \right) \delta\upsilon, \text{ soit : } \frac{\delta F_x^v}{\delta\upsilon} = \mu \Delta U.$$

On trouverait de la même façon, pour les composantes des forces de viscosité suivant les deux autres directions :

$$\frac{\delta F_y^v}{\delta\upsilon} = \mu \Delta V \text{ et } \frac{\delta F_z^v}{\delta\upsilon} = \mu \Delta W.$$

F. Diffusion et advection : nombre de Reynolds

F.1. Les mécanismes d'advection et de diffusion

Considérons l'écoulement permanent d'un fluide visqueux newtonien dans un tuyau rectiligne de grande longueur pour que la vitesse se réduise à :

$$\vec{V} = U_x(y)\, \vec{e}_x \text{ (fig. 17)}.$$

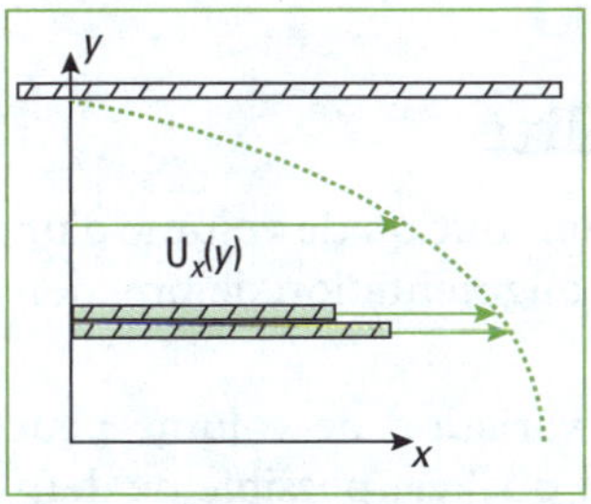

Fig. 17 – Profil de vitesse de l'écoulement permanent d'un fluide visqueux en conduite : le déplacement des lames fluides suivant *x* est source d'advection, l'écart transversal de vitesse entre lames source de diffusion.

Par adhérence visqueuse au solide, cette vitesse est nulle à la paroi. On vérifie qu'elle est maximum sur l'axe. Ainsi, le fluide visqueux s'écoule en lames fluides « glissant en frottant » les unes sur les autres. C'est la caractéristique du **régime laminaire** où la quantité de mouvement du fluide est régie par deux mécanismes distincts :

– un transport longitudinal d'ensemble par la vitesse de l'écoulement : c'est l'advection ;

– un transfert[2] transversal entre lames par viscosité : c'est la diffusion par agitation moléculaire.

2. Le transfert de la quantité de mouvement axiale orthogonalement au mouvement résulte du frottement visqueux entre lames de vitesses différentes.

F.2. Échelles de temps caractéristiques

L'analyse précédente s'étend à tout écoulement de **fluide visqueux** à profil de **vitesse non uniforme.**

Sur la base de simples considérations d'homogénéité dimensionnelle, on peut associer à chacun des deux mécanismes d'advection et de diffusion les échelles de temps suivantes (fig. 18) :

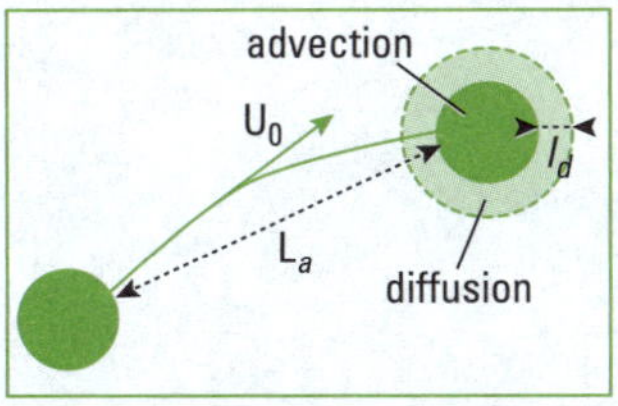

Fig. 18 – Advection et diffusion dans le cas général.

• Advection par une vitesse U_0 (exprimée en $m \cdot s^{-1}$) sur une distance L_a (exprimée en m) :

$$T_A = \frac{L_a}{U_0}. \quad [s]$$

• Diffusion par viscosité cinématique ν (exprimée en $m^2 \cdot s^{-1}$) sur une distance l_d (exprimée en m) :

$$T_D = \frac{l_d^2}{\nu}. \quad [s]$$

F.3. Nombre de Reynolds

Le paramètre adimensionnel connu sous le nom de **nombre de Reynolds** est défini par :

$$R_e = \frac{U_0 L_a}{\nu} = \frac{\text{vitesse d'advection} \times \text{longueur d'advection}}{\text{viscosité cinématique}}$$

Une première interprétation[1] du sens physique de ce nombre résulte directement de la comparaison des échelles de temps advection/diffusion sous certaines conditions :

1. Une seconde interprétation sera donnée ultérieurement en référence à l'équation de bilan de quantité de mouvement.

Propriété 3

Le **nombre de Reynolds**, sans dimension, peut s'interpréter comme suit[2], selon que les mécanismes d'advection et diffusion au sein de l'écoulement se font à :

- *même échelle de longueur* ($L_a = L_d$) :

$$\mathbf{R_e} = \left(\frac{\mathbf{T_D}}{\mathbf{T_A}}\right)_{\mathbf{L}}$$

- *même échelle de temps* ($T_A = T_D$) :

$$\mathbf{R_e} = \left(\frac{\mathbf{L}_a}{\boldsymbol{l}_d}\right)^2_{\mathbf{T}}$$

2. **Démonstration** :
- *Cas 1* : $L_a = l_d$, d'où :

$$T_A U_0 L_a (= L_a^2) = \nu T_D.$$

- *Cas 2* : $\frac{L_a}{U_0} = \frac{l_d^2}{\nu}$, d'où :

$$\frac{L_a^2}{U_0 L_a} = \frac{l_d^2}{\nu}.$$

G. Compressibilité

G.1. Coefficients de compressibilité

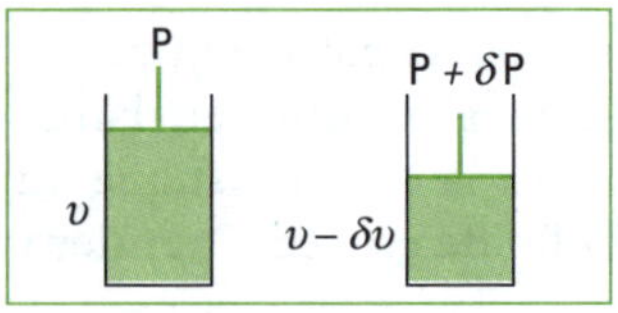

Fig. 19 – Manifestation élémentaire de la compressibilité d'un fluide.

La compressibilité d'un milieu se manifeste par la diminution de volume d'un domaine donné de matière consécutivement à une augmentation de pression (fig. 19).

La thermodynamique nous enseigne qu'une telle variation de volume peut être associée à différentes transformations, de sorte qu'il est possible de définir plusieurs coefficients positifs de compressibilité :

- Coefficient de compressibilité **isotherme** :

$$\chi_T = -\frac{1}{\delta P}\left(\frac{\delta \upsilon}{\upsilon}\right)_T.$$

- Coefficient de compressibilité **isentropique** :

$$\chi_S = -\frac{1}{\delta P}\left(\frac{\delta \upsilon}{\upsilon}\right)_S.$$

Ces deux coefficients sont homogènes à l'inverse d'une pression[3]. Pour la loi d'état de gaz parfait, on sait que :

$$\chi_T = \frac{1}{P} \text{ et } \chi_S = \frac{1}{\gamma P},$$

où γ est le coefficient isentropique :

$$\gamma = \frac{C_P}{C_V}.$$

3. Sous les conditions normales de température et de pression, le coefficient de compressibilité isotherme de l'air (gaz parfait) est de 10^{-5} Pa^{-1}. Il est de $5 \cdot 10^{-10}$ Pa^{-1} pour l'eau.

G.2. Compressibilité et célérité du son

La compressibilité d'un milieu assure la transmission de fluctuations de pressions. Lorsque ces fluctuations sont engendrées par des ondes périodiques, de fréquences comprises entre 20 Hz et 20 000 Hz, elles correspondent à un son audible par l'oreille humaine.

Laplace a montré que la célérité de propagation[1] a [$m \cdot s^{-1}$] d'ondes sonores d'amplitudes infinitésimales s'exprimait, à partir de la masse volumique ρ du milieu, par :

$$a^2 = \left(\frac{\delta P}{\delta \rho}\right)_S = \frac{1}{\rho \chi_S}.$$

Pour un gaz parfait, on obtient : $a = \sqrt{\frac{\gamma P}{\rho}} = \sqrt{\gamma R T}.$

1. Sous les conditions normales de température et de pression, la célérité du son est de l'ordre de 330 $m \cdot s^{-1}$ dans l'air et de 1 420 $m \cdot s^{-1}$ dans l'eau.

H. Compressibilité et advection : nombre de Mach

H.1. Manifestation de la compressibilité du fluide – Écoulement incompressible

Tout domaine de fluide en mouvement est soumis à des forces de pression. La question qui se pose alors au mécanicien des fluides est de savoir si ces forces sont suffisantes pour avoir des répercussions significatives sur le mouvement du milieu, à travers sa propriété intrinsèque de compressibilité[2].

Si la réponse est affirmative, le mouvement relève de la classe ou **régime d'écoulement compressible**. Dans le cas contraire, on parle de **régime d'écoulement incompressible**[3].

En régime incompressible, la masse volumique $\rho(x, y, z, t)$ de toute particule fluide en milieu homogène est constante dans l'espace et dans le temps. Il en résulte en particulier que la célérité du son y est infinie. Ainsi l'écoulement incompressible doit être considéré comme une approximation dont la justification d'emploi ne peut être assurée que par l'usage.

2. Il n'existe pas de fluide réel strictement incompressible, *i.e.* dont le coefficient de compressibilité est nul.

3. On parle parfois, en raccourci, de **fluide** (in)compressible et d'**écoulement** (in)compressible, notions qui ne doivent pas être confondues !

H.2. Comparaison compressibilité/advection : nombre de Mach

Considérons le transport ou advection d'un domaine fluide sur une distance L et désignons par $\vec{V}_0$ une échelle de vitesse telle que le temps caractéristique d'advection T_A puisse être estimé par :

$$T_A = \frac{L}{V_0}.$$

Le temps représentatif de la compressibilité du milieu peut être caractérisé par la durée de propagation du son sur une distance ℓ à la célérité a, soit :

$$T_C = \frac{\ell}{a}.$$

Ainsi :
$$\frac{T_C}{T_A} = \frac{V_0}{a} \times \frac{\ell}{L}.$$

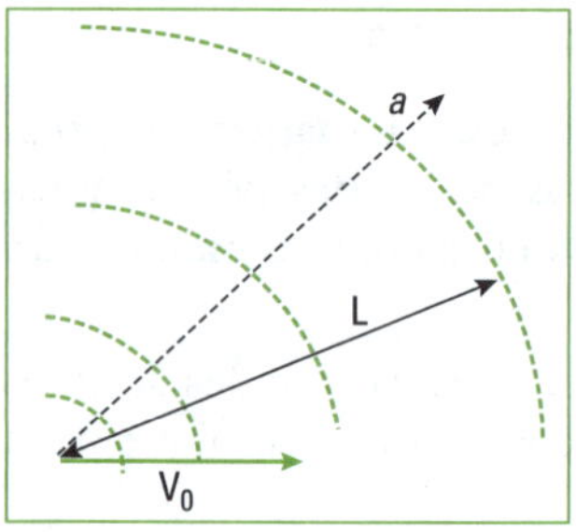

Fig. 20 – Vitesses en définition du nombre de Mach, en référence à une longueur L.

La comparaison des deux échelles de temps à même référence de longueur ($L = \ell$) introduit le **nombre de Mach** (fig. 20) :

$$M = \frac{V_0}{a}$$

Propriété 4

Le nombre de Mach, sans dimension, peut se définir par :

$$M = \left(\frac{\text{vitesse de l'écoulement}}{\text{célérité du son}}\right)_{\text{mêmes conditions}}$$

ou

$$M = \left(\frac{\text{temps d'advection}}{\text{temps de propagation du son}}\right)_{\text{même L}}$$

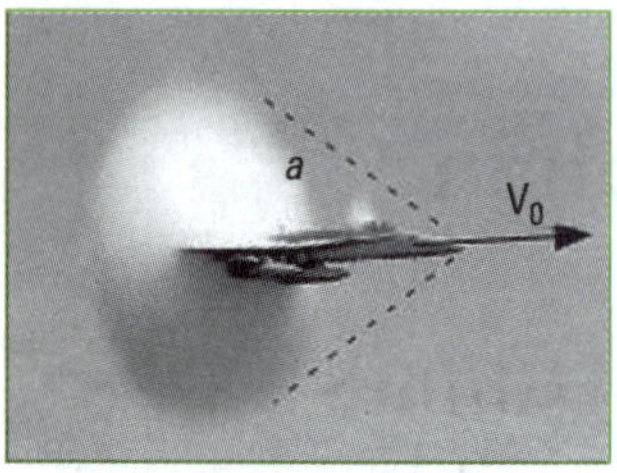

Fig. 21 – En régime supersonique ($M > 1$), la vitesse de l'avion V_0 est supérieure à la célérité *a* du son : l'appareil a franchi le « mur du son » où se concentrent les effets de compressibilité du fluide, visibles ici par le phénomène d'onde de choc.

- Pour $M > 1$, (fig. 21) on accède au régime supersonique, nécessairement compressible, où le fluide se déplace à plus grande vitesse que le son.
- Pour $M < 1$, le régime est subsonique et présente un sous-domaine (en pratique pour $M < 0{,}2$) dans lequel les effets de compressibilité peuvent être négligés sans altérer significativement la valeur de certains résultats (fig. 22).

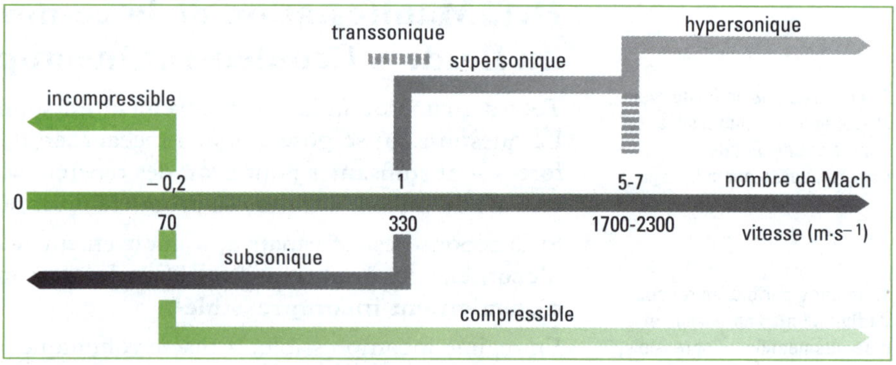

Fig. 22 – Régimes d'écoulements en fonction du nombre de Mach (l'équivalence en vitesse est faite pour l'air sous conditions normales de température et pression).

L'essentiel

✓ Le fluide, milieu continu

• Pour l'étude des mouvements à une échelle très supérieure à celle du niveau microscopique (ℓ), on considère que la matière constitutive des fluides, liquide ou gaz, est répartie continûment dans le milieu. C'est l'hypothèse **du milieu continu**.

• «L'infiniment petit» à ce niveau (mésoscopique) est la particule fluide, concept fixant le volume élémentaire ($\delta\upsilon$) de l'approche d'ordre macroscopique (L), avec :

$$\ell^3 \ll \delta\upsilon \ll L^3.$$

• À échelle de la particule fluide, on a :

$$\iiint_{M \in \delta\upsilon} f(M, t)\, dx\, dy\, dz = f(P, t) \times \delta\upsilon$$

définissant la valeur macroscopique locale de la fonction f «au point matériel P», repérant la position de la particule fluide.

✓ Les forces dans un fluide en mouvement

Les actions exercées sur un domaine de fluide en mouvement comprennent :

• les **forces de volume** ou à distance, en tout point du domaine : forces de gravité, forces d'inertie d'entraînement et de Coriolis en repère non-galiléen ;

• les **forces de surface** ou de contact fluide/fluide ou fluide/solide en limite du domaine, incluant :

– les **forces de pression**, toujours normales à la paroi et seules présentes dans le fluide au repos,

– les **forces de viscosité**, qui ne se manifestent que dans le mouvement.

✓ Contrainte et forces de surface

La force de surface, rapportée à l'aire $d\sigma$ sur laquelle elle est appliquée, définit le **vecteur contrainte**, soit, localement :

$$\vec{T} = \frac{d\vec{F}^s}{d\sigma}.$$

On distingue les contraintes normale et tangentielle (ou de cisaillement).

✓ Forces de viscosité en fluide newtonien

• Pour un fluide newtonien, les forces normales et tangentielles de viscosité peuvent être schématisées :

• en écoulement de champ de vitesse $\vec{V} = U(y)\,\vec{e}_x$, par une **contrainte tangentielle** :

$$\tau_{xy} = \mu \frac{dU}{dy} ;$$

• en écoulement de champ de vitesse $\vec{V} = U(x)\,\vec{e}_x$, par une **contrainte normale** :

$$\tau_{xx} = \mu \frac{dU}{dx}.$$

• Le coefficient μ (ou η) est la **viscosité dynamique** [Pℓ]. La **viscosité cinématique** est $[m^2 \cdot s^{-1}]$:

$$\nu = \frac{\mu}{\rho},$$ où ρ est la masse volumique du fluide.

✓ **Expression volumique des forces de surface**

Sur un volume élémentaire $\delta\upsilon$, la résultante des forces de surface s'écrit :

– **pour la pression :**

$$\delta\vec{F}^{p} = -\overrightarrow{\text{grad}}\, P\, \delta\upsilon\,;$$

– **pour la viscosité :**

$$\delta\vec{F}^{v} = \mu\Delta\vec{V}\,\delta\upsilon \equiv \mu(\Delta U\vec{e}_x + \Delta V\vec{e}_y + \Delta W\vec{e}_z)\,\delta\upsilon.$$

✓ **Diffusion/advection : nombre de Reynolds**

- L'agitation microscopique est responsable, à l'ordre mésoscopique, d'effets diffusifs. Le transfert de quantité de mouvement dans un fluide procède alors d'un transport par déplacement d'ensemble des particules à la vitesse $\vec{V}(M, t)$ ou **advection** et d'un transfert par agitation moléculaire ou **diffusion**.
- **Nombre de Reynolds** (sans dimension) :

$$R_e = \frac{U \times L}{\nu}$$

U échelle de vitesse de l'advection ($m \cdot s^{-1}$)
L échelle de longueur de l'advection (m)
ν viscosité cinématique ($m^2 \cdot s^{-1}$)

✓ **Compressibilité/advection : nombre de Mach**

- La compressibilité d'un fluide, mesurée par le coefficient de compressibilité isentropique χ_S [Pa^{-1}], permet de définir la célérité de propagation du son a [$m \cdot s^{-1}$] dans le milieu :

$$\chi_S = -\frac{1}{\delta P}\left(\frac{\delta\upsilon}{\upsilon}\right)_S \quad \text{et} \quad a = \frac{1}{\sqrt{\rho\chi_S}}.$$

- **Nombre de Mach** (sans dimension) :

$$M = \frac{U}{a}$$

U échelle de vitesse de l'advection ($m \cdot s^{-1}$)
a célérité du son ($m \cdot s^{-1}$)

Mise en œuvre

Méthode n°1

Comment passer de la connaissance du champ de vitesse d'un écoulement au frottement visqueux ?

L'écoulement d'un fluide visqueux est connu par son champ de vitesse. On cherche les contraintes de frottement visqueux correspondantes.

→ Savoir faire

❶ Identifier la géométrie de l'écoulement à partir de l'expression du champ de vitesse (invariances, symétries, conditions aux limites…).

❷ Préciser les éléments locaux de la contrainte de frottement visqueux (normale de la facette, direction de la contrainte) à partir de la forme du champ de vitesse.

❸ Exprimer la contrainte par dérivation spatiale du champ de vitesse suivant les directions concernées.

→ Application

Le champ de vitesse d'un écoulement de fluide visqueux dans un repère orthonormé cartésien a pour composantes :

$$\vec{e}_x : \frac{U}{U_0} = 1 - \frac{y^2}{h^2}$$

$$\vec{e}_y : V = 0$$

$$\vec{e}_z : W = 0$$

où $-h \leqslant y \leqslant h$ et U_0 et h désignent deux paramètres constants et positifs, homogènes respectivement à une vitesse et une longueur.

1) À quel type d'écoulement peut correspondre un tel champ de vitesse (préciser en particulier à quoi correspondent physiquement les paramètres U_0 et h) ?

2) Expliciter le champ de contraintes de viscosité correspondant.

Solution

1) ❶ La vitesse se réduisant à la seule composante U suivant x, il s'agit d'un écoulement unidirectionnel selon l'axe x. La vitesse est *extremum* en $y = 0$ et vaut $U(0) = U_0 > 0$. L'écoulement se fait dans le sens des x positifs. L'écoulement est symétrique par rapport à $y = 0$ et la vitesse est nulle en $y = \pm h$. Le fluide étant visqueux, ces plans correspondent à des parois solides fixes dans le référentiel du mouvement du fluide.

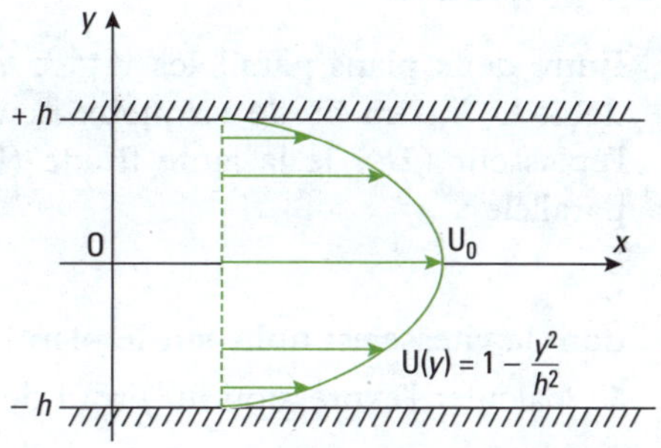

Il s'agit donc d'un écoulement de fluide visqueux entre deux plans parallèles fixes, distants d'une hauteur $2h$, de vitesse maximum U_0 dans le sens des x positifs, à profil de vitesse parabolique.

2) ❷ La seule composante de vitesse, suivant x, varie en fonction de la coordonnée transversale, y. On est dans la situation d'un écoulement cisaillé unidirectionnel. Dans ce cas, l'action de la viscosité se réduit à une force de frottement tangentielle, colinéaire à la direction de l'écoulement $\vec{e}_x$, sur une facette de normale $\vec{e}_y$ orthogonale à celle-ci.

❸ La contrainte de viscosité correspondante a pour expression :

$$\tau_{xy} = \mu \frac{dU}{dy}, \text{ soit : } \boldsymbol{\tau_{xy} = -2\mu\, U_0 \frac{y}{h^2}}.$$

Sur une facette de normale $\vec{e}_y$ située à une ordonnée y_0, le fluide sous la facette ($y < y_0$) subit, de la part de l'écoulement sur la facette ($y > y_0$), une contrainte positive dans la région $y < 0$ de l'écoulement et négative dans la région $y > 0$. La contrainte est nulle sur l'axe et varie linéairement à travers toute la section $-h \leqslant y \leqslant h$. Elle est maximum à la paroi.

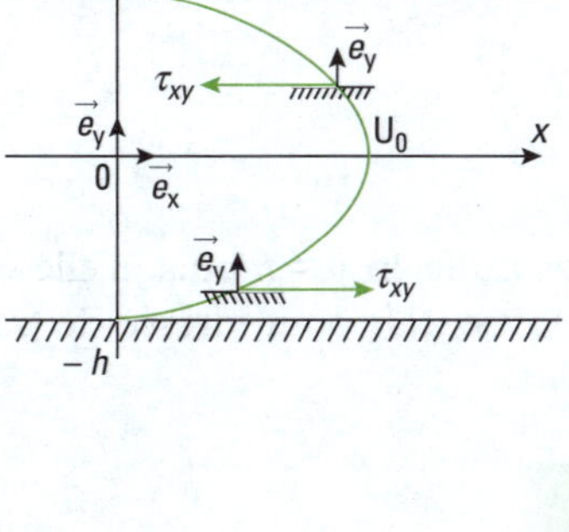

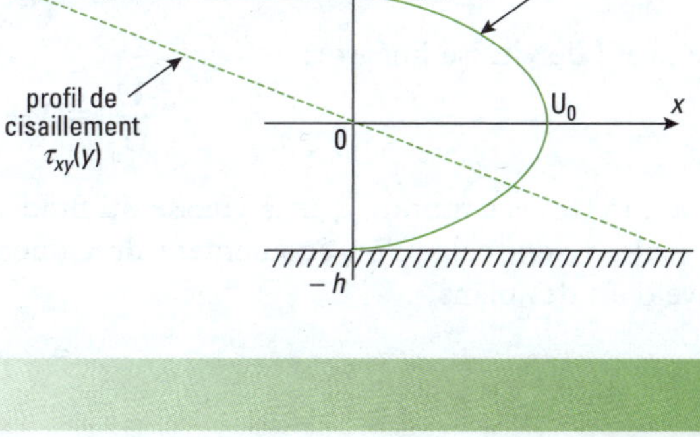

Méthode n°2

Comment passer de la connaissance du frottement visqueux au profil de vitesse de l'écoulement?

On dispose de l'expression locale de la contrainte de viscosité en fonction des coordonnées du point dans l'écoulement. Il s'agit de déduire de cette expression la répartition spatiale de la vitesse (profil de vitesse).

→ Savoir faire

❶ Intégrer l'expression de la contrainte donnée par la géométrie de l'écoulement.

❷ Déterminer les constantes d'intégration en tenant compte des conditions aux limites de l'écoulement.

→ Application

Entre deux plans parallèles $y = \pm h$, on veut faire passer, par unité de largeur (suivant z), un débit $U_0 h$ d'un fluide visqueux newtonien, avec un cisaillement visqueux uniforme sur toute l'épaisseur ($2h$) de la lame fluide (U_0 est une vitesse constante). On cherche un écoulement parallèle :

$$\vec{V} = U(y)\,\vec{e}_x,$$

dont la vitesse est nulle sur le plan inférieur ($y = -h$).

1) Calculer l'expression du profil de vitesse $U(y)$.

2) Montrer qu'un tel écoulement n'est possible qu'en imposant un mouvement de translation du plan supérieur à une vitesse constante que l'on précisera.

Solution

1) ❶ Puisque le cisaillement visqueux est uniforme et le fluide newtonien, on a, compte tenu de la géométrie de l'écoulement:

$$\tau_{xy} = \mu \frac{dU}{dy} \; (\equiv C^{te}) = a,$$

d'où par intégration en y:

$$\mu U = ay + b.$$

2) ❷ – La condition de vitesse nulle en $y = -h$ donne:

$$b = ah.$$

– La condition de débit se traduit par:

$$\int_{-h}^{+h} U(y)\,dy \times 1 = U_0 h \times 1, \text{ soit: } U_0 h = \frac{a}{\mu}\frac{h^2}{2} \times 2, \text{ d'où: } a = \frac{\mu U_0}{h}.$$

Ainsi, après substitution, on a :

$$\mu U = \mu U_0 \frac{y}{h} + \mu U_0,$$

soit le profil de vitesse linéaire:

$$\boldsymbol{\frac{U}{U_0} = 1 + \frac{y}{h}}.$$

2) La solution trouvée montre que la vitesse du fluide n'est pas nulle en $y = h$ puisqu'elle vaut $2U_0$. Ces résultats sont ceux d'un écoulement de Couette plan, avec $2U_0$ pour vitesse de translation relative d'un des plans.

Méthode n°3

Comment passer des contraintes locales sur la surface d'un obstacle immergé dans un écoulement aux résultantes des efforts de surface (forces et moments) sur l'obstacle ?

On dispose de l'expression locale $\vec{T}(N)$ des contraintes de pression et de viscosité en tout point N de la surface de contact entre un solide et un fluide en mouvement. Il s'agit d'en déduire la résultante des forces et le moment résultant sur l'ensemble de la surface du solide.

→ Savoir faire

❶ Intégrer l'expression locale de **l'élément de force** :

$$d\vec{F} = \vec{T}(N)\, d\sigma$$

sur la totalité de la surface balayée par l'élément d'aire $d\sigma$.

Ne pas oublier de projeter la force (vecteur !) et travailler en composantes dans le système de coordonnées approprié à la géométrie de l'écoulement.

→ Application

Dans un fluide newtonien (viscosité dynamique μ) occupant tout l'espace, on place un barreau cylindrique solide, à section circulaire (rayon R_0), en rotation autour de son axe à vitesse angulaire constante ω_0. Cette rotation induit dans le fluide un mouvement dont le champ de vitesse, en coordonnées cylindriques, s'écrit :

$$\vec{V} = V_\theta(r)\, \vec{e}_\theta \quad \text{avec} \quad V_\theta(r) = \frac{\omega_0 R_0^2}{r}.$$

Il s'exerce alors, sur tout élément de surface d'un cylindre de rayon r, des contraintes de pression et de viscosité de valeurs locales respectives :

$$\vec{P} = -\left[P_0 + \frac{1}{2}\rho V_\theta^2\right]\vec{e}_r \quad \text{et} \quad \vec{\tau}_{\theta r} = \tau_{\theta r}(r)\, \vec{e}_\theta, \quad \text{avec} \quad \tau_{\theta r}(r) = \mu\omega_0 \frac{R_0^2}{r^2},$$

en négligeant la pesanteur (P_0 est une référence de pression constante).

1) Exprimer le champ de contraintes (pression et viscosité) exercées par le fluide sur la paroi du solide. En déduire les expressions des forces correspondantes s'exerçant sur un élément d'aire $d\sigma = R_0\, d\theta \times 1$ du solide.

2) Calculer la résultante et le moment résultant par rapport au centre du cylindre des forces en question.

Solution

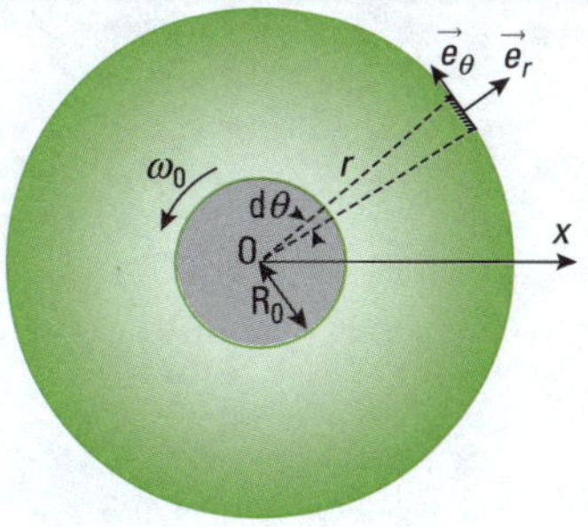

1) Pour $r = R_0$, les contraintes de pression et de viscosité deviennent :

$$\vec{P} = -\left[P_0 + \frac{1}{2}\rho\omega_0^2 R_0^2\right]\vec{e}_r \quad \text{et} \quad \vec{\tau}_{\theta r} = \mu\omega_0\, \vec{e}_\theta.$$

Les forces élémentaires par unité d'envergure de cylindre (direction axiale) sont respectivement :

$$d\vec{F}^P = -\left(P_0 + \frac{1}{2}\rho\omega_0^2 R_0^2\right) R_0\, d\theta\, \vec{e}_r$$

$$d\vec{F}^v = \mu\omega_0 R_0\, d\theta\, \vec{e}_\theta.$$

2) ❶ • La pression étant constante, l'intégration des forces de pression sur le contour circulaire fermé est nulle. On peut vérifier aisément ce point en passant aux composantes cartésiennes :

$$F_x^p = -\int_0^{2\pi}\left(P_0 + \frac{1}{2}\,\rho\omega_0^2\,R_0^2\right)R_0\cos\theta\,d\theta = 0 \text{ et } F_y^p = -\int_0^{2\pi}\left(P_0 + \frac{1}{2}\,\rho\omega_0^2\,R_0^2\right)R_0\sin\theta\,d\theta = 0.$$

Les forces de pression étant radiales, le moment résultant par rapport au point O est donc lui aussi nul.

• Pour ce qui concerne les forces de viscosité, on a :

– Résultante :

$$F_x^v = -\mu\omega_0 R_0\int_0^{2\pi}\sin\theta\,d\theta = 0 \text{ et } F_y^v = \mu\omega_0 R_0\int_0^{2\pi}\cos\theta\,d\theta = 0.$$

– Moment résultant par rapport à O :

$$\vec{M}^v_{/O} = M^v_{/O}\,\vec{e}_z, \text{ avec } \mathbf{M^v_{/O}} = \int_0^{2\pi}\boldsymbol{\mu\omega_0 R_0^2\,d\theta = 2\pi\mu\omega_0 R_0^2}.$$

En définitive, pour cet écoulement, l'ensemble des actions de surface appliquées par le fluide sur le cylindre se réduit à un couple résultant de module, par unité d'envergure du cylindre, $2\pi\mu\omega_0 R_0^2$ et colinéaire à son axe.

Exercices

Niveau 1

Ex. 1 Frottement solide et frottement visqueux

Un solide de masse M = 30 kg repose sur un plan horizontal solide fixe, par une surface de contact A = 400 cm². Ce bloc est mis en mouvement par translation sur le plan à vitesse constante $U_0 = 2\ \text{m}\cdot\text{s}^{-1}$.

1) Déterminer la force de traction dans le cas d'un contact solide/solide avec pour coefficient de frottement $f = 0{,}2$.

2) On dispose entre le pavé mobile et le plan une couche d'épaisseur $e = 0{,}2$ mm d'un fluide visqueux newtonien, de viscosité dynamique $\mu = 0{,}01$ Pℓ. Calculer la nouvelle valeur de la force de traction à exercer dans ce cas.

Ex. 2 Profil de vitesse en fluide visqueux

L'intervalle d'épaisseur e entre deux plans parallèles est rempli d'un fluide visqueux newtonien. La plaque supérieure est translatée à vitesse U_0 constante dans son propre plan, la paroi inférieure reste fixe. On se limite au cas où l'écoulement entre plaques est devenu indépendant du temps.
En fluide visqueux newtonien, l'écoulement correspond au développement d'une contrainte de cisaillement constante entre plaques.
Montrer que la distribution adimensionnelle (profil) des vitesses $\dfrac{U(y)}{U_0}$ de l'écoulement entre plaques en fonction de $\dfrac{y}{e}$ est indépendante de la viscosité.

Ex. 3 Translation d'une plaque dans un fluide visqueux en canal plan

L'intervalle d'épaisseur h entre deux plans parallèles fixes est rempli d'un fluide visqueux newtonien. À une distance h_0 de la paroi inférieure se trouve une plaque plane infiniment mince, d'aire A, en translation à vitesse U_0 constante dans son propre plan. On se limite au cas où l'écoulement entre plaques est devenu indépendant du temps.

1) Quelle force doit-on appliquer à la plaque mobile pour maintenir son mouvement?

2) Pour quelle valeur de h_0 cette force est-elle minimum ?

Ex. 4 Nombre de Reynolds et pressurisation

Un écoulement gazeux, de viscosité dynamique μ constante, a pour nombre de Reynolds caractéristique R_e. On soumet l'ensemble de l'écoulement à une pressurisation, faisant passer la pression d'une valeur P à une valeur $P + \Delta P_0$ ($\Delta P_0 > 0$), en tout point du champ de l'écoulement qui conserve sa vitesse.

1) Comment varie le nombre de Reynolds de cet écoulement sous l'effet de la surpression?

2) Dans une soufflerie en circuit fermé, l'air est accéléré pour atteindre une vitesse nominale U_0 dans la veine d'essais, où est disposée une maquette de dimension caractéristique L_0. Que vaut le nombre de Reynolds pour un fonctionnement sous les conditions normales de température et de pression?

3) On applique une surpression $\Delta P_0 = 4$ atm à l'air de la soufflerie. Quelle est la nouvelle valeur du nombre de Reynolds? Quel est l'intérêt de la pressurisation?

Données: sous les conditions normales de température et de pression, $U_0 = 50\ \text{m}\cdot\text{s}^{-1}$, $L_0 = 1{,}4$ m et $\nu_0 = 1{,}4\cdot10^{-5}\ \text{m}^2\cdot\text{s}^{-1}$.

Ex. 5 Célérité du son et nombre de Mach

L'atmosphère terrestre est considérée comme un gaz parfait de constante $r = 286{,}69\ \text{J}\cdot\text{K}^{-1}\cdot\text{kg}^{-1}$ et de coefficient isentropique $\gamma = 1{,}4$.

1) Que vaut la célérité du son au niveau du sol, pour une température de 290 K ?

2) On considère que sur les dix premiers kilomètres de l'atmosphère, la température chute de 9,7 K par kilomètre. Que vaut la vitesse d'un engin se déplaçant à un nombre de Mach de deux à 8 000 m d'altitude ?

3) Quel serait le nombre de Mach atteint par le même engin se déplaçant à la même vitesse mais au niveau du sol?

Niveau 2

Ex. 6 Freinage par viscosité

Un piston cylindrique de hauteur h et de section circulaire de rayon a chute dans un cylindre vertical, infiniment long, de rayon $a + e$.

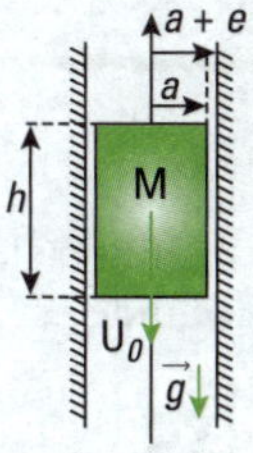

Tout autour du piston se trouve un fluide visqueux newtonien de viscosité dynamique μ et de masse volumique ρ_L. La masse volumique du solide constituant le piston est $\rho_S > \rho_L$.

1) En régime permanent, le piston chute à une vitesse constante U_0. Donner l'expression du module de cette vitesse en supposant $e \ll a$.

2) Que devient le résultat précédent en négligeant les forces de pression?

Ex. 7 Résultante des forces de pression sur un cylindre

Un cylindre infiniment long, à section circulaire, de rayon a, est disposé normalement à un écoulement de vitesse uniforme à l'infini, de module U_0. Le champ de pression qui se développe à la surface du cylindre, en négligeant les forces de pesanteur, est donné par :

$$P = P(\theta) = P_A - 2\rho U_0^2 \cos^2 \theta,$$

où P_A désigne la pression au point A.

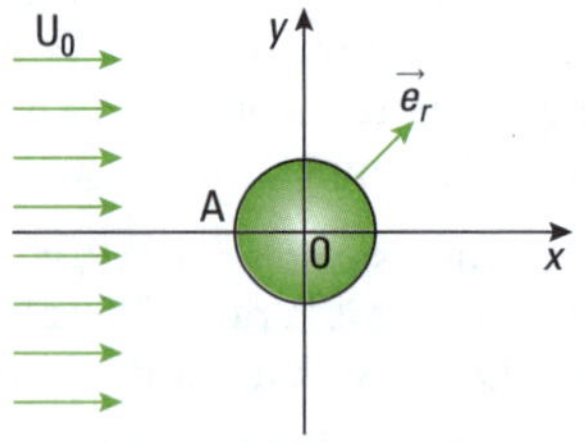

1) Calculer les composantes de la résultante des forces de pression suivant x et y.

2) Commenter le résultat.

Niveau 3

Ex. 8 Comparaison d'échelles

Le demi-plan $y \geqslant 0$ est rempli d'un fluide visqueux newtonien au repos à $t < 0$. On suppose que la frontière $y = 0$ est constituée d'une plaque solide infiniment mince. À l'instant $t = 0$, on déplace cette plaque par translation à vitesse constante $\vec{V}_{\text{plaque}} = -U_0\,\vec{e}_x$, où U_0 désigne une référence de vitesse positive. Ce déplacement, sur une durée t, correspond dans le référentiel de la plaque à une advection de fluide à la vitesse U_0 sur une distance notée $X(t)$. Dans le même temps, par viscosité, la quantité de mouvement du fluide au contact de la plaque va diffuser transversalement sur une distance notée $\delta(t)$.

1) Exprimer $X(\tau)$ et $\delta(\tau)$ en fonction de U_0, t et ν.

2) Montrer qu'il existe un temps τ où $X(\tau) = \delta(\tau) \equiv L$.

3) Que vaut le nombre de Reynolds $R_e(\tau)$? Discuter les cas $R_e(t) \ll 1$ et $R_e(t) \gg 1$.

4) Calculer τ et L avec $\nu = 6{,}35 \cdot 10^{-4}\ \text{m}^2 \cdot \text{s}^{-1}$ et $U_0 = 1{,}3\ \text{m} \cdot \text{s}^{-1}$. (On prendra $\delta(t) \approx 3{,}63\sqrt{\nu t}$.)

Indications

Ex. 1
Utiliser le fait que le mouvement dans la lame fluide est un écoulement de Couette plan.

Ex. 2
Partir de l'expression locale de la contrainte de cisaillement en fluide newtonien.

Ex. 4
La viscosité dynamique est pratiquement indépendante de la pression.

Ex. 5
La célérité du son doit être calculée en fonction de la température.

Ex. 6
Considérer le mouvement entre le piston et le cylindre comme un écoulement de Couette plan.

Ex. 8
2) On se contentera ici d'une simple estimation d'ordre purement dimensionnel. Une expression plus précise sera fournie en question 4.

Solutions des exercices

Exercices de niveau 1

Exercice 1

1) La force de frottement solide a pour module : $F_S = f \times F_N$, où F_N est le module de la réaction normale au plan, soit Mg. On a donc :

$$\mathbf{F_S = \mathit{f}M\mathit{g}.}$$

A.N. $F_S = 0{,}2 \times 30 \times 9{,}81 \approx 59$ N.

2) On assimile le mouvement de la lame de fluide à un écoulement de Couette plan. La contrainte s'exerçant sur la plaque mobile, en cas de fluide newtonien, vaut :

$$\frac{\mathbf{F_L}}{\mathbf{A}} = \mu \frac{\mathbf{U_0}}{\boldsymbol{e}}.$$

A.N. $F_L = 400{\cdot}10^{-4} \times 0{,}01 \times \dfrac{2}{0{,}2{\cdot}10^{-3}} = 4$ N.

Le frottement solide est environ 15 fois supérieur à celui obtenu en présence d'un fluide, ce qui montre tout l'intérêt de la lubrification.

Exercice 2

1) On désigne par x la direction de l'écoulement imposée par la translation de la plaque supérieure et par y celle normale aux parois ($y = 0$ correspondant à la paroi inférieure). La contrainte de frottement visqueux s'exerçant sur une facette de normale y dans la direction x a pour expression en fluide newtonien :

$$\tau_{yx} = \mu \frac{\mathrm{d}U}{\mathrm{d}y}.$$

Cette contrainte étant constante (τ_0), on a :

$$\mu \frac{\mathrm{d}U}{\mathrm{d}y} = \tau_0, \text{ soit après intégration : } U(y) = \frac{\tau_0}{\mu} y + C.$$

Les conditions aux limites donnent alors :

$$U(0) = C = 0 \text{ (paroi fixe) et } U(e) = \frac{\tau_0}{\mu} e + C = U_0 \text{ (paroi mobile).}$$

On en déduit le profil de vitesse linéaire :

$$\frac{\mathbf{U}(\boldsymbol{y})}{\mathbf{U_0}} = \frac{\boldsymbol{y}}{\boldsymbol{e}}.$$

Ce résultat ne dépend pas de la nature (viscosité) du fluide newtonien.

Exercice 3

1) La plaque mobile est soumise aux contraintes de frottement des deux lames de fluide $y < h_0$ et $y > h_0$. On a donc :

$$\tau_{yx} = \mu \frac{U_0}{h_0} + \mu \frac{U_0}{h - h_0} = \frac{\mu U_0 h}{h_0(h - h_0)}.$$

La force à exercer sur la plaque par l'opérateur est opposée à celle qu'exerce le fluide, d'où :

$$\mathbf{F = A\tau_{\mathit{yx}} = \frac{\mu U_0 \mathit{h} A}{\mathit{h}_0(\mathit{h} - \mathit{h}_0)}}.$$

2) On calcule $\dfrac{dF}{dh_0} \propto -\dfrac{h-2h_0}{h_0^2(h-h_0)^2}$, qui est donc extremum pour $\boldsymbol{h_0 = \dfrac{h}{2}}$, c'est-à-dire pour une localisation de la plaque à mi-épaiseur.

Exercice 4

1) Conformément à la loi de Mariotte:

$$\frac{P}{\rho} = C^{te} > 0,$$

de sorte que ρ augmente quand P augmente.

Considérant μ indépendant de la pression, on a, par définition:

$$\nu = \frac{\mu}{\rho},$$

d'où ν diminue quand ρ augmente.

Il en résulte que **R_e augmente quand P augmente**, toutes choses égales par ailleurs.

2) Le nombre de Reynolds de la soufflerie sous les conditions normales $R_{e_0} = \dfrac{U_0 L_0}{\nu_0}$ vaut ici:

$$\mathbf{R_{e_0} = \frac{50 \times 1{,}4}{1{,}4 \cdot 10^{-5}} = 5 \cdot 10^6}.$$

3) On a, avec des notations évidentes :

$$\frac{\nu}{\nu_0} = \frac{P_0}{P} = \frac{P_0}{P_0 + \Delta P}, \text{ d'où, pour la surpression donnée: } \nu = \frac{\nu_0}{5}.$$

Le nombre de Reynolds de l'écoulement en soufflerie pressurisée est donc:

$$R_e = 5R_{e_0}, \text{ soit: } \mathbf{R_e = 25\,000\,000}.$$

Si l'on voulait atteindre le même nombre de Reynolds sans pressurisation, il faudrait augmenter la taille de la maquette et donc de la soufflerie d'un facteur cinq, d'où des installations à infrastructure lourde. On pourrait encore envisager de multiplier la vitesse par cinq, soit $U = 250\ m \cdot s^{-1}$; cette solution ne peut être retenue car elle correspond à un écoulement à nombre de Mach ~ 0,75 pour lequel les effets de compressibilité ne sont plus négligeables.

Exercice 5

1) Sous l'hypothèse de gaz parfait, la célérité du son vaut:

$$\boldsymbol{a = \sqrt{\gamma r T}}.$$

A.N. $a = \sqrt{1{,}4 \times 286{,}69 \times 290} \approx 341\ m \cdot s^{-1}$.

2) La température à 8 000 m est $T' = T - 8 \times 9{,}7 = 290 - 77{,}6 = 212{,}4$ K. La célérité du son à cette altitude vaut donc $a' = \sqrt{\gamma r T'}$. La vitesse de l'engin est alors:

$$\mathbf{V} = \frac{\boldsymbol{a'}}{\mathbf{M}}.$$

A.N. $a' = \sqrt{1{,}4 \times 286{,}69 \times 212{,}4} \approx 292\ m \cdot s^{-1}$ et $V = 292 \times 2 = 584\ m \cdot s^{-1} \approx 2\,102\ km \cdot h^{-1}$.

3) Le nombre de Mach correspondant à cette vitesse au niveau du sol vaut:

$$\mathbf{M} = \frac{\mathbf{V}}{\boldsymbol{a}}.$$

A.N. $M = \dfrac{584}{341} \approx 1{,}7$.

Exercices de niveau 2

Exercice 6

1) La vitesse de chute constante du régime permanent correspond à l'équilibre, suivant la direction verticale, des forces de pesanteur, de poussée d'Archimède, de pression sur les sections droites du piston et de viscosité sur sa périphérie cylindrique. On a donc :

$$\pi a^2 h(\rho_S - \rho_L)g = \pi a^2\,\Delta P + 2\pi a h \tau_{zr}\,,$$

où ΔP désigne la différence (algébrique) de pression entre les faces supérieure et inférieure du piston et τ_{zr} la contrainte de viscosité dans la direction verticale sur une facette de normale radiale. Assimilant pour $e \ll a$ le mouvement du fluide entre le piston et le cylindre à un écoulement de Couette plan, on sait que pour un fluide newtonien :

$$\tau_{zr} = \mu\,\frac{U_0}{e}.$$

On a donc :

$$ah(\rho_S - \rho_L)g = a\Delta P + 2\mu h\,\frac{U_0}{e}, \text{ soit : } \mathbf{U_0 = \frac{ae}{2\mu}\,(\rho_S - \rho_L)g - \frac{ae}{2\mu}\,\frac{\Delta P}{h}}.$$

2) Si l'on néglige les forces de pression, la vitesse limite se réduit à :

$$\mathbf{U_0 = \frac{ae}{2\mu}\,(\rho_S - \rho_L)g}.$$

Exercice 7

1) Sur une facette d'aire $a\,d\theta\,dz$, la force élémentaire de pression exercée par le cylindre sur le fluide vaut :

$$-\,P(\theta)\,a\,d\theta\,dz\,\vec{n} \quad \text{avec} \quad \vec{n} = -\,\vec{e}_r.$$

La force de pression exercée par le fluide sur l'obstacle, par unité d'envergure ($dz = 1$), vaut donc :

$$\mathbf{d\vec{F}^P} = P(\theta)\,a\,d\theta\,\vec{n} = \mathbf{-\,(P_A - 2\rho U_0^2\cos^2\theta)\,a\,d\theta\,\vec{e}_r}.$$

La résultante des forces de pression a donc pour composantes :

– *suivant x* :

$$F_x = -\,a\int_0^{2\pi}(P_A - 2\rho U_0^2\cos^2\theta)\cos\theta\,d\theta$$

$$= -\,aP_A[\sin\theta]_0^{2\pi} + \frac{2}{3}\,a\rho U_0^2\,[\sin\theta(\cos^2\theta + 2)]_0^{2\pi}$$

$$\mathbf{= 0}$$

– *suivant y* :

$$F_y = -\,a\int_0^{2\pi}(P_A - 2\rho U_0^2\cos^2\theta)\sin\theta\,d\theta$$

$$= aP_A[\cos\theta]_0^{2\pi} - \frac{2}{3}\,a\rho U_0^2\,[\cos^3\theta]_0^{2\pi}$$

$$\mathbf{= 0}$$

2) La symétrie azimutale du champ de pression annule les deux composantes de la résultante des forces de pression, suivant la direction de l'écoulement à l'infini (pas de traînée) et normalement à cette direction (pas de portance). Cette conclusion correspond au résultat connu sous le nom de paradoxe de D'Alembert.

Exercice de niveau 3

Exercice 8

1) La distance d'advection est simplement :

$$\mathbf{X}(t) = \mathbf{U}_0 t.$$

Sur de simples considérations de dimensions, l'épaisseur de diffusion de quantité de mouvement peut être posée égale à :

$$\delta(t) = \sqrt{\nu t}.$$

2) Les deux fonctions X(t) et δ(t) sont des fonctions croissantes du temps, respectivement linéaire et parabolique. Leurs valeurs deviennent égales pour un temps $t = \tau$ tel que :

$$U_0^2\,\tau^2 = \nu\tau, \text{ soit : } \boldsymbol{\tau} = \frac{\boldsymbol{\nu}}{\mathbf{U}_0^2}.$$

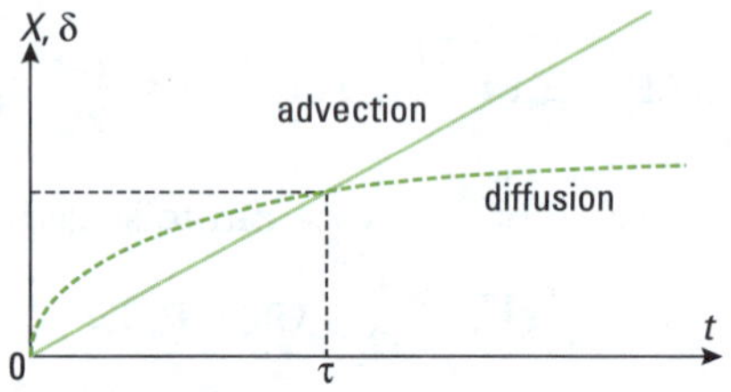

L'échelle de longueur commune à l'advection et à la diffusion est alors :

$$\mathbf{L}\ (\equiv X(\tau) \equiv \delta(\tau)) = \frac{\boldsymbol{\nu}}{\mathbf{U}_0}.$$

3) Le nombre de Reynolds correspondant est :

$$\mathbf{R_e(\tau)} = \frac{U_0 L}{\nu} = \frac{U_0}{\nu} \times \frac{\nu}{U_0} = \mathbf{1}.$$

Au démarrage du mouvement, tant que $t < \tau$, l'échelle de longueur de la diffusion l'emporte sur celle de l'advection. En revanche, aux grandes valeurs de t, et dès que $t > \tau$, c'est l'échelle de longueur d'advection qui s'impose.

La phase de démarrage de l'écoulement (temps courts) correspond à un régime sous dominance de la diffusion (viscosité) pour lequel le nombre de Reynolds $R_e(t) = \dfrac{U_0 X(t)}{\nu}$ reste petit ($R_e < 1$).

Aux temps longs, on peut atteindre un régime d'écoulement à grand nombre de Reynolds ($R_e >> 1$), pour lequel le rapport entre échelles de longueur de diffusion et d'advection peut devenir très petit, conformément à :

$$\frac{\delta(t)}{X(t)} = \frac{\sqrt{\nu t}}{X(t)} = \frac{\sqrt{\nu}}{X(t)} \times \sqrt{\frac{X(t)}{U_0}} = R_e^{-1/2}.$$

4) Avec l'expression plus précise fournie, l'égalité des échelles de longueur s'obtient pour :

$$\boldsymbol{\tau} = \frac{\mathbf{3{,}63^2\,\nu}}{\mathbf{U_0^2}}.$$

L'échelle de longueur commune vaut alors :

$$\mathbf{L} = \frac{\mathbf{3{,}63^2\,\nu}}{\mathbf{U_0}}.$$

A.N. $\tau = 3{,}63^2 \times \dfrac{6{,}35\cdot 10^{-4}}{1{,}3^2} \approx 5$ ms et $L = 3{,}63^2 \times \dfrac{6{,}35\cdot 10^{-4}}{1{,}3} \approx 6{,}4$ mm.

CHAPITRE

2 Notions phénoménologiques sur les écoulements de fluides réels

Introduction

On se limite à la présentation de quelques effets de la viscosité et de la compressibilité de fluides newtoniens sur les caractéristiques de leurs mouvements. L'approche est purement descriptive. Elle vise à donner un aperçu de la variété des phénomènes susceptibles d'affecter la nature et les propriétés de l'écoulement d'un fluide réel.

On revient en premier lieu sur le sens du nombre de Reynolds dont la valeur, en référence à une définition globale, va servir de critère de classement des différents régimes de mouvement. Ce critère est directement lié au rapport entre forces d'inertie et de viscosité imposé par les conditions d'ensemble de l'écoulement. On met ainsi en évidence le régime à très faible nombre de Reynolds (mouvement rampant). On introduit ensuite les régimes laminaire et turbulent, les notions de stabilité d'écoulement, transition de régime, couche limite et décollement. Une extension aux effets de compressibilité est également citée avec l'exemple de l'onde de choc.

On met ensuite en perspective les différents régimes et phénomènes évoqués à travers l'exemple de la traînée sur une sphère.

Plan du chapitre 2

A. Nouvelle interprétation du nombre de Reynolds

A.1. Forces d'inertie et forces de viscosité

Nous considérons, pour fixer les idées[1], l'écoulement d'un fluide visqueux (viscosité dynamique μ) autour d'un obstacle fixe dans le référentiel de l'écoulement (fig. 1). La géométrie de cet obstacle peut être caractérisée par une échelle de longueur L. On suppose que l'écoulement est permanent et que le profil de vitesse suffisamment loin en amont est uniforme, avec $\vec{V} = U_0\,\vec{e}_x$, où U_0 désigne une référence constante de vitesse.

1. La présente discussion peut s'appliquer à toute autre configuration d'écoulement par simple adaptation du choix des échelles de longueur et vitesse qui suivent.

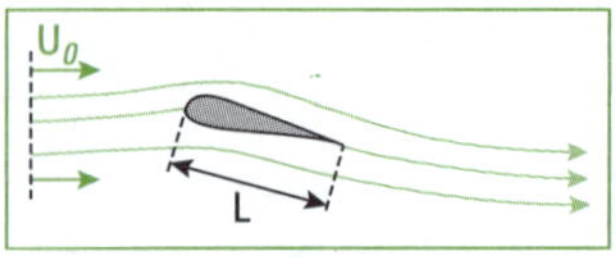

Fig. 1 – Référence d'échelles de vitesse et de longueur pour l'écoulement autour d'un obstacle.

Cette condition « à l'infini » est à l'origine du mouvement d'advection des particules fluides. Elle confère à chacune d'elles une quantité de mouvement (ρU_0, par unité de volume), dont la variation dans le mouvement correspond à des forces dites **forces d'inertie**. D'un autre côté, l'arrêt du fluide sur l'obstacle, par adhérence visqueuse à la paroi noyée, génère localement des gradients de vitesse, source de **forces de viscosité**.

Sur la base de simples considérations dimensionnelles, désignant par F^I et F^v les modules respectifs de ces forces par unité de volume, on sait que :

$$F^I \propto \rho \times \frac{[\text{vitesse}]}{[\text{temps}]} \quad \text{et} \quad F^v \propto \mu \times \frac{[\text{vitesse}]}{[\text{longueur}]^2},$$

la dernière relation provenant directement de l'expression de la densité volumique des forces de viscosité ($\mu\vec{\Delta}\vec{V}$) vue au chapitre précédent.

Si l'on retient comme seules échelles caractéristiques de l'écoulement, le module de la vitesse d'advection à l'infini U_0 et la longueur de référence de l'obstacle L, alors :

$$F^I \propto \rho \times \frac{U_0}{\dfrac{L}{U_0}} = \frac{\rho U_0^2}{L} \quad \text{et} \quad F^v \propto \mu \times \frac{U_0}{L^2}.$$

A.2. Nombre de Reynolds global

2. On introduit en mécanique des fluides différents nombres de Reynolds. Celui-ci est qualifié de « global » pour rappeler que les normalisations des forces de viscosité et d'inertie y sont faites avec une référence commune (globale) de vitesse et de longueur.

Définition 1

On appelle **nombre de Reynolds global**[2] le groupement sans dimension :

$$\mathbf{R_e = \frac{U_0 L}{\nu}} \propto \left(\frac{\textbf{forces d'inertie}}{\textbf{forces de viscosité}}\right)_{U_0,L}$$

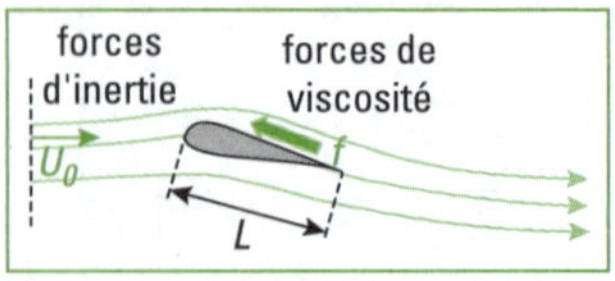

Fig. 2 – Nombre de Reynolds (global) : comparaison des forces d'inertie et de viscosité à même référence de vitesse et de longueur.

Ce paramètre (fig. 2) permet de distinguer « asymptotiquement » les écoulements à :

– très petit nombre de Reynolds : Re → 0, où globalement :

forces d'inertie ≪ forces de viscosité ;

– très grand nombre de Reynolds : Re → + ∞, où globalement :

forces de viscosité ≪ forces d'inertie.

Remarque :

Pour un fluide non visqueux (parfait), le nombre de Reynolds est infini (ν = 0). Il ne faut pas pour autant en conclure que la solution en **fluide parfait** à « $R_e = \infty$ » s'identifie à celle du même écoulement en **fluide visqueux** pour $R_e \to +\infty$!

Fig. 3 – Écoulement rampant autour d'un cylindre ($R_e < 3$).

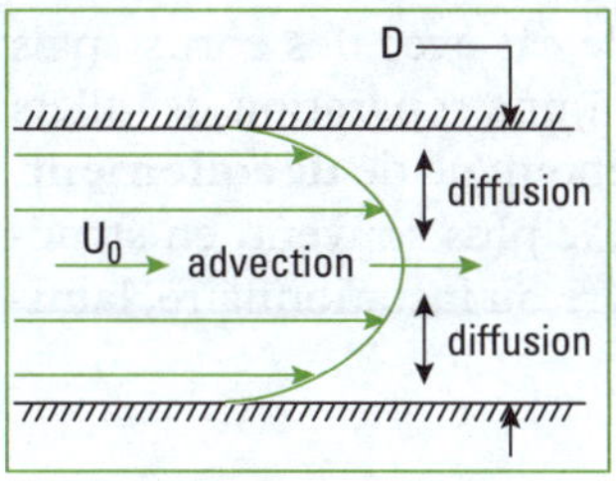

Fig. 4 – Écoulement laminaire en conduite : le nombre de Reynolds est défini par $R_e = \frac{U_0 D}{\nu}$.

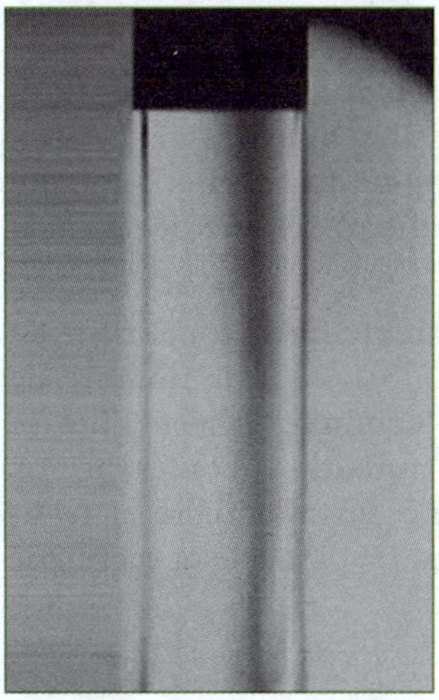

Fig. 5 – Jet laminaire de CO_2 dans de l'air au repos à $R_e \approx 2\,000$.

B. Typologie d'écoulements en fonction du nombre de Reynolds

B.1. Écoulement rampant

Lorsque le nombre de Reynolds est très petit – typiquement inférieur à quelques unités pour des écoulements autour de sphère ou de cylindre à section circulaire –, le mouvement se fait sous l'action dominante des forces de viscosité et de pression (éventuellement des forces de pesanteur). Dans ce cas (mouvements dans des milieux très visqueux et / ou à très faible vitesse), le fluide donne l'impression de « ramper » sur l'obstacle (fig. 3), *i.e.* d'épouser parfaitement les contours de la surface noyée.

B.2. Écoulement laminaire à nombre de Reynolds modéré

Au-delà du régime rampant, mais pour des nombres de Reynolds modérés, l'écoulement s'organise de façon stable en reflétant la plupart des symétries et invariances des conditions initiales et aux limites. Ainsi, si l'on impose au fluide de s'écouler dans une conduite rectiligne (direction $\vec{e}_x$), on observe un écoulement parallèle, avec une vitesse d'advection suivant $\vec{e}_x$ dont le module varie transversalement sous l'effet de la diffusion (fig. 4).

La caractéristique essentielle de ce mode de mouvement est l'absence de mélange à l'échelle macroscopique, le fluide s'écoulant en lames qui « glissent et frottent » les unes sur les autres, avec pour seuls transferts entre elles ceux dûs à l'agitation moléculaire. C'est le régime **laminaire** de l'écoulement de Poiseuille en canal ou conduite dans le cas schématisé (fig. 4).

Un autre exemple d'écoulement laminaire est illustré par un jet de CO_2 sortant d'un tube rectiligne vertical, à section circulaire (fig. 5). Pour un nombre de Reynolds :

$$R_e = \frac{U_0 D}{\nu}$$

de l'ordre de 2 000 à l'émission, la section du jet semble rester constante. En réalité, le jet « diffuse » dans l'atmosphère ambiante sous l'action de l'agitation moléculaire (diffusion de quantité de mouvement et de masse dans ce cas) et sa section augmente donc. Cette expansion, **à l'échelle macroscopique**, reste cependant faible et difficilement perceptible à l'œil nu.

B.3. Écoulement laminaire à nombre de Reynolds élevé : notion de couche limite

Lorsqu'un fluide visqueux en mouvement de vitesse uniforme à l'infini rencontre un obstacle solide, on observe que les effets de viscosité n'affectent pas de façon significative **l'intégralité** du champ de l'écoulement, dès que le nombre de Reynolds est suffisamment grand[1]. De là résulte le concept de **couche limite**, zone dans laquelle se trouvent concentrés les effets de viscosité (plus généralement, tous les effets diffusifs dûs à l'agitation moléculaire). Il s'agit d'une région de faible épaisseur relative (lorsque cette dimension est rapportée à celle du développement dans le sens principal de l'écoulement). Hors de cette région, le fluide peut être considéré comme parfait et le mouvement irrotationnel.

1. L'ordre de grandeur est typiquement de $10^5 \sim 10^6$. Il correspond à des écoulements d'air autour de véhicules automobiles circulant sur route et autoroute, de trains, d'avions de transport…

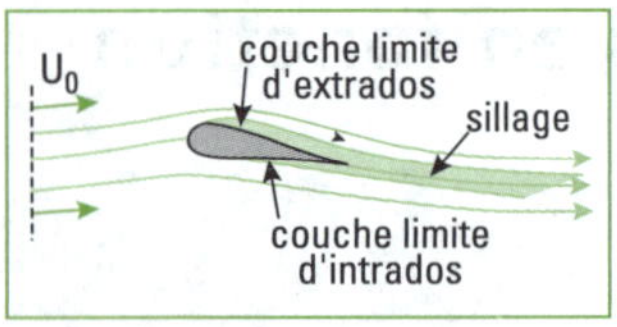

Fig. 6 – Régions de couche limite de l'écoulement autour d'un profil à grand nombre de Reynolds.

Remarque : La condition de grand nombre de Reynolds **global** n'autorise pas de négliger les effets de viscosité **dans tout le champ** de l'écoulement. Dans le cas de l'écoulement autour d'un profil d'aile (fig. 6), les régions de couche limite comprennent les couches limites pariétales d'extrados et d'intrados ainsi que la zone de sillage en aval de l'obstacle.

B.4. Décollement

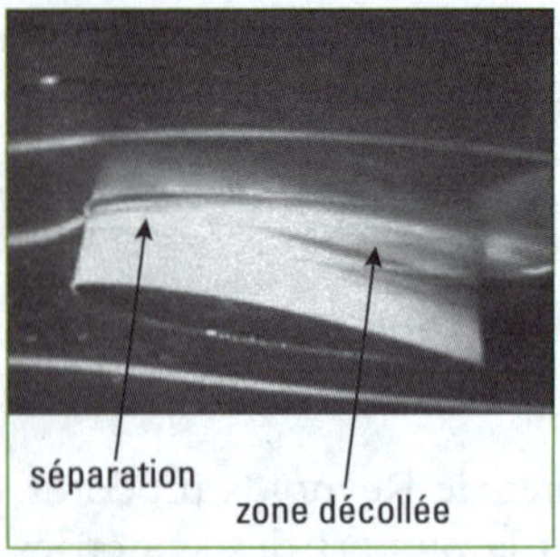

Fig. 7 – Décollement laminaire sur un profil à forte incidence.

Lorsque la géométrie de l'obstacle provoque une forte distorsion de l'écoulement au contournement de celui-ci (comme c'est le cas avec des corps épais ou des profils placés à forte incidence), on assiste à une séparation des filets fluides de la surface limite de l'obstacle : c'est le phénomène de **décollement**. En aval de la séparation, le mouvement s'organise, le plus souvent, en structures tourbillonnaires de différents types, stationnaire ou instationnaire, laminaire ou turbulent (fig. 7).

B.5. Transition de régime

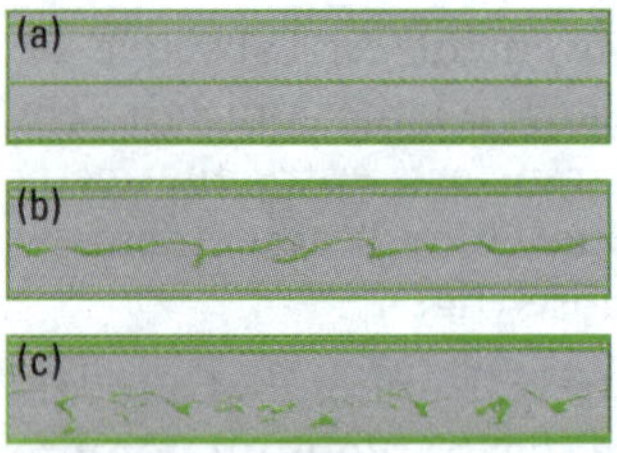

Fig. 8 – Régime laminaire (a), apparition (b) et amplification (c) de perturbations par perte de stabilité de l'écoulement de Poiseuille en conduite.

Dans tout problème de dynamique, les questions concernent l'existence, l'unicité et la stabilité des solutions. Il en est de même de tout écoulement de fluide, en tant que « solution » d'un système dynamique particulier.

Au regard de la stabilité, on observe que les forces d'inertie ont un effet déstabilisateur, alors que les forces de viscosité tendent à stabiliser le mouvement en amortissant les perturbations lorsqu'elles apparaissent. Ainsi, lorsque le nombre de Reynolds augmente, la stabilité du régime laminaire peut ne plus être assurée. On se trouve alors dans une phase dite de **transition de régime**.

Dans un écoulement en conduite, la perte de stabilité de l'écoulement de Poiseuille s'observe en pratique pour $R_e \sim 2500$ à 3000, où le nombre de Reynolds global est défini sur le diamètre de la conduite. L'instabilité se manifeste par l'apparition et l'amplification de perturbations conférant aux filets fluides un mouvement instantané désordonné, instationnaire et tridimensionnel, en rupture avec l'organisation stationnaire, parallèle et rectiligne du régime laminaire (fig. 8).

B.6. Régime turbulent

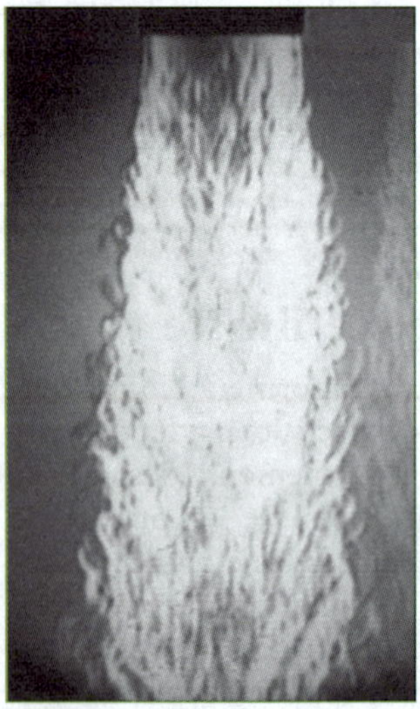

Fig. 9 – Jet turbulent de CO_2 dans de l'air au repos à $R_e \approx 50000$.

Le développement ultime de la phase de transition par perte progressive de stabilité de l'écoulement conduit au **régime turbulent**, situation caractérisée par la présence d'une agitation d'ordre macroscopique interne à l'écoulement. Cette agitation, tridimensionnelle et chaotique, est responsable d'une intensification du mélange et des échanges au sein du mouvement, ainsi que d'une augmentation des transferts à la paroi d'un solide immergé.

En écoulement à frontière libre, tel qu'un jet par exemple, l'agitation turbulente conduit à un accroissement sensible de la diffusion, par mouvements à échelle du continu (fig. 9).

Remarque :

Les phénomènes de turbulence et de séparation (décollement) ne doivent pas être confondus, même s'ils peuvent (en pratique) se trouver souvent en interaction forte.

B.7. Compressibilité et onde de choc

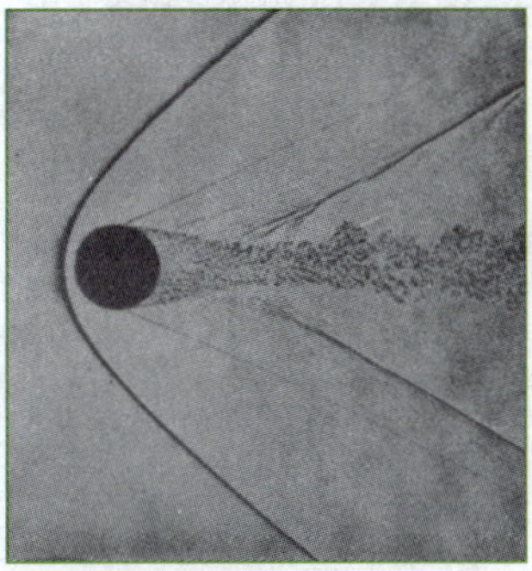

Fig. 10 – Onde de choc détachée en amont d'un sphère placée dans un écoulement à M = 1,8.

Lorsque l'augmentation du nombre de Reynolds provient de celle de la vitesse de l'écoulement, il en résulte corrélativement une augmentation du nombre de Mach et des effets de compressibilité associés à ce paramètre. L'un des effets les plus remarquables apparaît lorsque l'on dispose un obstacle fixe dans un écoulement supersonique ($M > 1$).

L'arrêt du fluide à la paroi est la cause d'une forte variation de la pression qui se manifeste, dans ce cas, par une brusque augmentation de cette grandeur, localisée sur des régions de très faible épaisseur appelées ondes de choc. Cette onde peut être visualisée et apparaît détachée en amont de l'obstacle, dans le cas où celui-ci est un corps épais, une sphère dans l'exemple illustré (fig. 10). On notera le caractère turbulent du sillage ainsi que la trace d'autres ondes dont l'interprétation sort du cadre du programme.

C. Mise en perspective : traînée d'une sphère

C.1. Force de traînée – Coefficient de traînée

Un solide immergé dans un fluide en mouvement subit de sa part un ensemble d'actions (forces et moments). On supposera ici que l'écoulement à « l'infini en amont » de l'obstacle est permanent, parallèle et de vitesse uniforme ($\vec{V} = U_0 \, \vec{e}_x$).

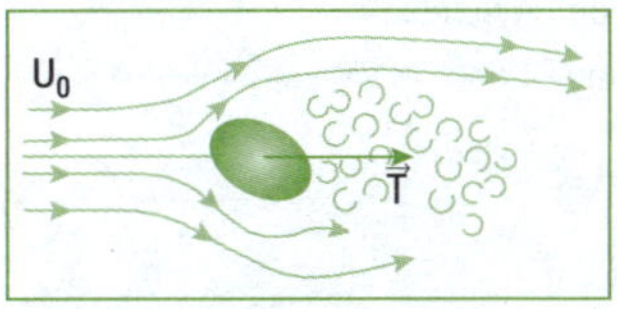

Fig. 11 – Force de traînée sur un obstacle non profilé

Définition 2

La résultante $\vec{T}$ des forces exercées sur un solide immergé dans un fluide dans la direction de l'écoulement à l'infini s'appelle la **traînée** (fig. 11).

Définition 3

Le module de la traînée s'exprime à l'aide d'un paramètre sans dimension C_x appelé **coefficient de traînée** :

$$C_x = \frac{T}{\frac{1}{2}\rho U_0^2 S}$$

- T module de la force de traînée (N)
- ρ masse volumique du fluide ($kg \cdot m^{-3}$)
- U_0 vitesse de l'écoulement à l'infini ($m \cdot s^{-1}$)
- S surface de référence (m^2)

Cette normalisation pratique s'applique au module de la force de traînée divisé par une surface de référence, grandeur homogène à une contrainte ou une pression. La pression de référence est $\frac{1}{2}\rho U_0^2$, pression dynamique[1] de l'écoulement à l'infini. Le choix de la surface de référence dépend de la géométrie de l'obstacle, mais fait le plus souvent appel au maître-couple de celui-ci (aire de la projection orthogonale de l'objet sur un plan normal à la direction de l'écoulement à l'infini).

1. Cette notion sera précisée dans un chapitre suivant. Elle correspond à l'énergie cinétique du fluide par unité de volume.

C.2. Coefficient de traînée d'une sphère

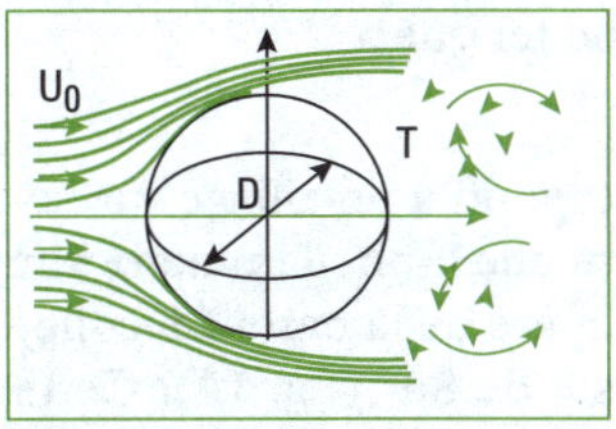

Fig. 12 – Coefficient de traînée d'une sphère.

Nous nous limitons au cas où l'obstacle est une sphère de diamètre D. Avec pour surface de référence celle d'un grand disque (fig. 12), le coefficient de traînée s'exprime par :

$$C_x\big|_{\text{sphère}} = \frac{8}{\pi}\,\frac{T}{\rho U_0^2 D^2}.$$

L'expérience montre que ce coefficient varie en fonction du nombre de Reynolds et du nombre de Mach de l'écoulement. Ne retenant ici que l'influence du nombre de Reynolds, la relation :

$$C_x = f(R_e),$$

où $R_e = \dfrac{U_0 D}{\nu}$ se traduit par le graphe de la figure suivante, en synthèse de nombreuses mesures (fig. 13).

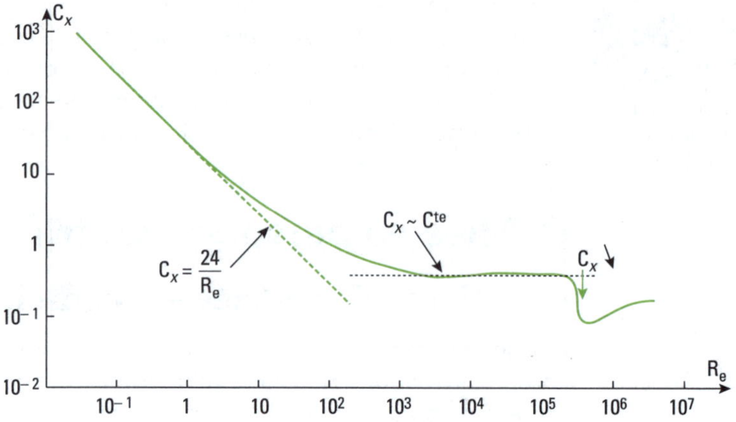

Fig. 13 – Coefficient de traînée de la sphère en fonction du nombre de Reynolds.

C.3. Régime linéaire

Lorsque le nombre de Reynolds est très petit, on peut montrer (formule de Stokes) que la traînée sur la sphère a pour module :

$$T = 3\pi\mu U_0 D.$$

Cette traînée intègre la résultante des forces de pression et de viscosité exercées par l'écoulement sur toute la surface de la sphère. Elle varie dans ce cas **linéairement** avec la vitesse de l'écoulement à l'infini.

Le coefficient de traînée est alors donné par :

$$C_x = \frac{24}{R_e},$$

relation bien vérifiée expérimentalement pour $R_e < 0{,}3$ (fig. 13).

C.4. Régime quadratique

Pour une valeur du nombre de Reynolds comprise entre 3 000 et 300 000, l'évolution du coefficient de traînée présente un plateau (fig. 13), autour d'une valeur sensiblement constante (0,40 à 0,45).

Le module de la force de traînée résultante est donc tel que :

$$T \propto U_0^2.$$

Cette loi de variation **quadratique** en vitesse correspond à un sillage turbulent derrière la sphère, avec développement d'une couche limite laminaire sur la face amont de la sphère. Cette couche limite se sépare de la paroi (décolle) en amont du maître-couple, autour d'un angle voisin de 80° (fig. 14). Cette configuration correspond à un régime d'écoulement qualifié de «premier» régime ou régime «subcritique».

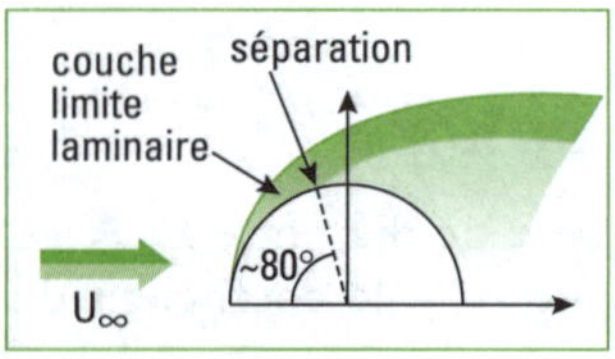

Fig. 14 – Structure de l'écoulement en régime subcritique (Re < 300 000).

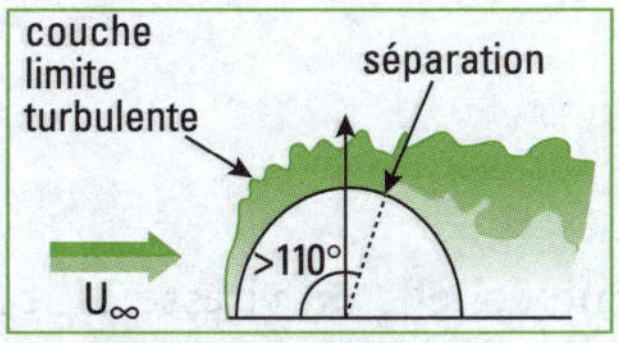

Fig. 15 – Structure de l'écoulement en régime supercritique ($R_e > 300\,000$).

C.5. Crise de traînée

Autour d'un nombre de Reynolds de l'ordre de 300 000, on assiste à une chute brutale du C_x, qui passe d'une valeur voisine de 0,4 à moins de 0,1 : c'est le phénomène de **crise de traînée,** traduisant une forte diminution de cette force alors que la vitesse augmente, toutes choses égales par ailleurs.

Ludwig Prandtl a montré en 1914 que ce fait était lié à la transition de la couche limite sur la face amont de la sphère qui, de laminaire pour $R_e < 300\,000$, devient turbulente aux valeurs supérieures, propriété qui retarde le décollement. Ainsi, le point de séparation est repoussé au-delà du maître-couple, à un angle variable entre 110° et 140°, selon le niveau de turbulence de l'écoulement amont (fig. 15). Il en résulte une diminution de la « traînée de pression », diminution qui, en valeur absolue, est supérieure à l'augmentation de la « traînée visqueuse ». Au total, on assiste bien à une réduction nette de la somme de ces deux éléments constitutifs de la traînée globale (pression + viscosité) mesurée par la chute du C_x.

L'essentiel

✓ Nombre de Reynolds global

• Ce nombre sans dimension est défini à partir d'une échelle de vitesse U_0 et de longueur L de l'écoulement ainsi que de la viscosité cinématique $\nu = \dfrac{\mu}{\rho}$ du fluide :

$$\mathbf{R_e = \frac{U_0 L}{\nu} \equiv \frac{\rho U_0 L}{\mu}}.$$

• Ce nombre compare globalement, avec les mêmes échelles U_0 et L, les forces d'inertie et de viscosité de l'ensemble de l'écoulement :

$$\mathbf{R_e = \left(\frac{\text{forces d'inertie}}{\text{forces de viscosité}} \right)_{U_0,\, L}}.$$

✓ Types d'écoulements

• **Mouvement rampant** : forces d'inertie négligeables, $R_e \ll 1$.

• **Écoulement laminaire** : forces d'inertie et de viscosité en équilibre stable dans le mouvement. Il n'existe pas de « limite universelle », *i.e.* de valeur unique du nombre de Reynolds bornant ce régime indépendamment du type d'écoulement.

• **Écoulement turbulent** : phase ultime de la transition du régime laminaire par développement (amplification et interaction) d'instabilités. Ce régime se caractérise par une agitation macroscopique due à des mouvements à l'échelle du continu, responsables de l'intensification du mélange, de la diffusion et des transferts.

• **Couche limite** : situation qui se présente pour un nombre de Reynolds grand lorsque les effets de viscosité n'affectent qu'une partie (la région de couche limite) du champ de l'écoulement. Dans la couche limite, les forces d'inertie et de viscosité sont équivalentes. Hors couche limite, l'écoulement peut être assimilé à celui d'un fluide parfait.

✓ Traînée

Le module de la traînée, résultante des forces exercées sur un solide immergé dans un fluide dans la direction de l'écoulement à l'infini, peut s'exprimer par :

$$T = \frac{1}{2} S C_x \rho U_0^2$$

T module de la force de traînée (N)
ρ masse volumique du fluide ($kg \cdot m^{-3}$)
U_0 vitesse de l'écoulement à l'infini ($m \cdot s^{-1}$)
S surface de référence (m^2)

Le coefficient C_x est appelé **coefficient de traînée**. Sa valeur dépend du nombre de Reynolds. Pour une sphère, R_e petit : $T \propto U_0$, et R_e grand : $T \propto U_0^2$.

Exercices

Niveau 1

Ex. 1 Estimation de nombres de Reynolds et type d'écoulement associé

On considère les écoulements suivants :

a) véhicule automobile, de dimension caractéristique 1,5 m circulant à 90 $km \cdot h^{-1}$ (ν_{air}) ;

b) déplacement tectonique de plaques de 100 km à des vitesses de l'ordre de 10^{-8} $m \cdot s^{-1}$ (ν_{geo}) ;

c) avion de ligne gros porteur, dont l'aile présente une corde moyenne 9 m, en décollage à 280 $km \cdot h^{-1}$ et en vol de croisière à 800 $km \cdot h^{-1}$ (ν_{air}) ;

d) bactérie de dimension 1 μm se déplaçant à une vitesse de 10 $\mu m \cdot s^{-1}$ dans un milieu aqueux (ν_{eau}) ;

e) bateau de plaisance de 10 m filant à 12 nœuds (ν_{eau}) ;

f) verre fondu coulant par un orifice de 1 cm de diamètre à une vitesse de 1 $cm \cdot s^{-1}$ (ν_{verre}).

1) Calculer les nombres de Reynolds de ces écoulements.

2) À quelles configurations types peuvent-ils être rattachés ?

Données :

$\nu_{air} = 1{,}5 \cdot 10^{-5}\ m^2 \cdot s^{-1}$; $\nu_{eau} = 10^{-6}\ m^2 \cdot s^{-1}$;
$\nu_{geo} = 10^{20}\ m^2 \cdot s^{-1}$; $\nu_{verre} = 10^{-2}\ m^2 \cdot s^{-1}$.
1 nœud ~ 0,51 $m \cdot s^{-1}$

Ex. 2 Viscosimètre à chute de bille

Une bille solide sphérique tombe dans un liquide visqueux. On suppose que cette chute a lieu sous condition de mouvement rampant (régime de Stokes).

1) Exprimer la viscosité dynamique μ du fluide en fonction de la vitesse limite de chute constante de la bille U_0, de son rayon a, de l'accélération de la pesanteur g et des masses volumiques du solide et du liquide ρ_S et ρ_L.

2) Calculer les coefficients de viscosité dynamique et cinématique d'un liquide de masse volumique $\rho_L = 126\ kg \cdot m^{-3}$, sachant que la vitesse de chute mesurée est $U_0 = 8\ mm \cdot s^{-1}$ avec $\rho_S = 300\ kg \cdot m^{-3}$ et $a = 4{,}5$ mm.

3) L'hypothèse de mouvement rampant est-elle justifiée ?

Ex. 3 Mouvement rampant : échelle de pression

1) Écrire la relation traduisant l'équilibre entre les forces dominantes d'un mouvement rampant permanent, en supposant que les forces de pesanteur sont négligeables.

2) En déduire la relation de proportionnalité liant une échelle de pression P_0 aux échelles de vitesse U_0 et de longueur L de l'écoulement ainsi qu'à la viscosité dynamique μ du fluide.

3) Dans la plupart des écoulements, on introduit comme référence de pression, la quantité $P_\star \propto \rho U_0^2$. Exprimer le rapport :

$$\frac{P_\star}{P_0}.$$

Commenter.

Niveau 2

Ex. 4 Épaisseur de couche limite

On considère la couche limite qui se développe sur une plaque plane infiniment mince, disposée parallèlement aux lignes de courant d'un écoulement permanent rectiligne et uniforme (vitesse U_0 en module).

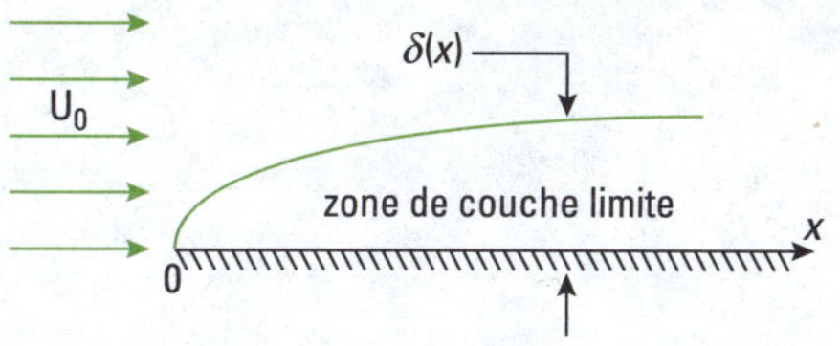

On suppose le régime laminaire de mouvement bidimensionnel plan, l'axe de l'advection étant pris pour l'axe des abscisses. On suppose que la plaque a une longueur L dans le sens de l'écoulement.

1) À quelle condition d'écoulement correspond la situation décrite ?

2) On désigne par ν [$m^2 \cdot s^{-1}$] la viscosité cinématique du fluide. Estimer les temps caractéristiques de l'advection (T_A) et de la diffusion (T_D) dans une section d'abscisse x, où l'épaisseur de couche limite est $\delta(x)$.

3) Sachant que l'écoulement dans la couche limite satisfait à une condition d'équilibre temporel entre les échelles T_A et T_D, déduire la forme de variation de l'épaisseur de couche limite avec l'abscisse.

4) Exprimer la loi de variation de l'épaisseur de couche limite sous forme adimensionnelle, en faisant apparaître le nombre de Reynolds global :

$$Re = \frac{U_0 L}{\nu}.$$

Quel est l'effet d'une augmentation de ce nombre de Reynolds ?

Niveau 3

Ex. 5 Traînée d'une sphère en écoulement rampant : formule de Stokes

Dans un système de coordonnées sphériques, le champ de vitesse de l'écoulement rampant autour d'une sphère de rayon a a pour composantes :

$$V_r(r_\star, \varphi) = U_0\left(1 - \frac{3}{2r_\star} + \frac{1}{2r_\star^3}\right)\cos\varphi$$

et $$V_\Phi(r_\star, \varphi) = -U_0\left(1 - \frac{3}{4r_\star} - \frac{1}{4r_\star^3}\right)\sin\varphi\,,$$

où U_0 désigne le module constant de la vitesse à l'infini $\vec{V}_\infty = U_0\,\vec{e}_x$ et $r_\star = \frac{r}{a}$ la distance radiale réduite.

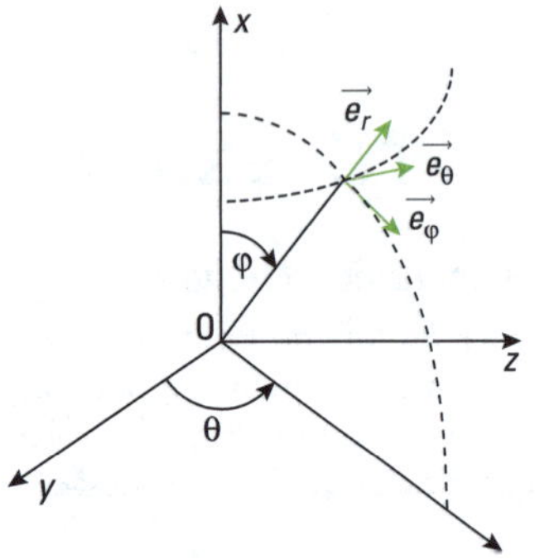

1) Identifier, dans le repère sphérique, les forces de surface qui s'exercent en tout point de la sphère dans cet écoulement.

2) En coordonnées sphériques, la contrainte de cisaillement visqueux qui s'exerce sur une facette de normale $\vec{e}_r$ dans la direction $\vec{e}_\varphi$ a pour expression locale :

$$\tau_{\varphi r}(r_\star, \varphi) = \mu\left(\frac{\partial V_\phi}{\partial r} - \frac{V_\phi}{r} + \frac{1}{r}\frac{\partial V_r}{\partial \varphi}\right).$$

Que vaut cette contrainte en un point quelconque de la surface de la sphère ? En déduire la valeur de la résultante des forces de viscosité dans la direction de l'écoulement (traînée visqueuse).

3) Sachant que dans ce régime rampant, les seules forces en présence sont les forces de pression et de viscosité, comment se traduit localement l'équilibre entre ces forces ?

4) Par intégration de la relation précédente, on peut montrer que le champ de pression est donné par :

$$P(r_\star, \varphi) = P_0 - \frac{3}{2}\frac{\mu U_0}{a r_\star^2}\cos\varphi,$$

où P_0 désigne une référence de pression fixe. Calculer la résultante des forces de pression appliquées à la sphère selon la direction de l'écoulement (traînée de pression).

5) Déduire des résultats précédents l'expression de la traînée de la sphère et du coefficient de traînée.

Indications

Ex. 2

1) Appliquer le principe fondamental de la dynamique à la bille en chute libre à vitesse stabilisée.

Ex. 3

1) Utiliser les expressions en densité *volumique* des contraintes de surface vues au premier chapitre.

2) Il suffit de raisonner en dimension avec les échelles proposées.

Ex. 4

3) Penser à utiliser les expressions volumiques des contraintes de surface vues au premier chapitre.

Ex. 5

5) Ne pas oublier de projeter suivant x pour calculer les différentes contributions de la traînée.

Solutions des exercices

Exercices de niveau 1

Exercice 1

1) Par définition du nombre de Reynolds global, on a :

a) $R_e = \dfrac{1{,}5 \times 90 \cdot 10^3}{3\,600 \times 1{,}5 \cdot 10^{-5}} = \mathbf{2{,}5 \cdot 10^6}$.

b) $R_e = \dfrac{100 \cdot 10^3 \times 10^{-8}}{10^{20}} = \mathbf{10^{-23}}$.

c) Décollage : $R_e = \dfrac{9 \times 280 \cdot 10^3}{3\,600 \times 1{,}5 \cdot 10^{-5}} \approx \mathbf{4{,}7 \cdot 10^7}$.

Croisière : $(R_e)_{\text{croisière}} = \dfrac{800}{280} \times R_e \approx \mathbf{1{,}3 \cdot 10^8}$.

d) $R_e = \dfrac{10^{-6} \times 10 \cdot 10^{-6}}{10^{-6}} = \mathbf{10^{-5}}$.

e) $R_e = \dfrac{10 \times 0{,}51 \times 12}{10^{-6}} = \mathbf{6{,}1 \cdot 10^7}$.

f) $R_e = \dfrac{10^{-2} \times 10^{-2}}{10^{-2}} = \mathbf{10^{-2}}$.

2) Les situations b), d) et f) correspondent à des mouvements rampants à très faible nombre de Reynolds, où les forces de viscosité dominent celles d'inertie.
Dans les situations a), c) et e), on peut envisager la présence de couche limite dans les régions non décollées de ces écoulements.

Exercice 2

1) Lorsque la bille chute à vitesse constante, la traînée est en équilibre avec son poids diminué de la poussée d'Archimède, soit :

$$6\pi\mu U_0 a = \frac{4}{3}\pi a^3(\rho_S - \rho_L)g, \text{ d'où : } \boldsymbol{\mu = \frac{2}{9}\,\frac{(\rho_S - \rho_L)ga^2}{U_0}}.$$

2) L'application numérique donne :

$$\mu = \frac{2}{9} \times \frac{(300 - 126) \times 9{,}81 \times \left(\dfrac{9}{2}\right)^2 \cdot 10^{-6}}{8 \cdot 10^{-3}} = \mathbf{0{,}96\ P\ell}.$$

On en déduit :

$$\nu = \frac{\mu}{\rho} = \mathbf{7{,}6 \cdot 10^{-3}\ m^2 \cdot s^{-1}}.$$

3) Calculons le nombre de Reynolds de l'écoulement :

$$R_e = \frac{2aU_0}{\nu}.$$

On trouve :

$\mathbf{R_e \sim 9{,}5 \times 10^{-3} \ll 1}$, ce qui valide bien *a posteriori* l'hypothèse de calcul.

Exercice 3

1) L'absence d'accélération de l'écoulement, le régime rampant conduit à l'équilibre entre forces de pression et de viscosité. En utilisant les expressions en densité volumique (*cf.* chapitre 1), on a donc :

$$\overrightarrow{\mathbf{grad}}\,\mathbf{P} = \mu \vec{\Delta} \vec{\mathbf{V}}.$$

2) Par simple raison de dimension, cette équation montre que :

$$\frac{P_0}{L} \propto \mu \frac{U_0}{L^2},$$

soit l'estimation « visqueuse » de la référence de pression :

$$\mathbf{P_0 \propto \mu \frac{U_0}{L}}.$$

3) Le rapport des références de pression s'écrit :

$$\frac{P_\star}{P_0} \propto \frac{\rho U_0^2}{\mu \dfrac{U_0}{L}}, \text{ soit : } \mathbf{P_\star \propto R_e \times P_0},$$

où $R_e = \dfrac{U_0 L}{\nu}$ est le nombre de Reynolds de l'écoulement. En régime rampant ($R_e \ll 1$), ce n'est donc pas la « pression dynamique » $\dfrac{1}{2}\rho V^2$, à l'origine de $P_\star$, qui fournit la « bonne » échelle représentative des forces de pression, mais la **référence visqueuse**.

Exercice de niveau 2

Exercice 4

1) La structuration des effets visqueux dans une zone proche de la paroi de l'obstacle (couche limite) ne se produit que si le nombre de Reynolds global de l'écoulement est suffisamment grand. En référence aux paramètres d'advection de l'écoulement, ce nombre de Reynolds est défini par :

$$\mathbf{R_e = \frac{U_0 L}{\nu}}.$$

2) Le temps caractéristique de l'advection sur la distance x peut s'évaluer par :

$$T_A = \frac{x}{U_0}.$$

Celui de la diffusion par viscosité, sachant que la distance caractéristique de ce phénomène à l'abscisse x n'est autre que l'épaisseur $\delta(x)$, peut s'estimer par :

$$\mathbf{T_D = \frac{\delta^2(x)}{\nu}}.$$

3) Sous la condition d'équilibre temporel $T_D \propto T_A$, on déduit que :

$$\frac{\delta^2(x)}{\nu} = k^2 \frac{x}{U_0},$$

où la constante de proportionnalité, strictement positive, a été posée égale à k^2. L'épaississement spatial de la couche limite se fait donc selon une loi parabolique :

$$\boldsymbol{\delta(x) = k\sqrt{\frac{\nu x}{U_0}}}.$$

4) On peut encore écrire :

$$\frac{\delta(x)}{L} = k\sqrt{\frac{\nu x}{U_0 L^2}}, \text{ soit : } \frac{\boldsymbol{\delta(x)}}{\mathbf{L}} = \frac{\boldsymbol{k}}{\sqrt{\mathbf{R_e}}}\sqrt{\frac{\boldsymbol{x}}{\mathbf{L}}}.$$

Ainsi l'épaisseur relative de couche limite est d'autant plus petite que le nombre de Reynolds global de l'écoulement est grand (variation en $R_e^{-1/2}$).

Exercice de niveau 3

Exercice 5

1) Il s'agit des forces de pression et de viscosité. En coordonnées sphériques, elles s'écrivent respectivement :

$$\mathbf{d\vec{F}^P = -P\,\vec{e}_r\,d\sigma} \quad \text{et} \quad \mathbf{d\vec{F}^v = \tau_{\varphi r}\,\vec{e}_\varphi\,d\sigma}$$

où P désigne la valeur locale de la pression à la surface de la sphère et $\tau_{\varphi r}$ la contrainte de cisaillement visqueux qui s'exerce sur une facette de normale $\vec{e}_r$ dans la direction $\vec{e}_\varphi$.

2) Compte tenu de l'expression du champ de vitesse de cet écoulement, on a :

$$\frac{\partial V_\phi}{\partial r} = -\frac{U_0}{a}\left(\frac{3}{4r_*^2} + \frac{3}{4r_*^4}\right)\sin\varphi, \text{ soit sur la sphère : } \left.\frac{\partial V_\phi}{\partial r}\right|_{\text{sphère}} = -\frac{3}{2}\frac{U_0}{a}\sin\varphi.$$

$$\frac{V_\phi}{r} = -\frac{U_0}{ar_*}\left(1 - \frac{3}{4r_*} - \frac{1}{4r_*^3}\right)\sin\varphi, \text{ soit sur la sphère : } \left.\frac{V_\phi}{r}\right|_{\text{sphère}} = 0.$$

$$\frac{1}{r}\frac{\partial V_r}{\partial\varphi} = -\frac{U_0}{ar_*}\left(1 - \frac{3}{2r_*} + \frac{1}{2r_*^3}\right)\sin\varphi, \text{ soit sur la sphère : } \left.\frac{1}{r}\frac{\partial V_r}{\partial\varphi}\right|_{\text{sphère}} = 0.$$

Au final, sur la sphère :

$$\tau_{\varphi r|\text{sphère}} = -\frac{3}{2}\mu\frac{U_0}{a}\sin\varphi.$$

La composante suivant $\vec{e}_x$ de la force de viscosité appliquée à un élément d'aire de la sphère a donc pour valeur algébrique :

$$dF_x^v = d\vec{F}^v \cdot \vec{e}_x = \tau_{\varphi r}\,\vec{e}_\varphi \cdot \vec{e}_x\,d\sigma.$$

L'élément d'aire vaut $d\sigma = a^2 \sin\varphi\,d\varphi\,d\theta$ et le produit scalaire des vecteurs unitaires est égal à $\cos\left(\varphi + \frac{\pi}{2}\right) = -\sin\varphi$. Ainsi, compte tenu de la symétrie de révolution et de l'expression de $\tau_{\varphi r|\text{sphère}}$:

$$F_x^v = \iint_{\text{sphère}} dF_x^v = \frac{3}{2}\mu\frac{U_0}{a} \times 2\pi\int_0^\pi a^2\sin^3\varphi\,d\varphi = 3\pi\mu U_0 a\left[-\frac{1}{3}\cos\varphi(\sin^2\varphi + 2)\right]_0^\pi,$$

soit finalement :

$$\mathbf{F_x^v = 4\pi\mu U_0}\boldsymbol{a}.$$

3) Nous avons vu au premier chapitre que la résultante des forces de surface (pression et viscosité) sur une particule fluide pouvait s'exprimer à partir des densités volumiques $\overrightarrow{\text{grad}}\,P$ et $\mu\Delta\vec{V}$ respectivement. L'écoulement rampant caractérisé par l'équilibre dynamique entre ces forces est donc régi par l'équation :

$$\mathbf{\overrightarrow{grad}\,P = \mu\Delta\vec{V}}.$$

4) La composante suivant $\vec{e}_x$ de la force de pression appliquée à un élément d'aire de la sphère a pour valeur algébrique :

$$dF_x^P = d\vec{F}^P \cdot \vec{e}_x = -P\vec{e}_r \cdot \vec{e}_x\,d\sigma = -P\cos\varphi\,d\sigma$$

Avec l'expression fournie du champ de pression, la traînée de pression vaut donc :

$$F_x^P = \iint_{\text{sphère}} dF_x^P = -2\pi \int_0^\pi (P_0 - \frac{3}{2}\,\frac{\mu U_0}{a}\cos\varphi)\, a^2 \sin\varphi \cos\varphi\, d\varphi \ ,$$

d'où :

$$F_x^P = 3\pi\mu U_0 a \int_0^\pi \sin\varphi \cos^2\varphi\, d\varphi = -3\pi\mu U_0 a \left[\frac{u^3}{3}\right]_{+1}^{-1},$$

soit finalement :

$$\mathbf{F_x^P = 2\pi\mu U_0 a.}$$

Bien que l'écoulement s'effectue sans décollement, le champ de pression sur les faces amont et aval de la sphère ne s'équilibre pas : la demi-sphère amont est en surpression ($\cos\varphi < 0$) alors que la demi-sphère aval est en dépression, d'où une résultante (traînée de pression) non nulle.

5) La traînée totale est la somme des traînées de viscosité et de pression, la viscosité contribuant pour 2/3 et la pression pour 1/3, avec au bilan :

$$F_x = F_x^v + F_x^P = 6\pi\mu U_0 a \text{ (formule de Stokes).}$$

On constate qu'il s'agit d'une quantité positive, ce qui signifie bien que le fluide a tendance à entraîner l'obstacle dans son mouvement. Le coefficient de traîné vaut alors :

$$C_{x|\text{sphère}} \overset{def}{=} \frac{8}{\pi}\,\frac{T}{\rho U_0^2 D^2} = \frac{8}{\pi}\,\frac{3\pi\mu U_0 D}{\rho U_0^2 D^2},$$

soit finalement :

$$\mathbf{C_{x|\text{sphère}} = \frac{24}{R_e}},$$

où $R_e = \dfrac{U_0 D}{\nu}$ est le nombre de Reynolds global de l'écoulement rapporté au diamètre de la sphère.

CHAPITRE

3

Outils de description des mouvements de fluides

Introduction

Ce chapitre regroupe les outils mathématiques et les notions cinématiques indispensables à la description et à l'analyse des mouvements d'un fluide. On laisse donc de côté la question de l'origine ou des causes du mouvement pour se concentrer en premier lieu sur ce qui relève de la spécificité des écoulements.

Le premier élément traite du **mode** de **description** du mouvement, à travers le choix de variables qui s'offre en mécanique des fluides.

Un deuxième volet aborde les notions de cinématique, liées à la caractérisation d'éléments géométriques à partir du champ de vitesse d'un **écoulement à un instant donné**.

Le dernier volet concerne les outils permettant d'analyser les **évolutions dans le temps** des propriétés d'un écoulement en référence à un système physique donné que l'on va suivre dans son mouvement. C'est la notion de dérivation particulaire sous ses différentes déclinaisons.

Plan du chapitre 3

A. Notion de champ

A.1. Champ mathématique

Par champ mathématique, on entend toute fonction de point, et éventuellement du temps, définie dans une certaine région de l'espace[1]. Un champ peut être scalaire[2] ou vectoriel[3].

En mécanique des fluides, on parlera ainsi de champ de pression, température, masse volumique... (champs scalaires de l'écoulement) ou de vitesse, accélération... (champs vectoriels de l'écoulement).

Cette **notion mathématique** de champ d'une grandeur physique ne doit pas être confondue avec la notion de **champ physique** introduite pour caractériser l'action subie à distance par une particule : champ électrique, magnétique, gravitationnel...

1. Il s'agit de l'espace à trois dimensions rapporté ici à un repère cartésien orthonormé.

2. La distance $r = \sqrt{x^2 + y^2 + z^2}$ de tout point à l'origine du repère est un exemple de tel champ.

3. Le champ électrique créé dans l'espace par une répartition de charges est un exemple de tel champ.

A.2. Description des propriétés géométriques de champs

Pour visualiser la répartition spatiale ou champ d'une grandeur scalaire quelconque $f(x, y, z)$, on fait appel à la notion de ligne (2D) ou surface (3D) équipotentielle[4], objets en tout point desquels la fonction reste constante.

Dans le cas d'un champ vectoriel $\vec{A}(x, y, z)$, une représentation classique se fait par ligne de champ[5], courbe dont la tangente locale $\overrightarrow{d\ell}(M)$ est par définition colinéaire au champ au même point, soit $\vec{A}(M) \wedge \overrightarrow{d\ell}(M) = \vec{0}$ (fig. 1).

En mécanique des fluides, les fonctions seront aussi variables dans le temps, ce qui amènera à bien distinguer propriétés géométriques et évolutions cinématiques.

4. On parle encore de ligne (surface) « iso-f » : isobare, isotherme...

5. On parle de ligne de courant, s'agissant du champ de vitesse d'un écoulement.

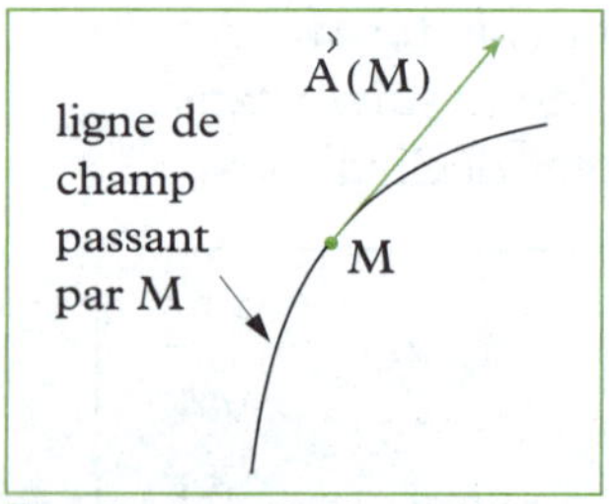

Fig. 1 - Ligne de champ d'une fonction vectorielle.

A.3. Outils d'analyse des propriétés géométriques de champs

Dans le cadre du programme, l'étude mathématique des propriétés de champ relève exclusivement de l'analyse vectorielle, à travers des opérateurs[6] classiques tels que gradient (réservé à une fonction scalaire), divergence, rotationnel et les notions connexes de flux, circulation...

La définition de ces éléments sera rappelée le moment venu.

6. Ces opérateurs ont été historiquement introduits pour le traitement théorique de problèmes posés en mécanique des fluides.

B. Variables de champ d'un écoulement

Il existe deux façons de spécifier les arguments (ou variables) dont dépendent les fonctions de champ de tout écoulement, conduisant aux variables de Lagrange et d'Euler.

B.1. Variables de Lagrange

Ces variables peuvent être perçues comme une extension directe de celles en usage en mécanique rationnelle, pour un système discret de « points matériels ». Supposons qu'à un instant donné[7] ($t = \tau$), on puisse « individualiser » toute particule fluide d'un écoulement donné, en repérant sa position par ses coordon-

7. On parlera d'instant de « marquage ».

nées (ξ, η, ζ) dans un référentiel donné. À tout instant ultérieur $t > \tau$, il est possible de déterminer le mouvement du fluide à partir de celui de chacune de ses particules que l'on suit dans leurs mouvements.

Définition 1

L'ensemble des quatre arguments (ξ, η, ζ, *t*), regroupant les trois coordonnées de position de toute particule fluide à un instant donné et le temps, constituent les **variables de Lagrange.**

Propriété 1

Vitesse et accélération de la particule A(ξ, η, ζ) au point courant[1] P à l'*instant t*, s'obtiennent à partir des coordonnées (X, Y, Z) de sa position à cet instant par :

Position[2] : $\overrightarrow{OP}(X, Y, Z)$ Vitesse : $\dfrac{d\overrightarrow{OP}}{dt}\left(U = \dfrac{dX}{dt}, V = \dfrac{dY}{dt}, W = \dfrac{dZ}{dt}\right)$

Accélération : $\dfrac{d^2\overrightarrow{OP}}{dt^2}\left(\Gamma_x = \dfrac{d^2X}{dt^2}, \Gamma_y = \dfrac{d^2Y}{dt^2}, \Gamma_z = \dfrac{d^2Z}{dt^2}\right)$

1. Les coordonnées d'un tel point sont à déterminer pour chaque particule à tout instant. Si le champ de vitesse est connu, elles peuvent se calculer par intégration de ce dernier entre les instants τ et *t* :

$$\overrightarrow{AP} = \int_\tau^t \overrightarrow{V}(\xi, \eta, \zeta, \theta)\,d\theta.$$

2. Vecteur position :

$$\begin{vmatrix} X = X(\xi, \eta, \zeta, t) \\ Y = Y(\xi, \eta, \zeta, t) \\ Z = Z(\xi, \eta, \zeta, t) \end{vmatrix}$$

Application 1

Dans un référentiel cartésien orthonormé, on observe à l'instant *t* au point M(X, Y, Z) la particule fluide qui à l'instant de « marquage » $t = 0$ se trouvait au point de coordonnées ξ, η, ζ. On donne :

$$X = (1 + t^2)\xi, \quad Y = \eta, \quad Z = \zeta.$$

Quelles sont les composantes des vecteurs vitesse et accélération du fluide au point M à l'instant *t* ?

Solution

Connaissant la loi horaire de la particule en variables de Lagrange, on a immédiatement :

$$\text{Vitesse} : \begin{cases} \dfrac{dX}{dt} = 2\xi t \\ \dfrac{dY}{dt} = 0 \\ \dfrac{dZ}{dt} = 0 \end{cases} \qquad \text{Accélération} : \begin{cases} \dfrac{d^2X}{dt^2} = 2\xi \\ \dfrac{d^2Y}{dt^2} = 0 \\ \dfrac{d^2Z}{dt^2} = 0 \end{cases}$$

B.2. Variables d'Euler

La description en variables d'Euler fait référence à l'observation des particules fluides, qui se trouvent, à chaque instant, en un « point » donné du champ de l'écoulement.

Définition 2

L'ensemble des quatre réels (*x*, *y*, *z*, *t*), où *t* désigne le temps et (*x*, *y*, *z*) les trois coordonnées d'un point « d'observation » du champ de l'écoulement dans un référentiel donné, constitue les **variables d'Euler**.

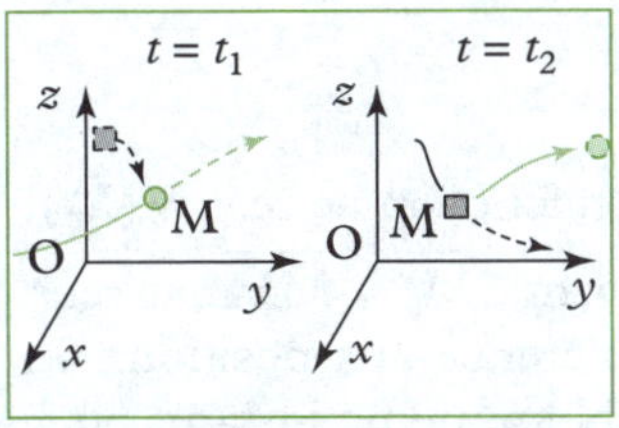

Fig. 2 - À l'instant t_1, la propriété au point M est celle de la particule « ronde » et à l'instant t_2, celle d'une autre particule « carrée ».

En désignant par *f* une fonction scalaire quelconque du champ de l'écoulement, la valeur $f(x, y, z, t_1)$ est donc celle de la particule qui se trouve au « point d'observation » M(*x*, *y*, *z*) à l'instant t_1. Au même point mais à un instant différent t_2, la valeur de cette **même fonction** sera celle d'une **autre particule** passant en ce point à cet instant (fig. 2).

Application 2

Avec les données de l'application 1, peut-on exprimer la vitesse et l'accélération en variables d'Euler (x, y, z, t) en un point P quelconque du champ, autre que M(X, Y, Z) ?

Qu'en est-il si P = M ?

Solution

En tout point $P(x, y, z) \neq M(X, Y, Z)$, on ne dispose d'aucune information sur la particule qui s'y trouve, quel que soit t. Le calcul de la vitesse comme de l'accélération est donc impossible en ce point.

Si, en revanche, le point d'observation P coïncide avec le point M de l'application 1, la vitesse et l'accélération en variables d'Euler s'obtiennent en substituant les coordonnées (x, y, z) du point P dans les expressions connues en variables de Lagrange. Ainsi :

$$\text{Vitesse : } \begin{cases} U = \dfrac{2t}{1+t^2}x \\ V = 0 \\ W = 0 \end{cases} \qquad \text{Accélération : } \begin{cases} \Gamma_x = \dfrac{2}{1+t^2}x \\ \Gamma_y = 0 \\ \Gamma_z = 0 \end{cases}$$

Le résultat a été obtenu de façon indirecte, *i.e.* en passant par un calcul en variables de Lagrange. Le calcul direct en variables d'Euler repose sur la notion de dérivation particulaire (*cf.* paragraphe G).

En variables d'Euler : $\begin{vmatrix} \Gamma_x \neq \dfrac{dU}{dt} \\ \Gamma_y \neq \dfrac{dV}{dt} \\ \Gamma_z \neq \dfrac{dW}{dt} \end{vmatrix}$

B.3. Choix des variables

Les variables d'Euler sont particulièrement bien adaptées à la mesure, par sonde matérielle ou capteur optique, de position fixée dans le référentiel par rapport auquel on observe le fluide en mouvement.

Les variables de Lagrange s'imposent pour des problèmes de dispersion en milieu « infini », par exemple lorsque la connaissance du trajet des particules émises d'un « point source » au sein du fluide est un facteur déterminant de l'étude.

C. Analyse des petits déplacements

C.1. Le problème

Il s'agit d'exprimer la vitesse $\vec{V}(M')$ en un point M′ en fonction de celle $\vec{V}(M)$ au « point voisin » M, dans la limite d'un petit déplacement $d\vec{M} = \overrightarrow{MM'}$ au sens macroscopique. Les points voisins peuvent faire référence aux positions de deux particules fluides différentes, telles que M et N au même instant, ou à celles de la même particule à deux instants t et $t + dt$, telles que M et M′ (fig. 3).

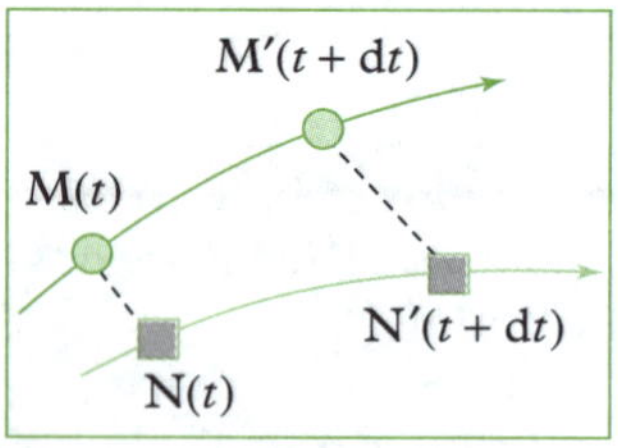

Fig. 3 - Voisinage au sens géométrique (particules différentes M et N) ou cinématique (même particule à t et $t + dt$).

C.2. Expression générale

Théorème 1

Si $\vec{V}(M)$ est **la vitesse en un point M d'un écoulement**, la vitesse en un point M′ voisin de M a pour expression, dans la limite d'un petit déplacement mésoscopique :

$$\vec{\mathbf{V}}(\mathbf{M'}) = \vec{\mathbf{V}}(\mathbf{M}) + \vec{\mathbf{\Omega}}(\mathbf{M}) \wedge \overrightarrow{\mathbf{MM'}} + \vec{\mathbf{D}}(\mathbf{M})$$

où $\vec{\Omega}(M) = \frac{1}{2}\overrightarrow{\text{rot}}\vec{V}(M)$ est le **vecteur tourbillon**[1] et $\vec{D}(M)$ le vecteur de composantes dans un repère orthonormé :

$$\vec{D}\left|\begin{aligned} D_x &= \frac{\partial U}{\partial x}dx + \frac{1}{2}\left(\frac{\partial U}{\partial y} + \frac{\partial V}{\partial x}\right)dy + \frac{1}{2}\left(\frac{\partial U}{\partial z} + \frac{\partial W}{\partial x}\right)dz \\ D_y &= \frac{\partial V}{\partial y}dy + \frac{1}{2}\left(\frac{\partial V}{\partial z} + \frac{\partial W}{\partial y}\right)dz + \frac{1}{2}\left(\frac{\partial V}{\partial x} + \frac{\partial U}{\partial y}\right)dx \\ D_z &= \frac{\partial W}{\partial z}dz + \frac{1}{2}\left(\frac{\partial W}{\partial x} + \frac{\partial U}{\partial z}\right)dx + \frac{1}{2}\left(\frac{\partial W}{\partial y} + \frac{\partial V}{\partial z}\right)dy \end{aligned}\right.$$

1. Le vecteur tourbillon est un vecteur dont le sens dépend de l'orientation de l'espace. On parle encore de pseudo-vecteur ou vecteur axial. Si (U, V, W) sont les composantes d'un vecteur « vrai » ou « polaire » dans un repère $(O\ ;\ \vec{e}_x, \vec{e}_y, \vec{e}_z)$, ses composantes dans le repère opposé $(O\ ;\ -\vec{e}_x, -\vec{e}_y, -\vec{e}_z)$ sont (–U, –V, –W). Un pseudo-vecteur a mêmes composantes dans les deux repères. Vitesse, quantité de mouvement, forces, champ électrique sont des vecteurs polaires. Vecteur de rotation instantané, moment cinétique, moment de force, champ magnétique, sont des pseudo-vecteurs.

Démonstration :

Par un développement de Taylor limité au premier ordre, on a :

$$U' = U(x + dx, y + dy, z + dz) = U + \frac{\partial U}{\partial x}dx + \frac{\partial U}{\partial y}dy + \frac{\partial U}{\partial z}dz$$

$$V' = V(x + dx, y + dy, z + dz) = V + \frac{\partial V}{\partial x}dx + \frac{\partial V}{\partial y}dy + \frac{\partial V}{\partial z}dz$$

$$W' = W(x + dx, y + dy, z + dz) = W + \frac{\partial W}{\partial x}dx + \frac{\partial W}{\partial y}dy + \frac{\partial W}{\partial z}dz.$$

Posons :

$$P = \frac{1}{2}\left(\frac{\partial W}{\partial y} - \frac{\partial V}{\partial z}\right), \quad Q = \frac{1}{2}\left(\frac{\partial U}{\partial z} - \frac{\partial W}{\partial x}\right), \quad R = \frac{1}{2}\left(\frac{\partial V}{\partial x} - \frac{\partial U}{\partial y}\right),$$

il vient :

$$U' = U + [Q dz - R dy] + \frac{\partial U}{\partial x}dx + \frac{1}{2}\left(\frac{\partial U}{\partial y} + \frac{\partial V}{\partial x}\right)dy + \frac{1}{2}\left(\frac{\partial U}{\partial z} + \frac{\partial W}{\partial x}\right)dz$$

$$V' = V + [R dx - P dz] + \frac{\partial V}{\partial y}dy + \frac{1}{2}\left(\frac{\partial V}{\partial z} + \frac{\partial W}{\partial y}\right)dz + \frac{1}{2}\left(\frac{\partial V}{\partial x} + \frac{\partial U}{\partial y}\right)dx$$

$$W' = W + [P dy - Q dx] + \frac{\partial W}{\partial z}dz + \frac{1}{2}\left(\frac{\partial W}{\partial x} + \frac{\partial U}{\partial z}\right)dx + \frac{1}{2}\left(\frac{\partial W}{\partial y} + \frac{\partial V}{\partial z}\right)dy.$$

Introduisant le vecteur :

$$\vec{\Omega}\begin{Bmatrix} \Omega_x = P \\ \Omega_y = Q \\ \Omega_z = R \end{Bmatrix} = \frac{1}{2}\overrightarrow{\text{rot}}\vec{V},$$

on reconnaît dans les trois termes entre crochets, les composantes du produit vectoriel $\vec{\Omega} \wedge \overrightarrow{MM'}$. Les termes restant s'identifient donc aux composantes du vecteur $\vec{D}$.

C.3. Interprétation physique

D'après l'expression du théorème :

$$\vec{V}(M') = \underbrace{\vec{V}(M)}_{(a)} + \underbrace{\vec{\Omega}(M) \wedge \overrightarrow{MM'}}_{(b)} + \underbrace{\vec{D}(M)}_{(c)}$$

la vitesse au point M′ voisin de M fait intervenir une :

(a) translation, par $\overrightarrow{MM'}$, de la vitesse en M ;

(b) rotation, de vecteur instantané de rotation $\vec{\Omega}(M) = \frac{1}{2}\overrightarrow{\text{rot}}\vec{V}(M)$.

Ces deux premières contributions s'identifient à celles définies en cinématique du solide, milieu indéformable (fig. 4). La dernière (c) représentera nécessairement les effets de déformation du milieu fluide au cours de son déplacement. Ainsi (fig. 5) :

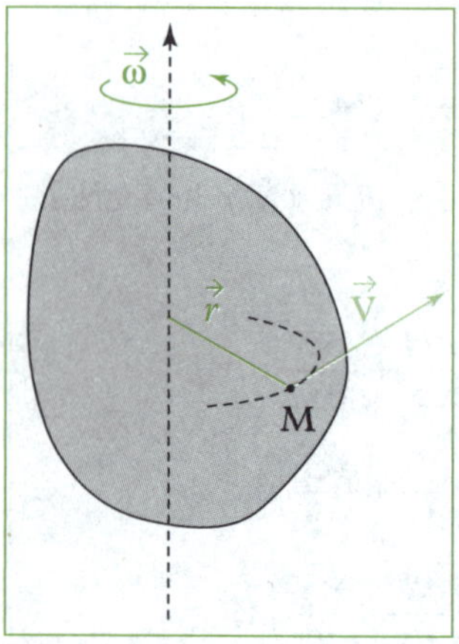

Fig. 4 - Rotation d'un solide autour d'un axe fixe :

$$\vec{V}(M) = \vec{\omega} \wedge \vec{r}.$$

Pour un fluide, le vecteur tourbillon :

$$\vec{\Omega} = \frac{1}{2}\overrightarrow{\text{rot}}\vec{V}$$

joue, **localement**, le même rôle que $\vec{\omega}$ dans le cas de la rotation solide.

Pour une particule fluide entre les instants t et $t + dt$, la vitesse au point $M'(t + dt)$ se déduit de celle au point $M(t)$ par somme vectorielle d'une :

- **translation d'ensemble**, à la vitesse $\vec{V}(M)$ de son centre d'inertie ;
- **rotation solide** autour de son centre d'inertie, à la vitesse $\vec{\Omega}(M)$;
- **déformation**, caractérisée par le vecteur $\vec{D}(M)$.

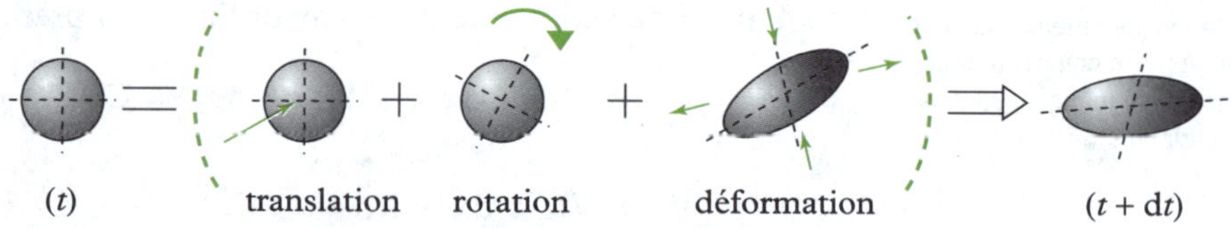

Fig. 5 - Éléments de composition des vitesses en petit déplacement d'un milieu fluide.

D. Éléments de cinématique

D.1. Trajectoire

Définition 3

On appelle **trajectoire d'une particule fluide**, la courbe décrite *au cours du temps*, lieu des positions successives de cette particule[1].

Les équations paramétriques différentielles de la trajectoire de la particule fluide[2] qui se trouve au point M à l'instant t sont donc :

$$\frac{d\overrightarrow{OM}}{dt} = \vec{V}(M, t)$$

Par intégration **par rapport au temps**, on obtient les équations paramétriques des trajectoires, **famille de courbes à un paramètre** (le temps). Chaque courbe est individualisée par une constante d'intégration qui l'associe à une seule et même particule. Lorsqu'elle est possible, l'élimination du temps conduit aux équations cartésiennes des trajectoires (fig. 6).

1. Cette notion est identique à celle vue en cinématique du point.

2. L'expression des équations différentielles des trajectoires est immédiate avec les coordonnées de Lagrange.

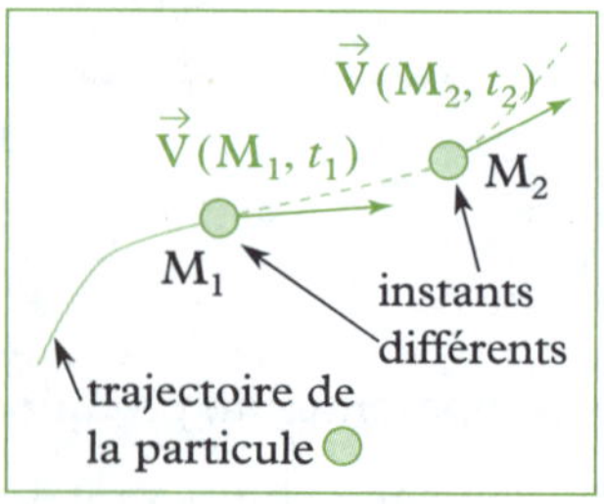

Fig. 6 - Trajectoire d'une particule.

Application 3

On considère l'écoulement dont le champ de vitesse, en variables de Lagrange (ξ, η, ζ, t), est donné par :

$$\mathrm{U} = k\xi e^{kt}, \quad \mathrm{V} = -k\eta e^{-kt} \quad \text{et} \quad \mathrm{W} = 0,$$

où t est le temps et k une constante positive homogène à l'inverse d'un temps.

1) Donner les équations différentielles des trajectoires.

2) En déduire les équations paramétriques des trajectoires, en prenant comme instant de marquage $t = 0$.

3) Donner l'équation cartésienne des trajectoires.

Solution

1) Par définition, les trajectoires ont pour équations différentielles :

$$\frac{\mathrm{d}x}{\mathrm{d}t} = k\xi e^{kt}, \quad \frac{\mathrm{d}y}{\mathrm{d}t} = -k\eta e^{-kt}, \quad \frac{\mathrm{d}z}{\mathrm{d}t} = 0.$$

Les trajectoires de cet écoulement sont des courbes planes.

2) Par intégration en t des deux premières équations, il vient :

$$x = \xi e^{kt} + x_0 \quad \text{et} \quad y = \eta e^{-kt} + y_0.$$

La condition de marquage à $t = 0$ conduit à identifier la position de la particule à cet instant avec les coordonnées ξ, η, ζ. On a donc finalement pour équations paramétriques :

$$x = \xi e^{kt} \quad \text{et} \quad y = \eta e^{-kt}.$$

3) L'élimination du temps se fait ici simplement par le produit membre à membre des deux équations, d'où l'équation cartésienne des trajectoires :

$$\boldsymbol{xy = \xi\eta}.$$

La trajectoire d'une particule donnée ($\xi\eta$ = cte) est une hyperbole équilatère dans un plan z = cte.

D.2. Ligne de courant

Définition 4

On appelle **ligne de courant** la courbe dont la tangente en tout point est, à un instant donné, colinéaire à la vitesse de l'écoulement en ce point et à cet instant[1].

1. La ligne de courant se rattache à la notion plus générale de ligne de champ vectoriel.

En désignant par $\overrightarrow{\mathrm{dM}}$ l'élément d'arc d'une ligne de courant, l'équation vectorielle différentielle de cette ligne s'écrit :

$$\forall t \text{ fixé}, \quad \overrightarrow{\mathrm{dM}} \wedge \vec{\mathrm{V}}(\mathrm{M}, t) = \vec{0}$$

Dans un repère cartésien orthonormé et en tout point de composantes non nulles du vecteur vitesse, les équations paramétriques différentielles de la ligne de courant sont telles que :

$$\forall t \text{ fixé}, \quad \exists \alpha \in \mathbb{R}^* \text{ tel que } \frac{\mathrm{d}x}{\mathrm{U}(x, y, z, t)} = \frac{\mathrm{d}y}{\mathrm{V}(x, y, z, t)} = \frac{\mathrm{d}z}{\mathrm{W}(x, y, z, t)} = \mathrm{d}\alpha$$

où U, V, W sont les composantes de la vitesse dans le référentiel de l'écoulement[2].

2. L'expression des équations différentielles des lignes de courant est immédiate avec un champ de vitesse connu en variables d'Euler.

Par intégration **par rapport à α**, on obtient les équations paramétriques des trajectoires, **famille de courbes à deux paramètres**. À un instant donné (paramètre temporel), chaque point de la courbe s'identifie à une particule fluide spécifique (fig. 7). Chaque courbe est individualisée, *à tout instant donné*, par une constante d'intégration en α (paramètre géométrique) (fig. 8).

Lorsque la vitesse est indépendante du temps, les trajectoires et lignes de courant qui ont un point commun sont confondues.

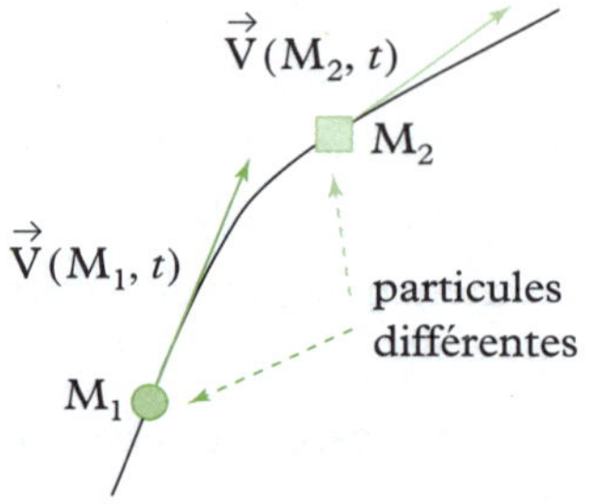

Fig. 7 - Ligne de courant relative au point M_1 à un instant t. Sur une même ligne de courant, se trouvent différentes particules à un instant donné.

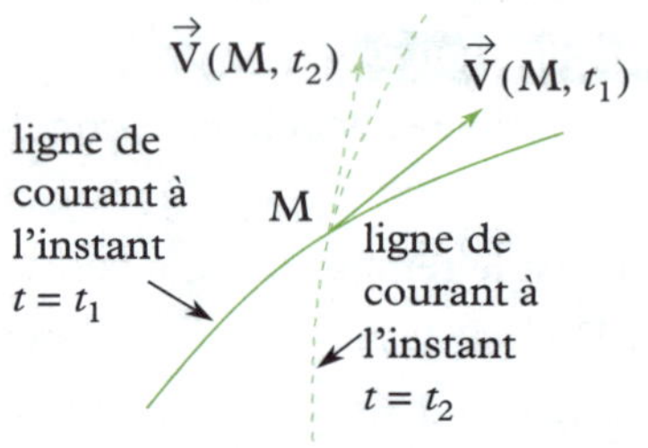

Fig. 8 - Ligne de courant relative au même point **à deux instants différents** lorsque la vitesse n'est pas constante dans le temps. Les lignes de courant passant par un même point peuvent varier au cours du temps.

Application 4

On considère l'écoulement dont le champ de vitesse, en variables d'Euler (x, y, z, t), est donné par :

$$U = kx, \quad V = -ky \quad \text{et} \quad W = 0,$$

où k est une constante positive homogène à l'inverse d'un temps.

1) Donner les équations différentielles paramétriques des lignes de courant.

2) En déduire les équations paramétriques (paramètre α) des lignes de courant qui pour $\alpha = 0$ passent par le point (x_0, y_0).

3) Donner l'équation cartésienne des lignes de courant. Que conclure de la comparaison du résultat avec ceux de l'application précédente ?

Solution

1) Hors l'origine, les équations différentielles des lignes de courant sont :

$$\frac{dx}{U} = \frac{dy}{V} = d\alpha, \text{ soit ici : } \frac{dx}{kx} = d\alpha \text{ et } \frac{dy}{ky} = -d\alpha.$$

Les trajectoires de cet écoulement sont des courbes planes.

2) Par intégration en α des deux équations sous la condition imposée en $\alpha = 0$, il vient :

$$x = x_0 e^{k\alpha} \quad \text{et} \quad y = y_0 e^{-k\alpha}.$$

3) L'élimination du paramètre α conduit à l'équation :

$$\boldsymbol{xy = x_0 y_0}.$$

Les lignes de courant sont donc des paraboles équilatères. On retrouve le même résultat que celui établi pour les **trajectoires** de l'application précédente ($xy = \xi\eta$). Ainsi, les trajectoires et lignes de courant qui passent par un même point ($x_0 y_0 = \xi\eta$) sont confondues. Ce résultat n'est valable que parce que le **champ de vitesse eulérien est indépendant du temps.**

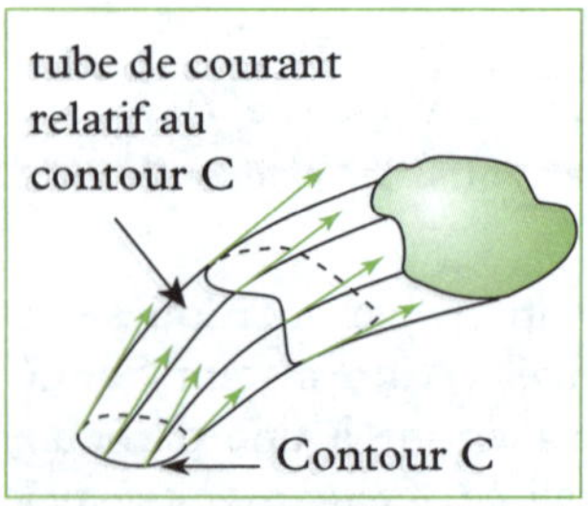

Fig. 9 - Tube de courant.

D.3. Tube de courant

Définition 5

On appelle **tube de courant** la surface formée des lignes de courant s'appuyant, à un instant donné, sur un contour fermé (fig. 9).

D.4. Ligne d'émission

Définition 6

On appelle **ligne d'émission** relative à un *point* A et à *l'instant t*, le lieu géométrique des positions, à cet instant, de toutes les particules qui sont passées antérieurement par le point A (fig. 10).

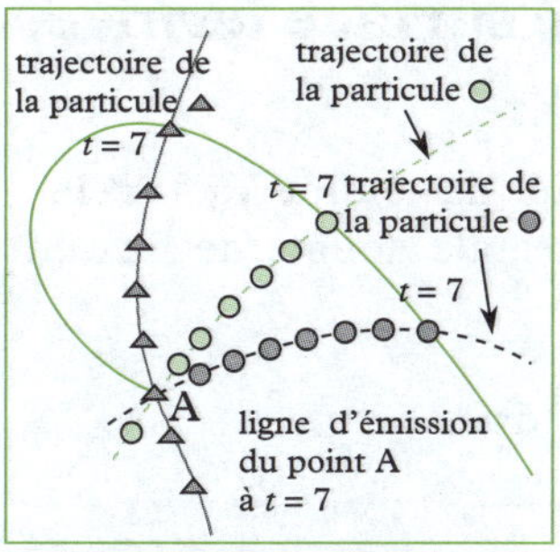

Fig. 10 - Ligne d'émission relative au point A et à l'instant « $t = 7$ ». (Les déplacements sont schématisés en incréments temporels discrets).

1. Quantité de mouvement, énergie cinétique... sont des grandeurs mécaniques transportables. La pression n'en n'est pas une. Les propriétés transportables sont des grandeurs extensives.

2. L'advection est le terme générique qualifiant le transport par la vitesse d'un écoulement. Quand ce transport concerne la « température » (en fait l'énergie interne massique ou l'enthalpie massique), on parle plus volontiers de convection. Ainsi, pour simple mémorisation de vocabulaire : « convection = advection de T ».

3. On parle aussi de vecteur densité de courant de q.

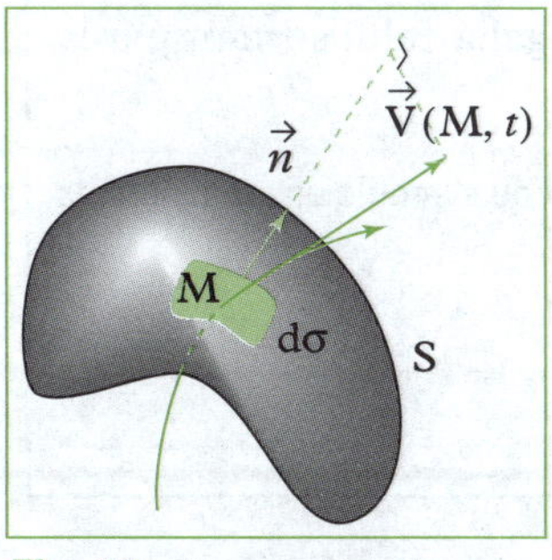

Fig. 11 - Flux par advection (transport de fluide) à travers une surface.

4. Pour des domaines limités par des surfaces fermées, la normale est toujours orientée positivement vers l'extérieur du domaine et la notion de flux est à prendre algébriquement. On parlera alors de « flux sortant » pour $\vec{V} \cdot \vec{n} > 0$ et de « flux entrant » pour le cas opposé $\vec{V} \cdot \vec{n} < 0$.

Les équations paramétriques des lignes d'émission relatives au point de coordonnées $A(x_0, y_0, z_0)$ s'obtiennent par intégration des équations différentielles des trajectoires sous la condition qu'il existe un instant τ pour lequel la particule se trouvait au point A, soit formellement :

$$\begin{cases} x = x(x_0, y_0, z_0, t, \tau) \\ y = y(x_0, y_0, z_0, t, \tau) \\ z = z(x_0, y_0, z_0, t, \tau) \end{cases}$$

E. Flux et débits

E.1. Flux advectif (convectif)

Soit un élément de surface $d\sigma$, de normale unitaire $\vec{n}$, centré en un point fixe M d'un champ d'écoulement où la vitesse à l'instant t est $\vec{V}(M, t)$. Si la surface n'est pas une portion de tube de courant, *i.e.* si à cet instant $\vec{V}(M, t) \cdot \vec{n} \neq 0$, le fluide traverse l'élément de surface, faisant passer à travers toute propriété transportable[1] du champ de l'écoulement. On dit qu'il existe un flux advectif ou convectif[2] à travers l'élément de surface.

Définition 7

On appelle **flux advectif élémentaire** $dQ(M, t)$ d'une grandeur scalaire transportable $q(M, t)$ le montant de cette grandeur qui passe par unité de temps à travers l'élément de surface orienté $\vec{n}\,d\sigma$ du fait du transport par la vitesse $\vec{V}(M, t)$ de l'écoulement. On note :

$$\mathbf{dQ(M, t) = q(M, t)\vec{V}(M, t) \cdot \vec{n}\,d\sigma.}$$

Le vecteur $q(M, t)\vec{V}(M, t)$ est le vecteur **densité de flux**[3] de q, exprimant le montant de cette propriété traversant la surface par unité de temps et unité de surface.

Définition 8

Le **flux à travers une surface** finie S d'une grandeur scalaire transportable $q(M, t)$ est (fig. 11)[4] :

$$\mathbf{Q(t) = \iint_S dQ = \iint_S q(M, t)\vec{V}(M, t) \cdot \vec{n}\,d\sigma.}$$

E.2. Débit en volume et en masse

- Débit en volume ($q = 1$) :

$$Q_V(t) = \iint_S \vec{V}(M, t) \cdot \vec{n}\,d\sigma \quad [m^3 \cdot s^{-1}]$$

- Débit en masse ($q = \rho$) :

$$Q_M(t) = \iint_S \rho(M, t)\vec{V}(M, t) \cdot \vec{n}\,d\sigma \quad [kg \cdot s^{-1}]$$

où $\rho(M, t)$ $[kg \cdot m^{-3}]$ est la masse volumique locale du fluide.

E.3. Expression en volume sur une surface fermée. Champ conservatif

Si S_0 représente la surface limite fermée d'un domaine de volume V_0, la **relation d'Ostrogradski** permet de transformer l'intégrale double de flux en intégrale triple :

$$\iint_{S_0} q\vec{V}\cdot\vec{n}\,d\sigma = \iiint_{V_0} \operatorname{div}(q\vec{V})\,dv$$

Définition 9

Toute propriété transportable $q(M, t)$ dont le champ est tel que $\operatorname{div}(q\vec{V}) = 0$ est dite **conservative**.

Application 5

On considère un écoulement dont le champ de vitesse est solénoïdal à tout instant, soit : $\forall t,\ \operatorname{div}\vec{V} = 0$.

1) Montrer que le débit en volume se conserve à travers toute section droite d'un tube de courant.

2) À quelle conclusion conduirait l'hypothèse : $\forall t,\ \operatorname{div}(\rho\vec{V}) = 0$?

Solution

1) Soit le domaine limité par la surface fermée $S = S_e \cup \Sigma \cup S_s$ correspondant à une portion de tube de courant. Le champ de vitesse étant solénoïdal, on a : $\iint_S \vec{V}\cdot\vec{n}\,d\sigma = 0$, soit :

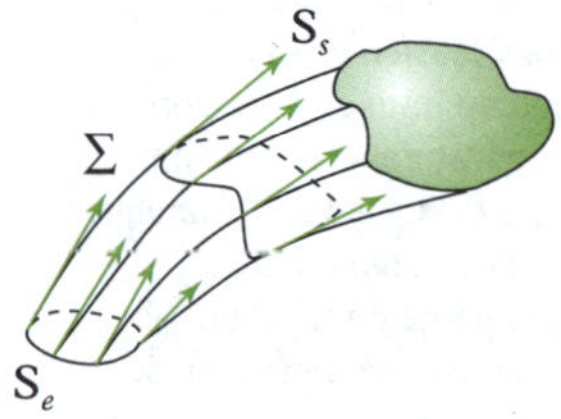

$$\iint_{S_e} \vec{V}\cdot\vec{n}\,d\sigma + \iint_{S_s} \vec{V}\cdot\vec{n}\,d\sigma + \iint_{\Sigma} \vec{V}\cdot\vec{n}\,d\sigma = 0.$$

Or sur la surface latérale Σ, le produit scalaire $\vec{V}\cdot\vec{n}$ est nul par propriété (tube de courant). Ainsi :

$$-\iint_{S_e} \vec{V}\cdot\vec{n}\,d\sigma = \iint_{S_s} \vec{V}\cdot\vec{n}\,d\sigma,$$

qui exprime que le **débit en volume** de fluide entrant par la section S_e est égal à celui sortant par la section S_s.

C'est en général le cas en hydraulique où l'eau circule « en charge » dans des tuyaux ou s'écoule en mouvements à surface libre dans des canaux (étanches !)

2) Dans le cas où $\operatorname{div}(\rho\vec{V}) = 0$, c'est le **débit en masse** qui se conserve.

Cette situation correspond en pratique au cas de gaz circulant en conduites.

E.4. Extension vectorielle

La propriété transportable soumise à flux peut être de nature vectorielle (quantité de mouvement). On parlera alors, par exemple, de flux de quantité de mouvement à travers la surface S, en référence à l'intégrale[1] :

$$\vec{Q}_{mvt}(t) = \iint_S (\rho\vec{V})\vec{V}\cdot\vec{n}\,d\sigma,$$

en ayant bien soin de distinguer le double rôle que joue la vitesse, (*i*) grandeur transportée dans $(\rho\vec{V})$ et (*ii*) agent du transport responsable du flux dans $\vec{V}\cdot\vec{n}$.

1. On notera que l'on manipule bien un vecteur, donc trois composantes d'expressions respectives en repère cartésien orthonormé :

x: $\iint_S (\rho U)\vec{V}\cdot\vec{n}\,d\sigma$

y: $\iint_S (\rho V)\vec{V}\cdot\vec{n}\,d\sigma$

z: $\iint_S (\rho W)\vec{V}\cdot\vec{n}\,d\sigma$

F. Dérivation particulaire d'une fonction scalaire

F.1. Expression vectorielle

Soit $f(x, y, z, t)$ une fonction scalaire des coordonnées d'Euler[1]. Sa valeur au point $M(x, y, z)$ et à l'instant t est par définition liée à la particule fluide qui se trouve en ce point à cet instant.

Le problème est d'exprimer la **dérivée particulaire**[2] de $f(M, t)$, notée $\frac{Df}{Dt}$, fonction liée, par définition, à la variation prise en suivant le déplacement de la même particule au cours du temps.

La différentielle de la fonction[3] $f(x, y, z, t)$ s'écrit :

$$df = \frac{\partial f}{\partial x}dx + \frac{\partial f}{\partial y}dy + \frac{\partial f}{\partial z}dz + \frac{\partial f}{\partial t}dt,$$

soit encore en introduisant le vecteur gradient[4] :

$$df = \frac{\partial f}{\partial t}dt + \overrightarrow{\text{grad}}f \cdot \overrightarrow{dM}.$$

Dans cette expression $\overrightarrow{dM} = \overrightarrow{MM'}$ dénote le vecteur de composantes dx, dy, dz. Pour pouvoir être représentatif de la variation particulaire, le déplacement du point M doit être assujetti à celui de la particule fluide qui se trouve en ce point à l'instant t, ce qui revient à imposer :

$$\overrightarrow{MM'} = \vec{V}dt,$$

où $\vec{V}$ représente le vecteur vitesse au point M à l'instant t (fig. 12). D'où le résultat :

$$\frac{Df}{Dt} = \frac{\partial f}{\partial t} + \vec{V} \cdot \overrightarrow{\text{grad}}\, f.$$

Propriété 2

La **dérivation particulaire** d'une fonction scalaire se compose de deux contributions additives :

$$\frac{Df}{Dt} = \frac{\partial f}{\partial t} + \vec{V} \cdot \overrightarrow{\textbf{grad}}\, f.$$

avec $\frac{\partial f}{\partial t}$ variation instationnaire et $\vec{V} \cdot \overrightarrow{\text{grad}}\, f$ variation advective, liée au transport dans le déplacement de la particule fluide.

F.2. Expression développée en repère cartésien orthonormé

Dans un tel repère[5] :

$$\frac{Df}{Dt} = \frac{\partial f}{\partial t} + U\frac{\partial f}{\partial x} + V\frac{\partial f}{\partial y} + W\frac{\partial f}{\partial z}.$$

La mise en évidence de la variation advective est illustrée en figure 13, en prenant pour fonction scalaire la température[6].

En écoulement monodimensionnel avec $T = T(x, t)$ et $U = U(x, t)$, la dérivée particulaire de température se réduit à :

$$\frac{DT}{Dt} = \frac{\partial T}{\partial t} + U\frac{\partial T}{\partial x}.$$

1. Dans le cours, on se placera, par défaut, dans un repère cartésien orthonormé.

2. On parle encore de **dérivée matérielle**.

3. Les propriétés mathématiques requises pour l'existence de cette différentielle sont supposées vérifiées.

4. Les composantes du vecteur gradient en repère cartésien orthonormé sont :

$$\overrightarrow{\text{grad}}f \begin{vmatrix} \frac{\partial f}{\partial x} \\ \frac{\partial f}{\partial y} \\ \frac{\partial f}{\partial z} \end{vmatrix}$$

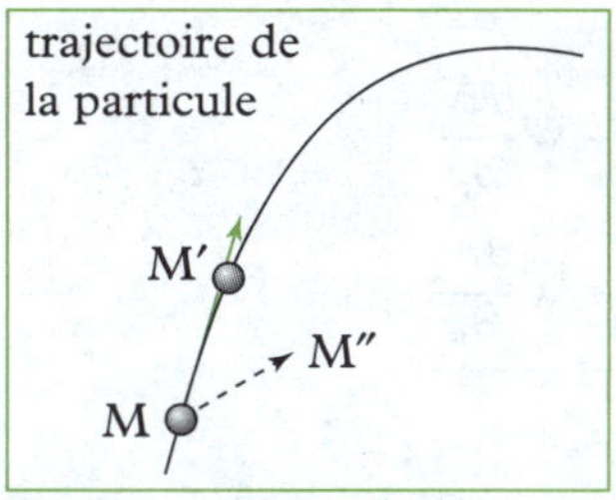

Fig. 12 - Déplacement particulaire $\overrightarrow{MM'}$ et non particulaire $\overrightarrow{MM''}$.

5. On utilise la notation $\frac{D}{Dt}$ pour distinguer la dérivation particulaire, à variation liée à la vitesse, de la dérivation totale classique $\frac{d}{dt}$ à variation quelconque. **Les deux opérateurs obéissent bien évidemment aux mêmes règles mathématiques.**

6. Pour la température ($f \equiv T$), on parle alors de **convection**.

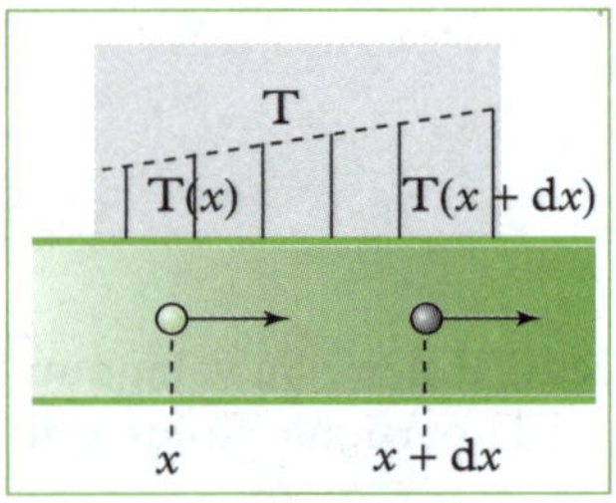

Fig. 13 - Variation advective (convective) de température en écoulement à vitesse et température constantes dans le temps.

Remarque :
Si les fonctions U et T sont constantes dans le temps, on doit se garder de conclure que la dérivée particulaire de température est nulle, puisque :

$$\frac{DT}{Dt} = U\frac{\partial T}{\partial x} \equiv U\frac{dT}{dx} \neq 0.$$

G. Dérivation particulaire d'un vecteur

G.1. Vecteur quelconque

Soit $\vec{A}(x, y, z, t)$ une fonction vectorielle des variables d'Euler, de composantes $A_x(x, y, z, t)$, $A_y(x, y, z, t)$, $A_z(x, y, z, t)$ dans un repère cartésien orthonormé.

Le problème (fig. 14) est d'exprimer la **dérivée particulaire** de $\vec{A}$, notée $\frac{D\vec{A}}{Dt}$, fonction vectorielle liée à une variation prise en suivant le déplacement de la même particule au cours du temps.

La solution s'obtient en appliquant à chaque composante la formule de dérivation particulaire d'une fonction scalaire, soit :

$$\frac{D\vec{A}}{Dt} = \frac{DA_x}{Dt}\vec{e}_x + \frac{DA_y}{Dt}\vec{e}_y + \frac{DA_z}{Dt}\vec{e}_z,$$

avec :

$$\frac{D\vec{A}}{Dt}\begin{cases} \dfrac{DA_x}{Dt} = \dfrac{\partial A_x}{\partial t} + U\dfrac{\partial A_x}{\partial x} + V\dfrac{\partial A_x}{\partial y} + W\dfrac{\partial A_x}{\partial z} \\ \dfrac{DA_y}{Dt} = \dfrac{\partial A_y}{\partial t} + U\dfrac{\partial A_y}{\partial x} + V\dfrac{\partial A_y}{\partial y} + W\dfrac{\partial A_y}{\partial z} \\ \dfrac{DA_z}{Dt} = \dfrac{\partial A_z}{\partial t} + U\dfrac{\partial A_z}{\partial x} + V\dfrac{\partial A_z}{\partial y} + W\dfrac{\partial A_z}{\partial z} \end{cases}$$

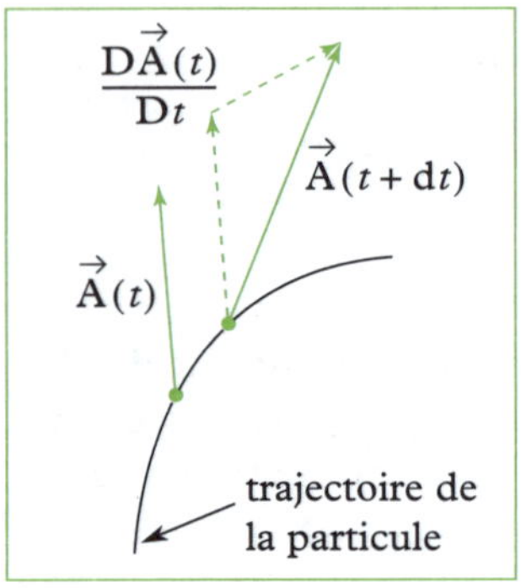

Fig. 14 - Schéma de dérivation particulaire d'une fonction vectorielle.

G.2. Accélération particulaire

Appliquées au vecteur vitesse, les relations précédentes fournissent pour composantes de l'accélération en variables d'Euler dans un repère cartésien orthonormé :

$$\frac{D\vec{V}}{Dt}\begin{cases} \dfrac{DU}{Dt} = \dfrac{\partial U}{\partial t} + U\dfrac{\partial U}{\partial x} + V\dfrac{\partial U}{\partial y} + W\dfrac{\partial U}{\partial z} \\ \dfrac{DV}{Dt} = \dfrac{\partial V}{\partial t} + U\dfrac{\partial V}{\partial x} + V\dfrac{\partial V}{\partial y} + W\dfrac{\partial V}{\partial z} \\ \dfrac{DW}{Dt} = \dfrac{\partial W}{\partial t} + U\dfrac{\partial W}{\partial x} + V\dfrac{\partial W}{\partial y} + W\dfrac{\partial W}{\partial z} \end{cases}$$

En tant que dérivée particulaire de la vitesse, l'accélération comprend une contribution instationnaire, nulle en régime permanent, et une contribution advective ou de transport (fig. 15).

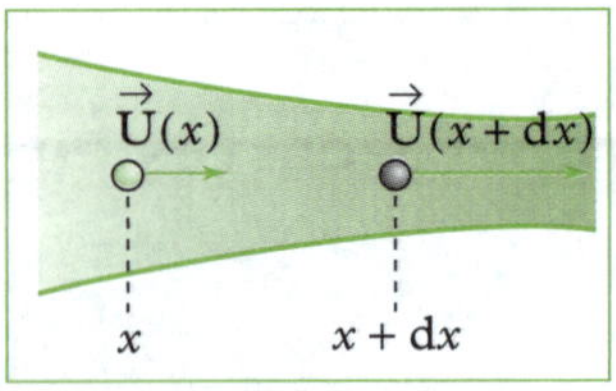

Fig. 15 - Accélération en régime permanent (débit volumique constant dans le temps). Dans cet écoulement, l'accélération n'est pas nulle en raison du terme d'advection, qui vaut ici, avec $U = U(x)$:

$$\frac{DU}{Dt} = 0 + U\frac{\partial U}{\partial x} \equiv U\frac{dU}{dx}.$$

On vérifiera aisément à partir des relations précédentes que l'accélération peut encore se mettre sous la forme vectorielle suivante :

$$\frac{D\vec{V}}{Dt} = \frac{\partial \vec{V}}{\partial t} + \overrightarrow{\text{grad}}\left(\frac{\vec{V}^2}{2}\right) + \overrightarrow{\text{rot}}\vec{V} \wedge \vec{V}$$

où $\vec{V}^2$ désigne le carré scalaire du vecteur vitesse.

Application 6

Soit l'écoulement dont le champ de vitesse en variables d'Euler (x, y, z, t) a pour composantes dans un repère cartésien orthonormé :

$$U = \frac{2tx}{1+t^2}, \quad V = W = 0.$$

1) Exprimer les composantes de l'accélération en variables d'Euler.

2) Comparer le résultat avec celui obtenu dans l'application 2.

Solution

1) La formule de l'accélération particulaire montre que ce vecteur se réduit ici à sa seule composante Γ_x, avec :

$$\Gamma_x = \frac{DU}{Dt} = \frac{\partial U}{\partial t} + U\frac{\partial U}{\partial x}, \text{ soit : } \Gamma_x = 2x\frac{(1+t^2)-2t^2}{(1+t^2)^2} + \frac{4xt^2}{(1+t^2)^2} = \frac{2x}{1+t^2}.$$

2) Le résultat obtenu directement ici est bien identique à celui déduit de la dérivation en variables de Lagrange en identifiant, dans cette application, la particule fluide à celle se trouvant au point de coordonnées (x, y, z) à l'instant t.

H. Dérivation particulaire d'un volume

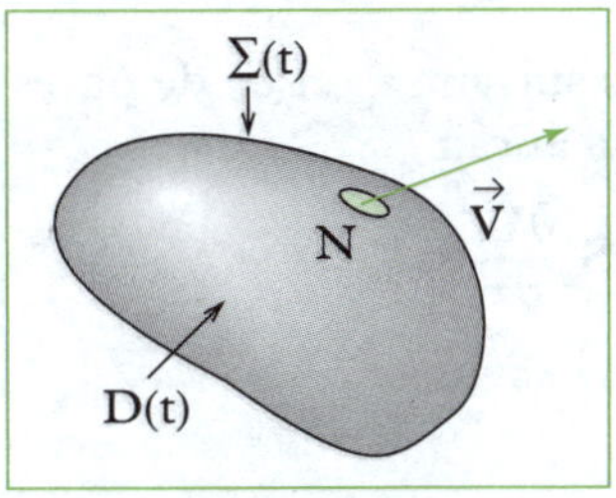

Fig. 16 - Domaine matériel de fluide dans le cas général.

H.1. Le problème

On désigne par $D(t)$ un domaine matériel de fluide (fig. 16) dont chaque point N de la surface limite $\Sigma(t)$ se déplace à la vitesse $\vec{V}(N, t)$ de l'écoulement en ce point à chaque instant. On pose :

$$J(t) = \iiint_{D(t)} dx dy dz \equiv \iiint_{D(t)} dv.$$

Le problème est d'exprimer $\frac{DJ(t)}{Dt}$, **dérivation particulaire** du volume du domaine $D(t)$, liée, par définition, à une variation prise en suivant le déplacement du domaine au cours du temps.

Nous allons résoudre ce problème en considérant successivement différents types de domaines.

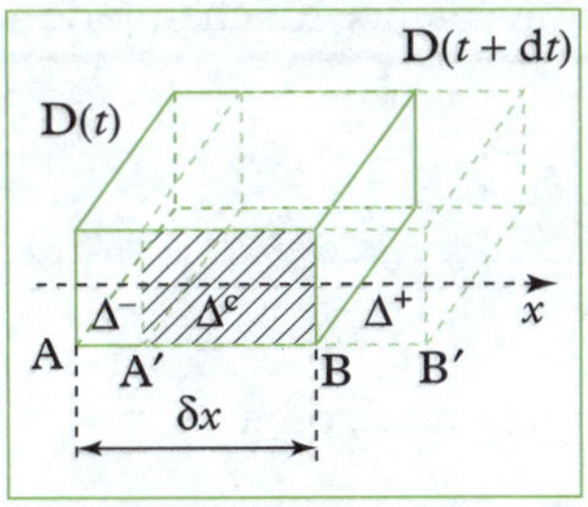

Fig. 17 - Tranche élémentaire δx en déplacement unidirectionnel suivant x.

H.2. Pavé infinitésimal 1D

On considère un domaine réduit, dans un repère orthonormé, à un pavé d'épaisseur infinitésimale ou « tranche » δx, dans la direction x de son déplacement (fig. 17). Son volume à l'instant t, noté $J_x(t)$, vaut :

$$J_x(t) = S_x \times \delta x,$$

où S_x désigne l'aire commune, constante, de toute section droite. L'épaisseur δx, alignée avec l'axe des x, *est variable dans le temps*, la translation suivant $\vec{e}_x$ des faces A et B se faisant à des vitesses uniformes sur chaque section, mais différentes d'une section à l'autre.

En désignant par $\delta x'$ la nouvelle épaisseur du domaine $D(t + dt)$ limité par les deux sections droites A′ et B′ à l'instant $t + dt$, le volume à $t + dt$ devient :

$$J_x(t + dt) = S_x \times \delta x'.$$

Le suivi des deux domaines $D(t)$ et $D(t + dt)$ permet de dégager trois espaces :

– Δ^c, espace « commun » en intersection des deux domaines aux instants t et $t + dt$, compris entre les sections A′ et B ;

– Δ^-, espace « perdu » par le domaine $D(t)$, compris entre les sections A et A′, dégageant le volume :

$$\Delta^- = S_x(x_{A'} - x_A)dt = S_x U_A dt;$$

– Δ^+, espace « gagné » par le domaine $D(t + dt)$, compris entre les sections B et B′, balayant le volume :

$$\Delta^+ = S_x(x_{B'} - x_B)dt = S_x U_B dt.$$

Le volume étant une grandeur extensive :

$$J_x(t) = \Delta^- + \Delta^c \quad \text{et} \quad J_x(t + dt) = \Delta^c + \Delta^+,$$

de sorte que :

$$dJ_x(t) = J_x(t + dt) - J_x(t) = \Delta^+ - \Delta^- = S_x(U_B - U_A)dt.$$

La proximité des sections A et B permet de limiter au premier ordre $(\delta x \sim dx)$ le développement de Taylor de la différence $U_B - U_A$, soit :

$$U_B - U_A = \frac{\partial U(x, t)}{\partial x}\delta x, \text{ d'où : } dJ_x(t) = S_x \frac{\partial U}{\partial x}\delta x dt.$$

Le calcul ayant été fait en suivant le domaine, ce résultat est donc bien celui d'une variation particulaire, et nous écrirons en conséquence :

$$\frac{\mathbf{DJ_x(t)}}{\mathbf{Dt}} = \mathbf{S_x \frac{\partial U}{\partial x}\delta x.}$$

Sous les mêmes conditions, pour des déplacements suivant $\vec{e}_y$ et $\vec{e}_z$ de pavés d'épaisseur élémentaire selon ces axes respectifs, on aurait :

$$\frac{\mathbf{DJ_y(t)}}{\mathbf{Dt}} = \mathbf{S_y \frac{\partial V}{\partial y}\delta y} \quad \text{et} \quad \frac{\mathbf{DJ_z(t)}}{\mathbf{Dt}} = \mathbf{S_z \frac{\partial W}{\partial z}\delta z.}$$

H.3. Pavé infinitésimal 3D

Nous considérons à présent un domaine élémentaire cubique $\varepsilon(t)$, de volume élémentaire $\delta v(t) = \delta x \delta y \delta z$, dont chaque facette se déplace, dans la direction de sa normale, à une vitesse colinéaire à celle-ci.

Théorème 2

En tout point du champ d'un écoulement de vitesse $\vec{V}$, **le taux de variation par unité de temps du volume élémentaire** $\delta v(t)$ d'une particule fluide que l'on suit dans son mouvement est donné par la divergence du champ de vitesse :

$$\frac{\mathbf{1}}{\boldsymbol{\delta v(t)}} \times \frac{\mathbf{D[\delta v(t)]}}{\mathbf{Dt}} = \mathbf{div}\vec{\mathbf{V}} \qquad [s^{-1}]$$

Démonstration :

Par application des relations en déplacement unidirectionnel, on a :

– suivant $\vec{e}_x$: $S_x = \delta y \delta z$, d'où : $\dfrac{DJ_x(t)}{Dt} = \dfrac{\partial U}{\partial x}\delta y \delta z \delta x$;

– suivant $\vec{e}_y$: $S_y = \delta x \delta z$, d'où : $\dfrac{DJ_y(t)}{Dt} = \dfrac{\partial V}{\partial y}\delta x \delta z \delta y$;

– suivant $\vec{e}_z$: $S_z = \delta x \delta y$, d'où : $\dfrac{DJ_z(t)}{Dt} = \dfrac{\partial W}{\partial z}\delta x \delta y \delta z$.

Au total, la variation de volume élémentaire vaut, en posant $\delta v(t) = J(t)$:

$$\frac{DJ(t)}{Dt} = \frac{DJ_x(t)}{Dt} + \frac{DJ_y(t)}{Dt} + \frac{DJ_z(t)}{Dt}$$

$$= \left(\frac{\partial U}{\partial x} + \frac{\partial V}{\partial y} + \frac{\partial W}{\partial z}\right)\delta x \delta y \delta z = \text{div}\vec{V} \times J(t).$$

H.4. Pavé fini en mouvement unidirectionnel (1D)

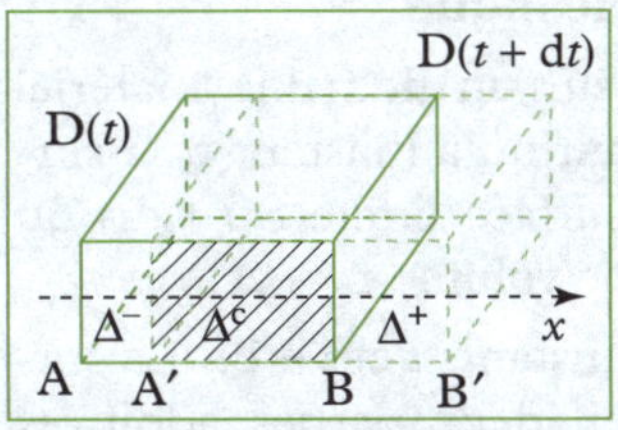

Fig. 18 - Pavé d'extension finie dans le sens de son déplacement unidirectionnel.

On revient à la situation H.2., en particularisant (fig. 18) le domaine D(t) à un pavé d'axe $\vec{e_x}$, limité, à l'instant t, par deux sections droites en A et B distantes d'une longueur finie $\ell(t)$. Son volume est :

$$J_x(t) = S_x \times \ell(t),$$

où S_x désigne l'aire commune, constante, de toute section droite. La longueur $\ell(t)$, alignée avec l'axe des x, est variable dans le temps, les faces A et B se translatant suivant $\vec{e_x}$, à des vitesses différentes $\vec{V}(x_A, t) = U_A\vec{e_x}$ et $\vec{V}(x_B, t) = U_B\vec{e_x}$.

À l'instant $t + dt$, le volume devient :

$$J_x(t + dt) = S_x \times \ell(t + dt)$$

et correspond au domaine D(t + dt) limité par les deux sections droites A′ et B′, distantes de $\ell(t + dt)$.

Par une analyse du suivi du domaine analogue à celle utilisée en H.2., on a :

$$dJ_x(t) = J_x(t + dt) - J_x(t) = \Delta^+ - \Delta^- = S_x(U_B - U_A)dt.$$

En désignant par $\vec{n}$ le vecteur unitaire de la normale à la surface limitant le domaine D(t), dirigé vers l'extérieur, on aboutit à :

$$\boxed{\frac{DJ_x(t)}{Dt} = S_x(U_B - U_A) = \iint_{S_x} \vec{V} \cdot \vec{n}\, d\sigma}$$

H.5. Généralisation : pavé fini en déplacement tridirectionnel (3D)

Théorème 3

La dérivation particulaire du volume d'un domaine de fluide D(t) est égale au montant algébrique de l'espace balayé par le déplacement de sa surface limite S(t) à la vitesse locale du fluide $\vec{V}(N, t)$:

$$\frac{\mathbf{D}}{\mathbf{D}t}\iiint_{D(t)} \mathbf{d}v = \iint_{S(t)} \vec{\mathbf{V}} \cdot \vec{\boldsymbol{n}}\, \mathbf{d}\boldsymbol{\sigma} \quad [\mathrm{m^3 \cdot s^{-1}}]$$

Démonstration* :

Nous nous limiterons à établir ce résultat en prenant pour domaine un parallélépipède rectangle dont on décompose le déplacement à partir de translations deux à deux de ses faces parallèles. Ainsi, pour les **deux** sections droites S_y (normale $\vec{e_y}$), la variation de volume vaut, d'après le résultat précédent :

$$\frac{DJ_y(t)}{Dt} = \iint_{S_y} \vec{V} \cdot \vec{n}\, d\sigma$$

et de même pour les **deux** sections droites S_z (normale $\vec{e_z}$) :

$$\frac{DJ_z(t)}{Dt} = \iint_{S_z} \vec{V} \cdot \vec{n}\, d\sigma.$$

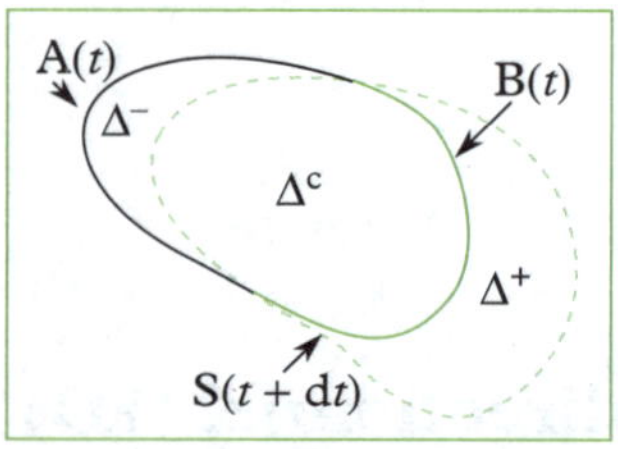

Fig. 19 - Volumes dégagés dans l'analyse du suivi du déplacement d'un domaine matériel.

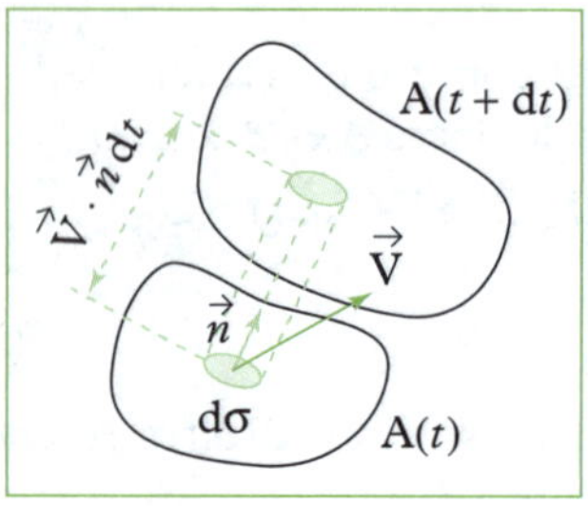

Fig. 20 - Évaluation des volumes associés aux espaces balayés par la frontière du domaine au cours de son déplacement.

Le volume étant une grandeur extensive, la variation totale de volume du domaine $D(t)$ s'exprime donc par :

$$\frac{DJ(t)}{Dt} = \frac{DJ_x(t)}{Dt} = \frac{DJ_y(t)}{Dt} = \frac{DJ_z(t)}{Dt} = \iint_{S_x+S_y+S_z} \vec{V} \cdot \vec{n}\, d\sigma,$$

où il est évident que la surface $S_x + S_y + S_z$ n'est autre que la surface $S(t)$ limitant le domaine à l'instant t.

• **Interprétation physique sur un domaine quelconque**

L'interprétation physique du résultat précédent sur un domaine matériel quelconque (fig. 19) peut s'envisager en considérant qu'à l'instant t, la surface limite $S(t)$ englobe un volume $\Delta^- + \Delta^c$. La surface limite $S(t + dt)$ du **même** domaine matériel à l'instant $t + dt$ englobe le volume $\Delta^c + \Delta^+$.

Δ^c est le volume commun aux deux domaines aux instants t et $t + dt$. La surface limite à l'instant t peut être décomposée en deux parties additives $S(t) = A(t) + B(t)$. La première correspond à la zone qui va « dégager » un espace « perdu » (Δ^-), la seconde à celle qui va « capturer » un espace « gagné » (Δ^+) au cours du déplacement du domaine.

La variation de volume $\Delta^+ + \Delta^-$ peut alors se mesurer **algébriquement** à partir de la vitesse de déplacement des surfaces $A(t)$ et $B(t)$. Comme l'illustre le schéma (fig. 20), on l'obtient par sommation des volumes élémentaires $dv = (\vec{V} dt) \cdot \vec{n}\, d\sigma$ sur la surface totale du domaine balayé, à condition de toujours orienter positivement la normale unitaire vers l'extérieur du domaine.

I. Dérivation particulaire d'une intégrale de volume*

I.1. Le problème

Soit $f(x, y, z, t)$ la valeur au point $M(x, y, z)$ et à l'instant t d'une grandeur scalaire extensive quelconque, dont le montant sur un domaine matériel fini de fluide $D(t)$ vaut :

$$F(t) = \iiint_{D(t)} f(x, y, z, t)\, dv.$$

Il nous faut exprimer la dérivée particulaire $\dfrac{DF(t)}{Dt}$ de cette grandeur intégrale en suivant la variation de sa borne d'intégration $D(t)$ au cours du temps[1].

1. On notera que dans ce problème, le temps introduit une variation à la fois de la borne d'intégration et du facteur à intégrer.

I.2. Cas d'une intégrale sur le volume particulaire

Théorème 4

La dérivation particulaire d'une intégrale prise sur le volume élémentaire δv d'une particule fluide a pour expression :

$$\frac{1}{\partial v(t)} \times \frac{D(f\delta v)}{Dt} = \frac{Df}{Dt} + f \operatorname{div}\vec{V} = \frac{\partial f}{\partial t} + \operatorname{div}(f\vec{V})$$

où $\vec{V}$ est la vitesse locale du fluide.

Démonstration :

Lorsque le domaine d'intégration est celui de la particule fluide $\varepsilon(t)$, de volume δv, on a :

$$F_\varepsilon(t) = \iiint_{\varepsilon(t)} f(x, y, z, t)\, dv = f(x, y, z, t) \times \delta v(t).$$

Ainsi, avec les règles usuelles de calcul différentiel :

$$\frac{\mathrm{DF}_\varepsilon(t)}{\mathrm{D}t} = \delta v(t)\frac{\mathrm{D}f}{\mathrm{D}t} + f\frac{\mathrm{D}[\delta v(t)]}{\mathrm{D}t},$$

soit, compte tenu de l'expression antérieure de la dérivation particulaire de volume élémentaire :

$$\frac{\mathrm{DF}_\varepsilon(t)}{\mathrm{D}t} = \delta v(t)\frac{\mathrm{D}f}{\mathrm{D}t} + f\,\mathrm{div}\vec{\mathrm{V}}\,\delta v(t) = \left(\frac{\mathrm{D}f}{\mathrm{D}t} + f\,\mathrm{div}\vec{\mathrm{V}}\right)\delta v(t).$$

I.3. Intégrale sur un volume fini quelconque ★

1. Cette généralisation sera admise ici sans démonstration.

Le résultat précédent se généralise[1] à une fonction F(t) définie par une intégrale sur un volume fini de fluide que l'on suit dans son mouvement. Ainsi la dérivée particulaire du montant d'une grandeur extensive sur le volume d'un domaine fini de fluide D(t) est donnée par :

$$\frac{\mathrm{D}}{\mathrm{D}t}\iiint_{\mathrm{D}(t)} f\,\mathrm{d}v = \iiint_{\mathrm{D}(t)}\left(\frac{\mathrm{D}f}{\mathrm{D}t} + f\,\mathrm{div}\vec{\mathrm{V}}\right)\mathrm{d}v = \iiint_{\mathrm{D}(t)}\left(\frac{\partial f}{\partial t} + \mathrm{div}(f\vec{\mathrm{V}})\right)\mathrm{d}v$$

J. Classes particulières d'écoulements

Des classes particulières de mouvements de fluides peuvent être introduites lorsque certaines propriétés du fluide et/ou du champ de l'écoulement, notamment cinématiques, sont vérifiées.

J.1. Mouvement permanent (stationnaire)

Définition 10

2. On parle encore de régime permanent ou stationnaire.

Un mouvement pour lequel toute fonction du champ de l'écoulement, exprimée en variables d'Euler, est **indépendante du temps**, est qualifié de **permanent ou stationnaire**[2] (dans le temps) :

$$\textbf{mouvement permanent} \Leftrightarrow \frac{\partial}{\partial t}f(\mathrm{M}, t) \equiv 0$$

pour toute fonction scalaire et vectorielle des variables d'Euler $f(\mathrm{M}, t)$.

J.2. Mouvement solénoïdal et évolution isovolume

Définition 11

Tout mouvement dont le champ de vitesse à chaque instant est **à divergence nulle** est dit **solénoïdal** :

$$\textbf{mouvement solénoïdal} \Leftrightarrow \mathrm{div}\vec{\mathrm{V}} = 0.$$

Nous avons vu que la variation particulaire d'un élément de volume δv s'exprime par :

$$\frac{1}{\delta v(t)} \times \frac{\mathrm{D}[\delta v(t)]}{\mathrm{D}t} = \mathrm{div}\vec{\mathrm{V}}.$$

Ainsi, en mouvement solénoïdal, toute particule de fluide voit son domaine limite $\varepsilon(t)$ changer de position, forme et orientation, mais conserver son volume δv. On parle donc d'évolution **isovolume**.

Corollaire 1

Tout mouvement solénoïdal correspond à une évolution isovolume :

$$\textbf{évolution isovolume} \Leftrightarrow \mathbf{div}\vec{V} = 0.$$

En vertu du théorème d'Ostrogradski sur un domaine fini quelconque (D) limité par une surface fermée (S), on a pour tout mouvement solénoïdal :

$$\iint_S \vec{V}\cdot\vec{n}\,d\sigma = \iiint_D \mathrm{div}\vec{V}\,dv = 0.$$

Corollaire 2

En mouvement solénoïdal, **le débit volumique est nul**, à tout instant, à travers toute surface fermée du champ de l'écoulement.

J.3. Mouvement irrotationnel

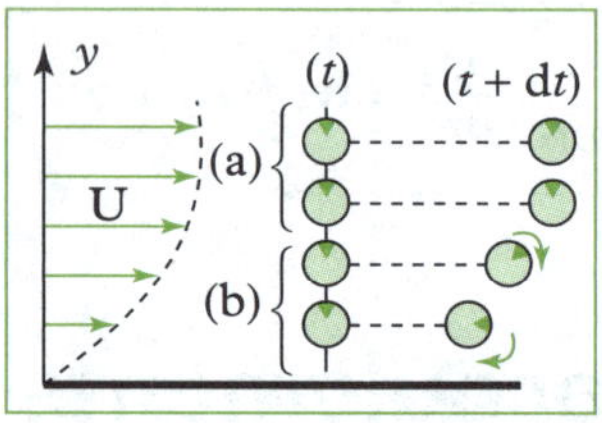

Fig. 21 - Caractère rotationnel ou non d'un écoulement parallèle de fluide visqueux. Loin de la paroi, le champ de vitesse est uniforme et l'écoulement est rectiligne et irrotationnel (*a*). À proximité de la paroi, la viscosité impose un gradient de vitesse suivant *y* qui confère un caractère rotationnel à l'écoulement dans cette zone (*b*), où il reste pourtant rectiligne !

Définition 12

Tout mouvement dont le champ de vitesse à chaque instant est **à rotationnel nul** est dit **irrotationnel** :

$$\textbf{mouvement irrotationnel} \Leftrightarrow \overrightarrow{\mathbf{rot}}\,\vec{V} = \vec{0}.$$

Interprétation physique : Le rotationnel, double du vecteur tourbillon, est une propriété **locale** du mouvement qui caractérise le fait que chaque particule fluide se déplace sur sa trajectoire en tournant sur elle-même (mouvement à caractère rotationnel) ou sans tourner sur elle-même (caractère irrotationnel). Ce caractère est donc totalement disjoint de l'allure (rectiligne ou circulaire notamment) des trajectoires ou lignes de courant ! (fig. 21).

J.4. Écoulement (mouvement) incompressible

Définition 13

Un écoulement (mouvement) est dit **incompressible** si la masse volumique de toute particule de fluide ne varie pas au cours de son déplacement :

$$\textbf{mouvement incompressible} \Leftrightarrow \frac{\mathbf{D}\rho(\mathbf{M}, t)}{\mathbf{D}t} = \mathbf{0}.$$

Remarque :

Le caractère incompressible du mouvement ne signifie pas que la masse volumique du fluide soit constante (uniforme) dans tout le champ[1]. Les écoulements stratifiés dans l'atmosphère et les océans correspondent à des mouvements, dans des plans horizontaux à caractère incompressible, de couches de fluides à masse volumique variable suivant la verticale (fig. 22).

1. En régime permanent, par exemple, la condition $\frac{D\rho}{Dt} = 0$ se réduit simplement à $\vec{V}\cdot\overrightarrow{\mathrm{grad}}\,\rho = 0$ qui autorise des variations de masse volumique orthogonalement aux lignes de courant. C'est le cas des écoulements dits « stratifiés ». (fig. 22).

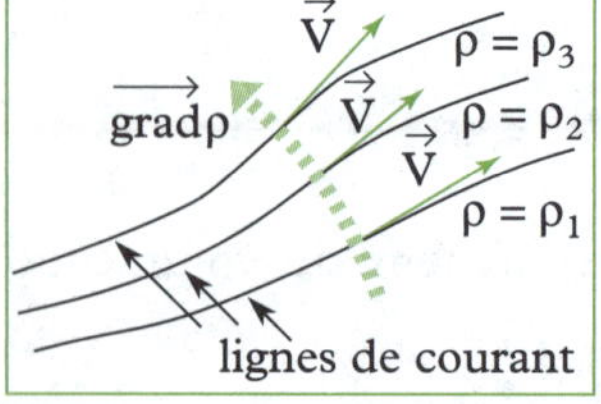

Fig. 22 - Variation de masse volumique en écoulement incompressible permanent stratifié.

J.5. Fluide incompressible

Définition 14

Un fluide dont le **coefficient de compressibilité isentropique est nul** est dit **incompressible**. Il en résulte immédiatement que la masse volumique d'un tel milieu est constante et que la célérité du son y est infinie :

$$\textbf{fluide incompressible} \Leftrightarrow \chi_S = \mathbf{0}.$$

L'essentiel

✓ Variables de Lagrange, variables d'Euler

- Le temps courant t et les coordonnées repérant la position P_0 de toute particule fluide à un instant t_0 constituent les **variables de Lagrange,** soit (x_0, y_0, z_0, t) en repère cartésien. La valeur locale d'une fonction des variables de Lagrange est toujours liée à la même particule fluide.
- Le temps courant t et les coordonnées repérant la position M de tout point du champ de l'écoulement constituent les **variables d'Euler,** soit (x, y, z, t) en repère cartésien. La valeur locale d'une fonction des variables d'Euler est liée à différentes particules fluides.

✓ Rotation et déformation

À un instant fixe quelconque, la variation spatiale de vitesse entre deux points voisins du champ de l'écoulement s'exprime par :

$$\vec{\mathbf{V}}(\mathbf{M}') = \vec{\mathbf{V}}(\mathbf{M}) + \vec{\mathbf{\Omega}}(\mathbf{M}) \wedge \overrightarrow{\mathbf{MM}'} + \vec{\mathbf{D}}(\mathbf{M}).$$

Le **pseudo-vecteur tourbillon** $\vec{\Omega} = \frac{1}{2}\overrightarrow{\text{rot}}\vec{V}$ caractérise la rotation instantanée de la particule fluide et le vecteur $\vec{D}(M)$ ses déformations.

✓ Éléments de cinématique

- **Trajectoire** : Lieu géométrique des positions successives d'une particule fluide au cours du temps :

$$\frac{\mathbf{d}\overrightarrow{\mathbf{OM}}}{\mathbf{d}t} = \vec{\mathbf{V}}(\mathbf{M}, t).$$

- **Ligne de courant** : Courbe dont la tangente, à un instant donné, est en tout point colinéaire à la vitesse de l'écoulement :

$$\forall t \text{ fixé}, \quad \overrightarrow{\mathbf{dM}} \wedge \vec{\mathbf{V}}(\mathbf{M}, t) = \vec{0}.$$

✓ Flux d'advection et débits

- Par définition : $$\mathbf{Q}(t) = \iint_{\mathbf{S}} q(\mathbf{M}, t)\vec{\mathbf{V}}(\mathbf{M}, t) \cdot \vec{n}\,\mathbf{d}\sigma$$

où $\vec{V}(M, t)$ est la vitesse locale de l'écoulement sur l'élément de surface orienté $\vec{n}\,d\sigma$ et $q(M, t)\vec{V}(M, t)$ le vecteur densité de flux de propriété scalaire $Q(t)$, avec pour dimension $[q] = [Q] \times m^{-2} \cdot s^{-1}$.

Débit volumique $[m^3 \cdot s^{-1}]$: $q = 1$ **Débit massique** $[kg \cdot s^{-1}]$: $q = \rho$.

✓ Dérivation particulaire

- La **dérivation particulaire** fait référence à des variations de fonctions des variables d'Euler, liées à une même particule fluide et/ou à un même domaine de l'écoulement que l'on suit dans leurs déplacements respectifs.
- Fonction scalaire : $$\frac{Df}{Dt} = \frac{\partial f}{\partial t} + \vec{V} \cdot \overrightarrow{\text{grad}} f.$$
- Fonction vectorielle : $$\frac{D\vec{A}}{dt} = \frac{DA_x}{Dt}\vec{e}_x + \frac{DA_y}{Dt}\vec{e}_y + \frac{DA_z}{Dt}\vec{e}_z.$$
- Cas de l'accélération : $$\frac{D\vec{V}}{dt} = \frac{\partial \vec{V}}{\partial t} + \overrightarrow{\text{grad}}\left(\frac{\vec{V}^2}{2}\right) + \overrightarrow{\text{rot}}\vec{V} \wedge \vec{V}.$$

- Volume élémentaire : $\dfrac{D[\delta v(t)]}{Dt} = \text{div}\vec{V} \times \delta v(t).$

- Intégrale particulaire : $\dfrac{D[f\delta v]}{Dt} = \left(\dfrac{Df}{Dt} + f\text{div}\vec{V}\right)\delta v(t).$

- Intégrale finie : $\dfrac{D}{Dt}\iiint_{D(t)} f\,dv = \iiint_{D(t)}\left(\dfrac{Df}{Dt} + f\text{div}\vec{V}\right)dv.$

✓ Classes particulières de mouvements de fluides

- **Mouvement permanent** ou **stationnaire** dans le temps :

  $\dfrac{\partial f}{\partial t} = 0$ pour toute fonction scalaire ou vectorielle en **variables d'Euler**.

- **Mouvement solénoïdal** ou **évolution isovolume** :

  $\mathbf{div}\vec{\mathbf{V}} = \mathbf{0}$, avec $\vec{V}$ vitesse de l'écoulement en **variables d'Euler**.

- **Mouvement irrotationnel** :

  $$\overrightarrow{\mathbf{rot}}\vec{\mathbf{V}} = 2\vec{\Omega} = \vec{0}.$$

  Le vecteur tourbillon est identiquement nul dans tout le champ à tout instant.

- Écoulement ou **mouvement incompressible** :

  $$\frac{D\rho}{Dt} = 0$$

  (au sens de la dérivation particulaire de la masse volumique en **variables d'Euler**)

- **Fluide incompressible** :

  $$\chi_S = 0.$$

  La masse volumique est une propriété physique constante du milieu.

Mise en œuvre

Méthode n° 1

Comment passer de la vitesse en variables de Lagrange à la vitesse en variables d'Euler ?

Le champ de vitesse d'un écoulement, dans un référentiel donné, est connu sous la forme d'une fonction vectorielle $\overrightarrow{V_L}(\vec{r_0}, t)$, où $\vec{r_0}$ repère la position de toute particule fluide à un instant donné (vitesse lagrangienne). Il s'agit d'en déduire la vitesse en variables d'Euler $\vec{V}(\vec{r}, t)$, où $\vec{r}$ repère la position d'un point quelconque du champ de l'écoulement.

→ Savoir faire

1. Identifier la particule qui se trouve au point d'observation eulérien $\vec{r}$ à l'instant t, par intégration de la vitesse lagrangienne entre l'instant de marquage et l'instant courant. Formellement, cela revient à déterminer la relation $\vec{r}(t) = f(\vec{r_0}, t)$.
2. Utiliser cette relation pour substituer dans l'expression de la vitesse lagrangienne les coordonnées de $\vec{r_0}$ en fonction de celles de $\vec{r}$, et aboutir à la vitesse en variables d'Euler $\overrightarrow{V_E}(\vec{r}, t) \equiv \overrightarrow{V_L}[f^{-1}(\vec{r}, t)]$.

➔ Application

Le champ de vitesse d'un écoulement dans un repère orthonormé cartésien a pour composantes en variables de Lagrange :

– selon $\vec{e_x}$: $U_L(x_0, y_0, z_0, t) = kx_0 e^{kt}$;

– selon $\vec{e_y}$: $V_L(x_0, y_0, z_0, t) = -ky_0 e^{-kt}$;

– selon $\vec{e_z}$: $W_L(x_0, y_0, z_0, t) = 0$,

où t est le temps, (x_0, y_0, z_0) les coordonnées de la particule à l'instant $t = 0$ et k un réel non nul homogène à l'inverse d'un temps. Exprimer les composantes U, V, W du champ de vitesse de cet écoulement en fonction des variables d'Euler (x, y, z, t).

Solution

❶ Il faut en premier lieu identifier la particule qui va se trouver au point d'observation eulérien (x, y, z) à l'instant t, parmi l'ensemble des particules marquées à l'instant $t = 0$.

Par définition de la vitesse lagrangienne : $U_L = \dfrac{dx}{dt}$, $V_L = \dfrac{dy}{dt}$ et $W_L = \dfrac{dz}{dt}$, de sorte que, dans le plan $z = 0$, la particule qui, partant de la position (x_0, y_0) à l'instant $t = 0$, atteindra la position (x, y) à l'instant t, est celle pour laquelle :

$$x - x_0 = \int_0^t kx_0 e^{k\tau} d\tau \text{ et } y - y_0 = -\int_0^t ky_0 e^{-k\tau} d\tau, \text{ soit : } x = x_0 e^{kt} \text{ et } y = y_0 e^{-kt}.$$

❷ Par substitution dans les expressions des composantes de vitesse lagrangienne U_L et V_L, on obtient :

$$\mathbf{U = kx,\ V = -ky \text{ et } W = 0.}$$

Méthode n° 2

Comment déterminer les trajectoires à partir du champ de vitesse lagrangien ?

On dispose de l'expression locale de la vitesse lagrangienne $\overrightarrow{V_L}(\vec{r_0}, t)$, où $\vec{r_0}$ repère la position de la particule fluide à un instant donné. Il s'agit de déterminer l'expression du vecteur $\vec{r}(t)$ repérant la position de cette même particule à un instant quelconque.

➔ Savoir faire

❶ Intégrer l'expression de la vitesse **lagrangienne** en composantes, entre l'instant initial d'identification de la position de la particule et l'instant courant. On dispose alors des équations paramétriques de la trajectoire.

❷ Éliminer le paramètre t conduit aux équations cartésiennes.

➔ Application

Le plan étant rapporté à un repère cartésien orthonormé, on considère l'écoulement dont la vitesse en variables de Lagrange (x_0, y_0, t) a pour composantes :

$$U_L = -x_0 \omega \sin(\omega t) \quad \text{et} \quad V_L = x_0 \omega \cos(\omega t),$$

où ω désigne un paramètre dimensionné non nul et t le temps. Déterminer l'équation de la trajectoire de la particule qui, à l'instant $t = 0$, occupe la position $(x_0, 0)$.

Solution

❶ Par intégration du champ de vitesse lagrangien, il vient, sous la condition initiale imposée :

$$x - x_0 = \int_0^t U_L(\tau)d\tau \text{ et } y - 0 = -\int_0^t V_L(\tau)d\tau.$$

On obtient donc : $\boldsymbol{x = x_0 \cos(\omega t)}$ et $\boldsymbol{y = y_0 \sin(\omega t)}$.

La trajectoire est donc le cercle centré à l'origine, de rayon $|x_0|$.

On reconnaît ici directement l'équation d'un cercle.

Méthode n° 3

Comment déterminer les trajectoires à partir du champ de vitesse eulérien ?

On dispose de l'expression locale de la vitesse eulérienne $\vec{V}(x, t)$. Il s'agit de déterminer l'expression du vecteur $\vec{r}(t)$ repérant la position d'une particule donnée au cours du temps.

→ Savoir faire

⚠ Ce calcul n'est possible que si l'écoulement est permanent, pour lequel trajectoires et lignes de courant sont confondues.

❶ Vérifier que l'écoulement est stationnaire dans le temps (permanent).

❷ Déterminer l'équation des lignes de courant par la condition :

$$\overrightarrow{dM} \wedge \vec{V}(M, t) = \vec{0}.$$

→ Application

Le plan étant rapporté à un repère cartésien orthonormé, on considère l'écoulement dont la vitesse en variables d'Euler (x, y, t) a pour composantes :

$$U = \omega y \text{ et } V = -\omega x,$$

où ω désigne un paramètre dimensionné non nul et t le temps. Déterminer l'équation de la trajectoire de la particule qui passe par le point $(x_0, 0)$.

Solution

❶ On vérifie bien que le champ de vitesse est celui d'un écoulement permanent :

$$\frac{\partial U}{\partial t} = \frac{\partial V}{\partial t} = 0.$$

❷ Le calcul des trajectoires se ramène donc à celui des lignes de courant, d'équation différentielle :

$$\frac{dx}{U} = \frac{dy}{V} \text{ pour } UV \neq 0,$$

ce qui conduit ici à :

$$\omega x dx + \omega y dy = 0, \text{ soit : } \boldsymbol{x^2 + y^2 = x_0^2} \text{ pour la courbe passante par } (x_0, 0).$$

On retrouve un cercle centré à l'origine et de rayon $|x_0|$.

Méthode n° 4

Comment éviter les principaux « pièges » ?

→ Savoir faire

❶ Pour décider si un écoulement est *permanent*, ne pas utiliser les expressions en variables de Lagrange ! Vérifier la condition $\frac{\partial}{\partial t} = 0$ sur des fonctions des **variables d'Euler** exclusivement.

❷ Pour décider si un écoulement est *irrotationnel*, ne pas se fier aux lignes de courant ! Toujours calculer le vecteur tourbillon en fonction des **variables d'Euler**.

→ Application 1

La position de particules fluides dans un repère cartésien orthonormé est définie par

$$x(t) = x_0 e^{kt},\ y(t) = y_0 e^{-kt} \text{ et } z(t) = z_0,$$

où t désigne le temps et k un paramètre dimensionné non nul. S'agit-il d'un écoulement permanent ?

Solution

❶ Par dérivation par rapport au temps du vecteur position, on obtient :

$$\frac{dx}{dt} = kx_0 e^{kt} \text{ et } \frac{dy}{dt} = -ky_0 e^{-kt}.$$

Il s'agit de la vitesse de l'écoulement **en variables de Lagrange** (x_0, y_0, t), elle est fonction du temps. Pour autant, on ne peut en déduire que le mouvement est instationnaire. Pour décider de ce point, exprimons la vitesse en **variables d'Euler** (x, y, t), soit :

$$U = kx \text{ et } V = -ky.$$

On peut alors conclure que l'écoulement est **stationnaire** ou **permanent**.

→ Application 2

On considère l'écoulement ayant pour champ de vitesse en variables d'Euler $\vec{V}(x, y, z, t) = U(y)\vec{e}_x$ dans un repère cartésien orthonormé.

Montrer que les lignes de courant sont des droites parallèles. S'agit-il d'un écoulement irrotationnel ?

Solution

❷ Le mouvement est manifestement permanent et la vitesse parallèle à $\vec{e}_x$ en tout point du champ. On pourrait être tenté de conclure qu'il s'agit d'un écoulement irrotationnel. Le vecteur tourbillon vaut ici :

$$\vec{\Omega} = \frac{1}{2}\overrightarrow{\text{rot}}\,\vec{V} = -\frac{1}{2}\frac{dU}{dy}\vec{e}_z.$$

Il ne s'annule que dans le cas où $U(y) = U_0 = \text{cte}$. En dehors de ce cas, les particules se déplacent sur des droites parallèles, mais en tournant sur elles-mêmes, ce qui est la caractéristique d'un mouvement **rotationnel**.

Exercices

Niveau 1

Ex. 1 Variables d'Euler et de Lagrange

Dans un repère cartésien orthonormé, on considère l'écoulement bidimensionnel défini, en variables de Lagrange, par :

$$x = x_0 e^{\frac{t}{\tau}}, \quad y = y_0 e^{-\frac{t}{\tau}} \quad \text{et} \quad z = 0,$$

où x_0, y_0 sont deux constantes homogènes à une longueur et τ un paramètre temporel.

1) Exprimer les composantes de la vitesse et de l'accélération en variables de Lagrange.

2) Exprimer les composantes de la vitesse et de l'accélération en variables d'Euler.

3) L'écoulement est-il permanent (stationnaire dans le temps) ?

4) L'évolution est-elle isovolume ?

Ex. 2 Trajectoire et ligne de courant

Dans un repère cartésien orthonormé, on considère l'écoulement bidimensionnel défini, en variables de Lagrange, par :

$$x = x_0 e^{\frac{t}{\tau}}, \quad y = y_0 e^{-\frac{t}{\tau}} \quad \text{et} \quad z = 0,$$

où x_0, y_0 sont deux constantes homogènes à une longueur et τ un paramètre temporel.

1) Déterminer les trajectoires de cet écoulement.

2) Montrer que les lignes de courant et les trajectoires sont identiques.

3) Déterminer directement les équations des lignes de courant.

Ex. 3 Évolution isovolume et accélération

Dans un repère cartésien orthonormé, on considère l'écoulement dont le champ de vitesse a pour composantes en variables d'Euler : $U = (2x - y + z)t$, $V = (x - \alpha y - 2z)t$ et $W = (x + 2y - \alpha z)t$.

1) Déterminer la valeur du paramètre α pour que le mouvement soit isovolume.

2) Calculer les composantes de l'accélération correspondante.

Ex. 4 Trajectoire d'un champ de vitesse eulérien

Dans un repère cartésien orthonormé, on considère l'écoulement dont le champ de vitesse, en tout point hormis l'origine, a pour composantes en variables d'Euler :

$$U(x, y) = -ay, \quad V(x, y) = ax \quad \text{et} \quad W = 0,$$

où a est un paramètre non nul. Donner l'équation de la trajectoire qui passe par le point $(1, 0, 0)$ à l'instant $t = 0$.

Niveau 2

Ex. 5 Mouvement circulaire irrotationnel

Dans un repère cartésien orthonormé, on considère l'écoulement dont le champ de vitesse, en tout point hormis l'origine, a pour composantes en variables d'Euler :

$$U(x, y) = -\frac{ay}{x^2 + y^2}, \quad V(x, y) = \frac{ax}{x^2 + y^2} \quad \text{et} \quad W = 0,$$

où a est un paramètre non nul.

1) Ce mouvement est-il isovolume ?

2) Ce mouvement est-il irrotationnel ?

3) Déterminer les trajectoires et préciser le sens de parcours en fonction de a.

4) Comment varie le module de la vitesse en fonction de la distance à l'origine ?

Ex. 6 Mouvement circulaire rotationnel

Dans un repère cartésien orthonormé, on considère l'écoulement dont le champ de vitesse, en tout point hormis l'origine, a pour composantes en variables d'Euler :

$$U(x, y) = -ay, \quad V(x, y) = ax \quad \text{et} \quad W = 0,$$

où a est un paramètre non nul.

1) Ce mouvement est-il isovolume ?

2) Ce mouvement est-il irrotationnel ?

3) Déterminer les trajectoires et préciser le sens de parcours en fonction de a.

4) Comment varie le module de la vitesse en fonction de la distance à l'origine ?

5) Comparer ce champ de vitesse à celui existant en tout point d'un solide tournant autour de l'axe $\vec{e_z}$ avec une vitesse angulaire ω constante. Qu'en déduire ?

Niveau 3

Ex. 7 Dérivation particulaire et invariance galiléenne

On considère une fonction scalaire $f(x, t)$ des variables d'Euler d'un écoulement unidirectionnel, de vitesse $U(x,t)$. On définit le changement de repère $(x,t) \to (x',t')$ par la transformation galiléenne :

$$x = x' + U_0 t' \quad \text{et} \quad t = t',$$

où U_0 est une vitesse constante.

1) Donner les expressions générales des dérivées particulaires :

$$\frac{Df(x,t)}{Dt} \quad \text{et} \quad \frac{Df(x',t')}{Dt'}$$

dans leurs repères respectifs.

2) Établir les expressions des dérivées partielles :

$$\frac{\partial f(x',t')}{\partial x'} \quad \text{et} \quad \frac{\partial f(x',t')}{\partial t'}$$

en fonction de $\dfrac{\partial f(x,t)}{\partial x}$ et $\dfrac{\partial f(x,t)}{\partial t}$.

3) En déduire la relation entre les dérivées particulaires dans les deux repères. Conclure.

Ex. 8 Mouvement hélicoïdal rotationnel

Dans un repère cartésien orthonormé, on considère l'écoulement dont le champ de vitesse, en tout point hormis l'origine, a pour composantes en variables d'Euler :

$$U(x,y) = -ay, \quad V(x,y) = ax \quad \text{et} \quad W = W_0,$$

où a est un paramètre non nul et W_0 une vitesse constante.

1) Ce mouvement est-il isovolume ?

2) Ce mouvement est-il irrotationnel ?

3) Déterminer les lignes de courant qui passent par un point quelconque de l'axe des abscisses.

4) Comment varie le module du vecteur vitesse dans un plan normal à $\vec{e_z}$?

Discuter la morphologie générale des lignes de courant en fonction de la distance à cet axe.

Ex. 9 Mouvement hélicoïdal irrotationnel

Dans un repère cartésien orthonormé, on considère l'écoulement dont le champ de vitesse, en tout point hormis l'origine, a pour composantes en variables d'Euler :

$$U(x,y) = -\frac{ay}{x^2+y^2}, \quad V(x,y) = \frac{ax}{x^2+y^2} \quad \text{et} \quad W = W_0,$$

où a est un paramètre non nul et W_0 une vitesse constante.

1) Ce mouvement est-il isovolume ?

2) Ce mouvement est-il irrotationnel ?

3) Déterminer les lignes de courant qui passent par un point quelconque de l'axe des abscisses.

4) Comment varie le module du vecteur vitesse dans un plan normal à $\vec{e_z}$?

Discuter la morphologie générale des lignes de courant en fonction de la distance à cet axe.

Indications

Ex. 1 Utiliser les définitions en considérant $(x_0, y_0, 0)$ comme les variables de Lagrange de la particule marquée à l'instant τ.

Ex. 2 En régime permanent, les trajectoires et les lignes de courant passant par un même point sont confondues.

Ex. 8 On rappelle que $\displaystyle\int \frac{dx}{\sqrt{a^2-x^2}} = \arcsin\left(\frac{x}{a}\right)$.

Solutions des exercices

Exercices de niveau 1

Exercice 1

1) Par définition, le vecteur vitesse a pour composantes en variables de Lagrange :

$$U_L = \frac{dx}{dt} = \frac{x_0}{\tau}e^{\frac{t}{\tau}} \text{ et } V_L = \frac{dy}{dt} = -\frac{y_0}{\tau}e^{-\frac{t}{\tau}}.$$

Les composantes de l'accélération sont :

$$\frac{d^2x}{dt^2} = \frac{x_0}{\tau^2}e^{\frac{t}{\tau}} \text{ et } \frac{d^2y}{dt^2} = \frac{y_0}{\tau^2}e^{-\frac{t}{\tau}}.$$

2) En variables d'Euler, les composantes de la vitesse sont :

$$U = \frac{x}{\tau} \text{ et } V = -\frac{y}{\tau}.$$

Celles de l'accélération s'obtiennent par :

$$\Gamma_x = \frac{\partial U}{\partial t} + U\frac{\partial U}{\partial x} + V\frac{\partial U}{\partial y} = \frac{x}{\tau^2} \text{ et } \Gamma_y = \frac{\partial V}{\partial t} + U\frac{\partial V}{\partial x} + V\frac{\partial V}{\partial y} = \frac{y}{\tau^2}.$$

On vérifie bien que ce résultat est identique à celui exprimé en variables de Lagrange.

3) En variables d'Euler, $\frac{\partial U}{\partial t} = \frac{\partial V}{\partial t} = 0$, ce qui exprime l'indépendance du mouvement au temps (stationnarité) : l'écoulement est **permanent**.

4) Calculons $\text{div}\vec{V} = \frac{\partial U}{\partial x} + \frac{\partial V}{\partial y}$ à partir du champ eulérien. On trouve :

$$\text{div}\vec{V} = \frac{1}{\tau} - \frac{1}{\tau} = 0.$$

Ce champ de vitesse est solénoïdal et l'évolution est donc **isovolume**.

Exercice 2

1) Les expressions données pour $x(t)$ et $y(t)$ constituent les équations paramétriques (en t) des lignes de courant. L'équation cartésienne s'obtient aisément puisque $xy = x_0y_0 = \text{cte}$. Les trajectoires sont donc **des hyperboles équilatères**.

2) Déterminons tout d'abord les composantes du vecteur vitesse en variables d'Euler. On a :

$$U\left(= \frac{dx}{dt} = \frac{x_0}{\tau}e^{\frac{t}{\tau}}\right) = \frac{x}{\tau} \text{ et } V = \left(\frac{dy}{dt} = -\frac{y_0}{\tau}e^{-\frac{t}{\tau}}\right) = -\frac{y}{\tau}.$$

La vitesse, indépendante du temps, est donc celle d'un écoulement permanent. Dans ce cas, trajectoire et ligne de courant qui ont un point commun sont confondues.

3) Hormis l'origine, les équations différentielles des lignes de courant en un point quelconque sont :

$$\frac{dx}{U} = \frac{dy}{V}, \text{ soit : } \frac{dx}{x} = -\frac{dy}{y}.$$

On retrouve bien la famille d'hyperboles $\boldsymbol{xy = K}$, avec K = cte.

Exercice 3

1) On a :

$$\mathrm{div}\vec{V} = \frac{\partial U}{\partial x} + \frac{\partial V}{\partial y} + \frac{\partial W}{\partial z} = (2 - \alpha - \alpha)t.$$

L'évolution sera donc isovolume, à tout instant, pour : $\boldsymbol{\alpha = 1}$.

2) Le champ de vitesse de l'écoulement isovolume a alors pour composantes :

$$U = (2x - y + z)t, \quad V = (x - y - 2z)t \ \text{ et } \ W = (x + 2y - z)t.$$

Les composantes de l'accélération en variables d'Euler sont données par :

$$\Gamma_x = \frac{\partial U}{\partial t} + U\frac{\partial U}{\partial x} + V\frac{\partial U}{\partial y} + W\frac{\partial W}{\partial z}, \quad \Gamma_y = \frac{\partial V}{\partial t} + U\frac{\partial V}{\partial x} + V\frac{\partial V}{\partial y} + W\frac{\partial V}{\partial z},$$

$$\Gamma_z = \frac{\partial W}{\partial t} + U\frac{\partial W}{\partial x} + V\frac{\partial W}{\partial y} + W\frac{\partial W}{\partial z}.$$

On trouve :

$$\Gamma_x = 2x - y + z + (4x + y + 3z)t^2$$

$$\Gamma_y = x - y - 2z + (-x - 4y + 5z)t^2$$

$$\Gamma_z = x + 2y - z + (3x - 5y - 2z)t^2$$

Exercice 4

L'écoulement étant permanent, les lignes de courant et trajectoires passant par un même point sont confondues. On peut donc écrire :

$$\frac{dx}{U} = \frac{dy}{V} = dt.$$

On en tire :

$$-\frac{dx}{ay} = \frac{dy}{ax} = dt.$$

La première égalité donne $x^2 + y^2 = 1$ pour la trajectoire passant par le point (1, 0, 0).

La seconde égalité donne alors $\dfrac{dy}{\sqrt{1 - y^2}} = \pm a\,dt$, soit, sous la condition $y = 0$ pour $t = 0$, $\arcsin y = at$.

Les équations paramétriques de cette trajectoire sont donc :

$$\boldsymbol{x = \pm\cos(at)} \ \text{ et } \ \boldsymbol{y = \pm\sin(at)}.$$

Exercices de niveau 2

Exercice 5

1) On a :

$$\mathrm{div}\vec{V} = \frac{2axy}{x^2 + y^2} - \frac{2axy}{x^2 + y^2} = 0.$$

Le mouvement est **isovolume** quel que soit a.

2) Le vecteur tourbillon se réduit ici à : $\vec{\Omega} = \Omega\vec{e_z}$, avec $\Omega = \dfrac{1}{2}\left(\dfrac{\partial V}{\partial x} - \dfrac{\partial U}{\partial y}\right)$, soit :

$$\Omega = \frac{a}{x^2 + y^2} - \frac{2axy}{(x^2 + y^2)^2} - \frac{a}{x^2 + y^2} - \frac{-2axy}{(x^2 + y^2)^2} = 0.$$

Ce mouvement est **irrotationnel** quel que soit a.

3) Hormis l'origine, l'équation différentielle des trajectoires est :

$$-(x^2+y^2)\frac{dx}{ay} = (x^2+y^2)\frac{dy}{ax}.$$

Les trajectoires sont donc **les cercles $x^2+y^2 = k^2$**. Si l'on se place par exemple aux points $y = 0$, on vérifie bien que la vitesse est colinéaire à l'axe des ordonnées ($U = 0$), de valeur $V(x, 0) = \frac{a}{x}$. Le mouvement se fait donc **dans le sens trigonométrique pour $a > 0$**.

4) Posant $x^2+y^2 = r^2$, on a :

$$U^2+V^2 = \frac{a^2y^2}{r^4}+\frac{a^2x^2}{r^4} = \frac{a^2}{r^2}.$$

Ainsi le module de la vitesse suit une **loi de décroissance hyperbolique** avec la distance à l'origine ($\|\vec{V}\| \propto r^{-1}$). En résumé, il s'agit d'un **écoulement giratoire irrotationnel**, où les particules fluides décrivent des cercles concentriques sans tourner sur elles-mêmes.

Exercice 6

1) On a $\mathrm{div}\vec{V} = 0+0$: le mouvement est bien **isovolume** quel que soit a.

2) Le vecteur tourbillon se réduit ici à :

$$\vec{\Omega} = \Omega\vec{e_z}, \text{ avec } \Omega = \frac{1}{2}\left(\frac{\partial V}{\partial x}-\frac{\partial U}{\partial y}\right) = \frac{1}{2}[a-(-a)] = a.$$

Ce mouvement est **rotationnel** quel que soit $a \neq 0$.

3) Hormis l'origine, l'équation différentielle des trajectoires est :

$$-\frac{dx}{ay} = \frac{dy}{ax}.$$

Les trajectoires sont donc **les cercles $x^2+y^2 = k^2$**. Si l'on se place par exemple au point $y = 0$, on vérifie bien que la vitesse est colinéaire à l'axe des ordonnées ($U = 0$), de valeur $V(x, 0) = ax$. Le mouvement se fait donc **dans le sens trigonométrique pour $a > 0$**.

4) On a :

$$U^2+V^2 = a^2y^2+a^2x^2 = a^2(x^2+y^2).$$

Ainsi le module de la vitesse **augmente linéairement** avec la distance à l'origine ($\|\vec{V}\| \propto r$). En résumé, il s'agit d'un **écoulement giratoire rotationnel**, où les particules fluides décrivent des cercles concentriques en tournant sur elles-mêmes.

5) Dans le cas d'un solide en rotation uniforme (ω) autour de l'axe $\vec{e_z}$, on sait que la vitesse en un point M est donnée par :

$$\vec{V_S}(M) = \vec{\omega}\wedge\overrightarrow{OM}, \text{ soit encore : } \vec{V_S}(M) = \omega r\vec{e_\theta}.$$

On en déduit :

$$\vec{V_S}(M) = -\omega r\sin\theta\vec{e_x}+\omega r\cos\theta\vec{e_y} = -\omega y\vec{e_x}+\omega x\vec{e_y}.$$

On retrouve le même champ que dans un fluide en mouvement de giration rotationnel, de tourbillon $a = \omega$.

On peut donc conclure que, sous ces conditions d'écoulement (isovolume, giratoire, rotationnel, à module de vitesse croissant linéairement), le fluide se comporte comme un solide, ce qui signifie que les particules fluides décrivent des trajectoires circulaires en tournant sur elles-mêmes, mais ne se déforment pas.

Exercices de niveau 3

Exercice 7

1) La dérivée particulaire dans le repère initial s'exprime par :

$$\frac{\mathbf{D}f(x,t)}{\mathbf{D}t} = \frac{\partial f}{\partial t} + \mathbf{U}\frac{\partial f}{\partial x}.$$

Dans le nouveau repère, elle s'exprime par :

$$\frac{\mathbf{D}f(x',t')}{\mathbf{D}t'} = \frac{\partial f}{\partial t'} + \mathbf{U}'\frac{\partial f}{\partial x'}.$$

2) Les éléments différentiels du changement de variable sont :

$$\frac{\partial x}{\partial x'} = 1,\quad \frac{\partial x}{\partial t'} = \mathrm{U}_0,\quad \frac{\partial t}{\partial t'} = 1 \text{ et } \frac{\partial t}{\partial x'} = 0.$$

On en déduit, avec les notations abrégées usuelles :

$$\frac{\partial f}{\partial t'} = \frac{\partial f}{\partial t}\frac{\partial t}{\partial t'} + \frac{\partial f}{\partial x}\frac{\partial x}{\partial t'} = \frac{\partial f}{\partial t} + \mathbf{U_0}\frac{\partial f}{\partial x} \text{ et } \frac{\partial f}{\partial x'} = \frac{\partial f}{\partial t}\frac{\partial t}{\partial x'} + \frac{\partial f}{\partial x}\frac{\partial x}{\partial x'} = \frac{\partial f}{\partial x}.$$

3) En substituant ces relations dans l'expression de la dérivée particulaire dans le nouveau repère, on obtient :

$$\frac{\mathrm{D}f(x',t')}{\mathrm{D}t'} = \frac{\partial f}{\partial t} + \mathrm{U}_0\frac{\partial f}{\partial x} + \mathrm{U}'\frac{\partial f}{\partial x}.$$

Or, par dérivation de la relation de changement de repère, on sait que $\mathrm{U} = \mathrm{U}' + \mathrm{U}_0$. Ainsi :

$$\frac{\mathrm{D}f(x',t')}{\mathrm{D}t'} = \frac{\partial f}{\partial t} + \mathrm{U}_0\frac{\partial f}{\partial x} + (\mathrm{U} - \mathrm{U}_0)\frac{\partial f}{\partial x} = \frac{\mathrm{D}f(x,t)}{\mathrm{D}t}.$$

L'opérateur de dérivation particulaire est donc **invariant** par transformation galiléenne.

Exercice 8

1) On a $\operatorname{div}\vec{\mathrm{V}} = 0 + 0 + 0$: le mouvement est bien **isovolume** quel que soit a.

2) Le vecteur tourbillon a pour composantes :

$$\Omega_x = \frac{1}{2}\left(\frac{\partial \mathrm{W}}{\partial y} - \frac{\partial \mathrm{V}}{\partial z}\right) = 0$$

$$\Omega_y = \frac{1}{2}\left(\frac{\partial \mathrm{U}}{\partial z} - \frac{\partial \mathrm{W}}{\partial x}\right) = 0$$

$$\Omega_z = \frac{1}{2}\left(\frac{\partial \mathrm{V}}{\partial x} - \frac{\partial \mathrm{U}}{\partial y}\right) = \frac{1}{2}[a - (-a)] = a.$$

Ce mouvement est **rotationnel** quel que soit $a \neq 0$, de vecteur tourbillon colinéaire à $\vec{e}_z$.

3) Hormis l'origine, l'équation différentielle des trajectoires est :

$$-\frac{\mathrm{d}x}{ay} = \frac{\mathrm{d}y}{ax} = \frac{\mathrm{d}z}{\mathrm{W}_0}.$$

On déduit de la première égalité que :

$$ax\,\mathrm{d}x + ay\,\mathrm{d}y = 0,$$

ce qui montre que les trajectoires sont sur des cylindres d'axe z et de section circulaire $x^2 + y^2 = k^2$. On peut ensuite expliciter x sous la forme $x = \pm\sqrt{k^2 - y^2}$. Alors, la seconde égalité montre que :

$$\frac{\mathrm{d}y}{\sqrt{k^2 - y^2}} = \pm\frac{a}{\mathrm{W}_0}\mathrm{d}z.$$

On en déduit :

$$\frac{a}{W_0}(z - z_0) = \pm\int_{y_0}^{y} \frac{du}{\sqrt{k^2 - u^2}} = \pm\left(\arcsin\left(\frac{y}{k}\right) - \arcsin\left(\frac{y_0}{k}\right)\right).$$

En se limitant aux lignes de courant passant par un point quelconque de l'axe des abscisses, soit en imposant la condition $z = 0$ pour $y = 0$, on obtient :

$$\boldsymbol{\frac{y}{k} = \pm\sin\left(\frac{a}{W_0}z\right)}.$$

Les lignes de courant sont donc des hélices sur le cylindre d'axe $\vec{e}_z$, de section circulaire de rayon k et de pas $\dfrac{2\pi W_0}{a}$, sur lesquelles se déplacent les particules fluides en tournant sur elles-mêmes à vitesse angulaire constante a autour de l'axe $\vec{e}_z$.

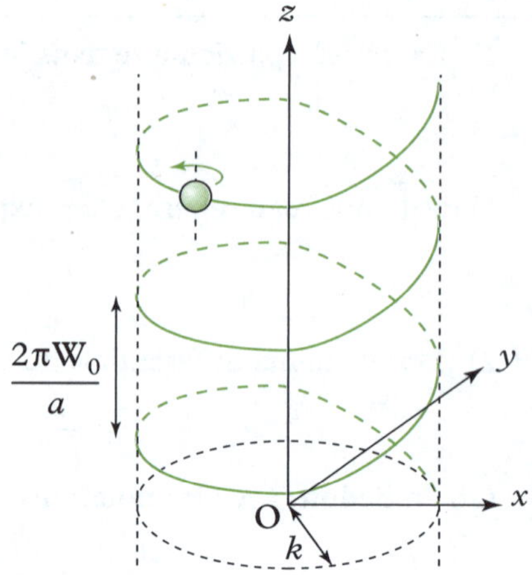

4) Désignant par $\vec{V}_n$ la composante de la vitesse dans le plan normal à $\vec{e}_z$, on a : $\|\vec{V}_n\| = |a|r$. On peut en outre expliciter ce vecteur sous la forme :

$$\vec{V}_n = -ay\vec{e}_x + ax\vec{e}_y = -ar\sin\theta\vec{e}_x + ar\cos\theta\vec{e}_y,$$

soit $\vec{V}_n = ar\vec{e}_\theta$ avec des notations évidentes. Ainsi, le champ de vitesse s'écrit :

$$\boldsymbol{\vec{V} = ar\vec{e}_\theta + W_0\vec{e}_z}.$$

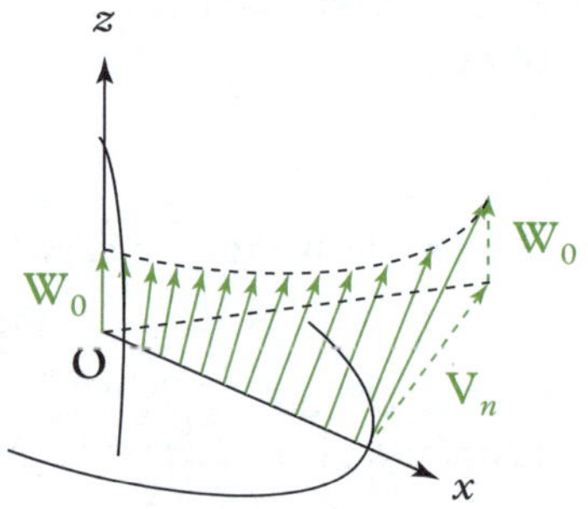

On en tire que, pour $r \to 0$, l'écoulement est quasi axial et pour $r \to \infty$, quasi circulaire. Les lignes de courant évoluent depuis des hélices de pas « infini », vers des hélices de pas tendant vers zéro.

Exercice 9

1) On a :

$$\text{div}\vec{V} = \frac{2axy}{x^2 + y^2} - \frac{2axy}{x^2 + y^2} + 0 = 0.$$

Le mouvement est bien **isovolume** quel que soit a.

2) Le vecteur tourbillon a pour composantes :

$$\Omega_x = \frac{1}{2}\left(\frac{\partial W}{\partial y} - \frac{\partial V}{\partial z}\right) = 0$$

$$\Omega_y = \frac{1}{2}\left(\frac{\partial U}{\partial z} - \frac{\partial W}{\partial x}\right) = 0$$

$$\Omega_z = \frac{a}{x^2 + y^2} - \frac{2axy}{(x^2 + y^2)^2} - \frac{a}{x^2 + y^2} - \frac{-2axy}{(x^2 + y^2)^2} = 0.$$

Ce mouvement est **irrotationnel** quel que soit a.

3) Hormis l'origine, l'équation différentielle des trajectoires est :

$$-(x^2 + y^2)\frac{dx}{ay} = (x^2 + y^2)\frac{dy}{ax} = \frac{dz}{W_0}.$$

On déduit de la première égalité $(r \neq 0)$ que :

$$ax\,\mathrm{d}x + ay\,\mathrm{d}y = 0,$$

ce qui montre que les trajectoires sont sur des cylindres d'axe z et de section circulaire $x^2 + y^2 = k^2$. On peut ensuite expliciter x sous la forme $x = \pm\sqrt{k^2 - y^2}$. Alors, la seconde égalité montre que :

$$\frac{\mathrm{d}y}{\sqrt{k^2 - y^2}} = \pm\frac{a}{k^2 \mathrm{W}_0}\mathrm{d}z.$$

On en déduit :

$$\frac{a}{k^2\mathrm{W}_0}(z - z_0) = \pm\int_{y_0}^{y}\frac{\mathrm{d}u}{\sqrt{k^2 - u^2}} = \pm\arcsin\left(\frac{y}{k}\right) - \arcsin\left(\frac{y_0}{k}\right).$$

En se limitant aux lignes de courant passant par un point quelconque de l'axe des abscisses, soit en imposant la condition $z = 0$ pour $y = 0$, on obtient :

$$\boldsymbol{\frac{y}{k} = \pm\sin\left(\frac{a}{k^2\mathrm{W}_0}z\right).}$$

Les lignes de courant sont donc des hélices sur le cylindre d'axe $\vec{e}_z$, de section circulaire de rayon k et de pas $\dfrac{2\pi k^2\mathrm{W}_0}{a}$, sur lesquelles se déplacent les particules fluides sans tourner sur elles-mêmes (translation hélicoïdale).

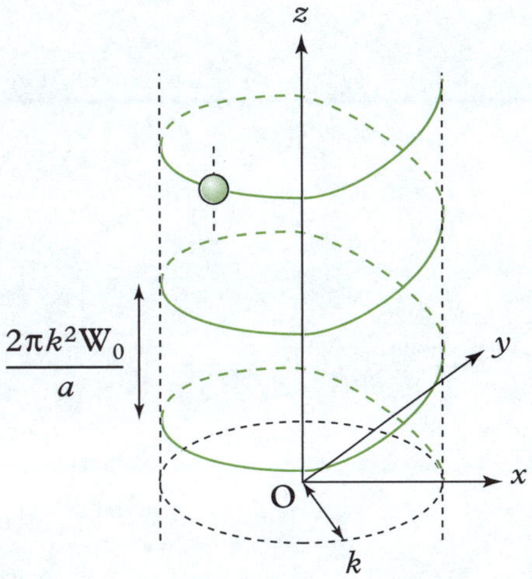

4) Désignant par $\overrightarrow{\mathrm{V}_n}$ la composante de la vitesse dans le plan normal à $\vec{e}_z$, on a : $\left\|\overrightarrow{\mathrm{V}_n}\right\| = \dfrac{|a|}{r}$. On peut en outre expliciter ce vecteur sous la forme :

$$r^2\overrightarrow{\mathrm{V}_n} = -ay\vec{e}_x + ax\vec{e}_y = -ar\sin\theta\vec{e}_x + ar\cos\theta\vec{e}_y,$$

soit $\overrightarrow{\mathrm{V}_n} = ar\vec{e}_\theta$ avec des notations évidentes. Ainsi, le champ de vitesse s'écrit :

$$\boldsymbol{\vec{\mathrm{V}} = \frac{a}{r}\vec{e}_\theta + \mathrm{W}_0\vec{e}_z.}$$

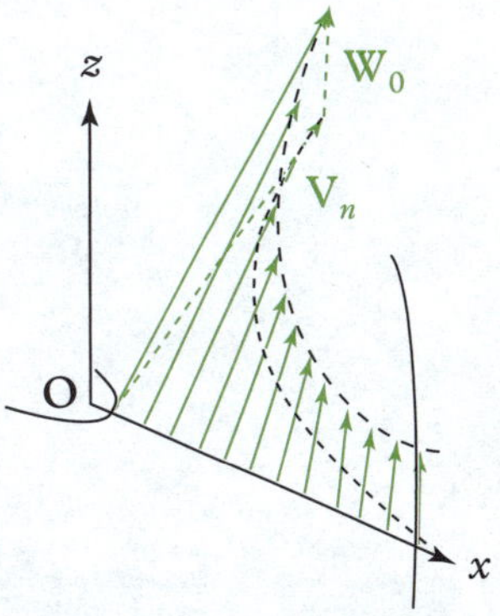

On en tire que, pour $r \to 0$, l'écoulement est quasi circulaire et pour $r \to \infty$, quasi rectiligne. Les lignes de courant évoluent depuis des hélices de pas « pratiquement » nul, vers des hélices de pas « infini ».

CHAPITRE

4

Équations de bilans du mouvement de fluides

Introduction

Les équations gouvernant le mouvement des fluides procèdent, de façon systématique dans les cas les plus simples, de l'application des lois et principes généraux de la mécanique newtonienne et de la thermodynamique des systèmes en équilibre. C'est cette démarche qui sera adoptée dans ce chapitre pour l'établissement de telles équations, en se limitant aux fluides du programme.

En premier lieu, on va s'attacher à définir et fixer les éléments spécifiques au raisonnement sur les « grandeurs » et « systèmes » du mécanicien des fluides. On établira ensuite les équations générales résultant de l'application des principes de conservation de masse, quantité de mouvement, moment cinétique et énergies.

Avec quelques extensions des limites strictement définies du programme, on s'attachera à donner une double formulation locale (particulaire ou mésoscopique) et globale (intégrale ou macroscopique) des équations de bilans correspondantes.

Plan du chapitre 4

A. Grandeur extensive et intensive

A.1. Grandeur extensive

Comme en thermodynamique des systèmes à l'équilibre, on peut classer, en mécanique des fluides, toute fonction du champ de l'écoulement en grandeur extensive ou intensive.

Définition 1

Une fonction du champ de l'écoulement est dite **extensive** si son montant dans un domaine de fluide où elle est répartie uniformément[1] est proportionnel au volume du domaine.

1. La répartition spatiale d'une fonction du champ d'un écoulement est uniforme sur un domaine lorsque cette fonction conserve la même valeur en tout point du domaine.

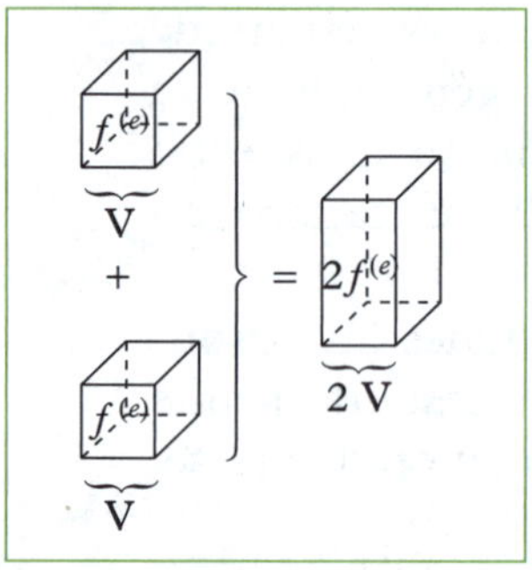

Fig. 1 - Additivité spatiale d'une grandeur extensive uniformément répartie.

Les grandeurs extensives sont **spatialement additives**. Sur tout domaine borné, elles peuvent s'exprimer par des intégrales de volume :

$$F^{(e)}(t) = \iiint_{\Delta} f^{(e)}(M, t)\,dv$$

où $f^{(e)}(M, t)$ est la densité volumique de la propriété $F^{(e)}$.

Les propriétés extensives peuvent être de nature scalaire ou vectorielle.

Propriété extensive	Densité volumique	Unité de densité volumique
Volume	1	–
Masse	ρ (masse volumique)	$kg \cdot m^{-3}$
Énergie cinétique	$\frac{1}{2}\rho V^2$	$kg \cdot m^{-1} \cdot s^{-2}$
Quantité de mouvement	$\rho\vec{V}$	$kg \cdot m^{-2} \cdot s^{-1}$

Remarque :

En faisant le rapport de deux grandeurs **extensives**, on obtient une grandeur **intensive**.

A.2. Grandeur intensive

Définition 2

Toute fonction du champ de l'écoulement qui n'est pas spatialement additive est dite **intensive**.

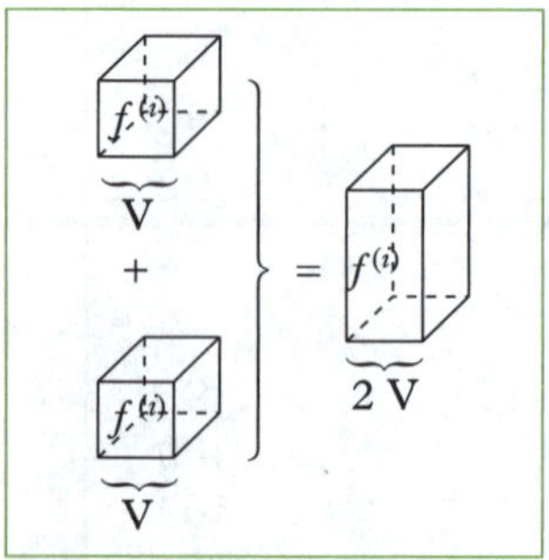

Fig. 2 - Indépendance au volume d'une grandeur intensive uniforme.

Si une grandeur intensive est répartie de façon uniforme (homogène) sur un domaine D, sa valeur dans tout sous-domaine $\delta D \subset D$ reste inchangée.

Exemples : vitesse, pression, température, masse volumique.

Remarque :

En multipliant une grandeur **intensive** par une grandeur **extensive,** on obtient une grandeur **extensive**. C'est le cas, en mécanique des solides et des fluides, de toute grandeur intensive multipliée par la masse.

A.3. Grandeurs extensives définies en intégrale de volume de densités volumique et massique

De façon générale, les grandeurs extensives de la mécanique des fluides peuvent être définies par des intégrales de volume que l'on peut ramener à l'un des deux types suivants :

– densité volumique : $F(t) = \iiint f(x, y, z, t)\mathrm{d}v$ avec $[f] = [F] \cdot \mathrm{m}^{-3}$;

– densité massique : $G(t) = \iiint \rho g(x, y, z, t)\mathrm{d}v$ avec $[g] = [G] \cdot \mathrm{kg}^{-1}$.

Dans le premier cas, la densité volumique f s'exprime en unité de la fonction F par m^3. Dans le second, la densité massique g s'exprime en unité de la fonction G par kg, la masse volumique ρ s'exprimant naturellement en $\mathrm{kg} \cdot \mathrm{m}^{-3}$.

B. Systèmes du raisonnement physique en mécanique des fluides

Comme en mécanique du solide ou en thermodynamique, le raisonnement physique en mécanique des fluides repose sur la notion de « système matériel » séparant « l'objet de l'étude » du « milieu extérieur ».

Dans un écoulement, un système matériel sera défini en référence à une certaine masse de fluide présente, à un instant donné, dans un domaine spatial identifié par sa géométrie (surface limite) dans un référentiel donné. Le raisonnement consistera à dresser les bilans de grandeurs extensives en spécifiant la nature ouverte ou fermée[1] du système choisi.

1. La notion thermodynamique de système isolé, n'échangeant pas d'énergie avec l'extérieur, n'est pas pertinente en dynamique des fluides.

B.1. Système ouvert, système fermé

Définition 3

Un système **fermé** est un domaine fini de fluide conservant la même masse[2] de matière au cours du temps. L'évolution de tels systèmes est dite **conservative** (sous-entendu, en masse).

Un système est dit **ouvert** si sa surface limite permet un échange (flux) de matière (masse) avec l'extérieur.

2. Un système fermé peut échanger avec l'extérieur d'autres propriétés telles que quantité de mouvement et énergie, par exemple.

B.2. Point de vue lagrangien : volume matériel et système fermé

On adopte pour système matériel une masse donnée de fluide, identifiée à un instant dit « de marquage », par le domaine qu'elle occupe dans un référentiel fixé. Le point de vue lagrangien consiste à se rapporter à tout instant à cette même masse, ce qui impose de suivre le domaine au cours de son mouvement dans le champ de l'écoulement (fig. 3). En conséquence, la surface limite du domaine est mobile et se déplace à la vitesse locale de l'écoulement au point coïncidant mais reste « étanche » au fluide car elle englobe toujours les mêmes particules. On parle de **volume matériel** à masse conservative, *i.e.*, de **système fermé**.

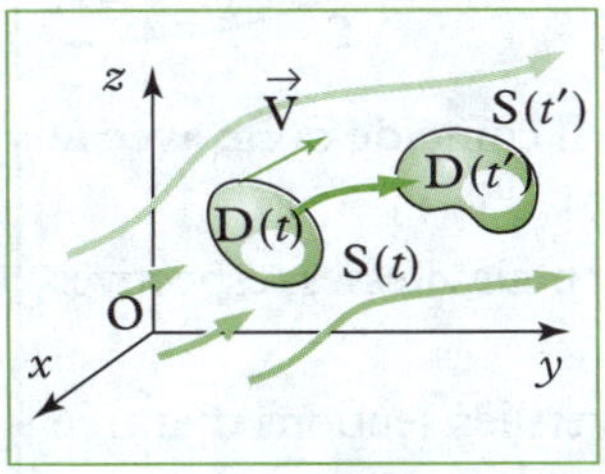

Fig. 3 - Volume matériel en système fermé lagrangien.

Remarque : L'adoption d'un *point de vue lagrangien* n'impose en rien l'usage des variables de Lagrange. De nombreuses démonstrations peuvent être faites en usant de fonctions des *variables d'Euler* dans un suivi lagrangien d'un domaine matériel.

Application 1

Un fluide, dont la masse volumique est constante dans l'espace et dans le temps, s'écoule dans un diffuseur à symétrie de révolution. On suppose que la vitesse sur les sections d'entrée A_1 et de sortie A_2 est normale à ces sections et répartie uniformément (constante, de module V_1 et V_2 respectivement).

Par un raisonnement lagrangien sur un domaine matériel que l'on précisera, exprimer la relation qui existe entre les vitesses et les sections d'entrée et de sortie.

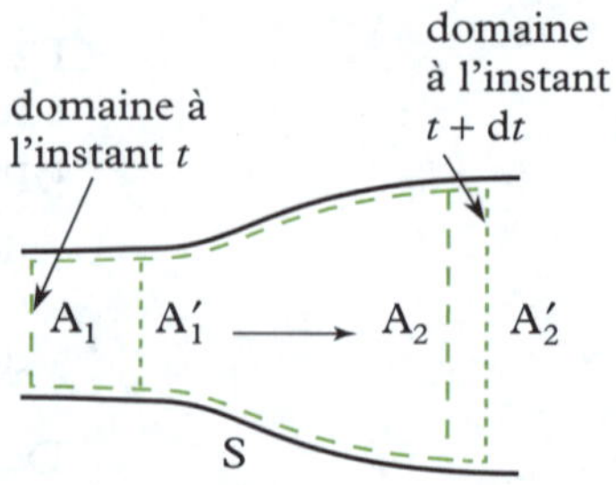

Solution

Le domaine ***matériel*** est défini, **à l'instant *t***, par la portion de diffuseur comprise entre les sections $A_1(t)$ et $A_2(t)$ et limitée latéralement par la surface S *du fluide* en contact avec la périphérie interne du diffuseur. Ce domaine se déplace avec le fluide et correspond donc, **à l'instant** $t + dt$, à une nouvelle portion de diffuseur limitée par les sections A'_1 et A'_2 qui proviennent des déplacements de $V_1 dt$ et $V_2 dt$ des sections initiales. On suppose que dans la limite $dt \to 0$, la périphérie S reste inchangée.

À masse volumique constante, le volume libéré par le déplacement du fluide entre A_1 et A'_1 est nécessairement égal au volume gagné par le déplacement de la section A_2. Ainsi, $V_1 A_1 dt = V_2 A_2 dt$, d'où la relation cherchée $V_1 A_1 = V_2 A_2$.

⚠ Il est totalement abusif dans ce cas de parler de section d'entrée et de sortie du fluide, car il n'y a aucun débit de matière s'échappant du domaine.

B.3. Point de vue eulérien : volume de contrôle en système ouvert

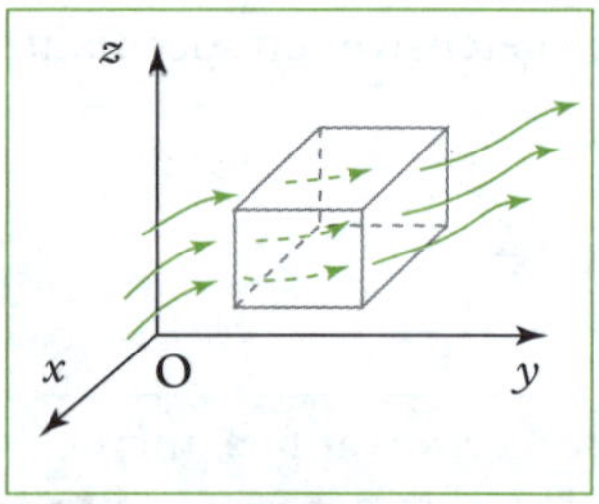

Fig. 4 - Volume de contrôle en système ouvert eulérien.

Par extension de la notion de « point d'observation » à l'origine des variables d'Euler, le mode de raisonnement eulérien consiste à considérer un domaine fixe du champ de l'écoulement (fig. 4) limité par des frontières à travers lesquelles le fluide peut passer librement. On parle alors de **domaine de contrôle**, englobant une masse de fluide variable au cours du temps. Entre les instants t et $t + dt$, cette variation de masse peut résulter, au moins pour partie, d'un flux de matière à travers la surface limite du domaine : c'est un **système ouvert**.

Application 2

Retrouver la relation entre vitesses et sections de l'écoulement dans le diffuseur de l'application 1 par un raisonnement eulérien sur un domaine de contrôle que l'on précisera.

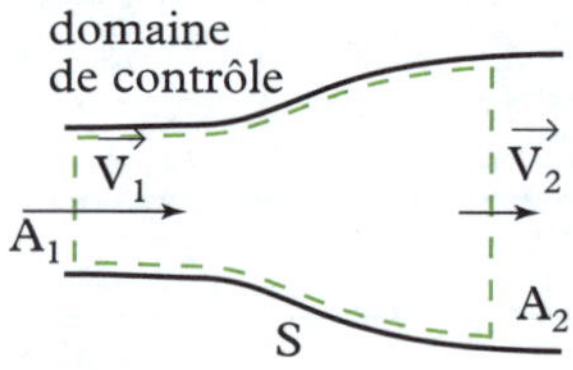

Solution

Le domaine ***de contrôle*** est fixe et défini, **quel que soit l'instant *t***, par la portion de diffuseur comprise entre les sections A_1 et A_2 et limitée latéralement par la surface S *du fluide* en contact avec la périphérie du diffuseur. Il coïncide donc avec le domaine matériel lagrangien choisi à l'instant de marquage.

Au cours du temps, du fluide entre par la section A_1 et sort par la section A_2, avec pour vitesses respectives en module V_1 et V_2.

À masse volumique constante et régime permanent, le débit en volume à travers les sections d'entrée et de sortie se conserve ($V_1 A_1 dt = V_2 A_2 dt$), d'où le même résultat que précédemment.

Dans ce cas, les notions de section d'entrée et de sortie retrouvent sens, en référence au débit entrant et sortant à travers lesdites sections.

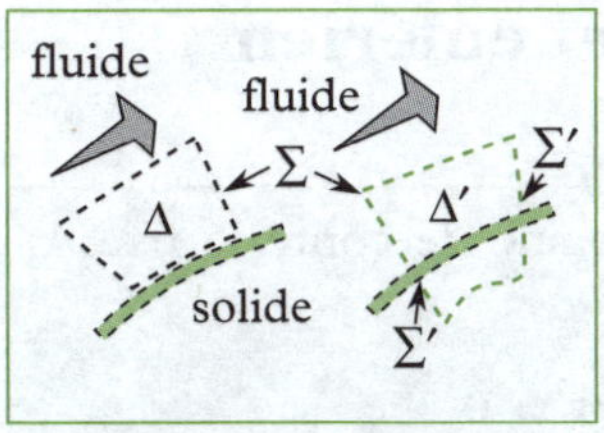

Fig. 5 - Domaines pour raisonnement en système fluide : Δ licite (particules fluides en contact avec le solide), Δ′ illicite (les portions Σ′ traversant un solide ne sont pas constituées de particules fluides).

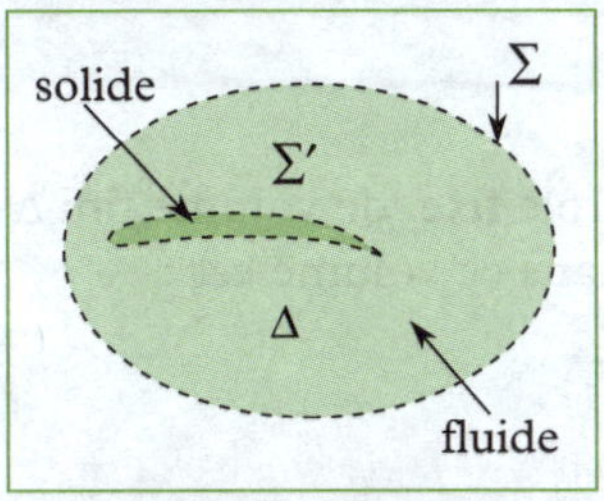

Fig. 6 - Le domaine Δ compris entre les surfaces Σ et Σ′ (entourant le solide à son contact) est licite.

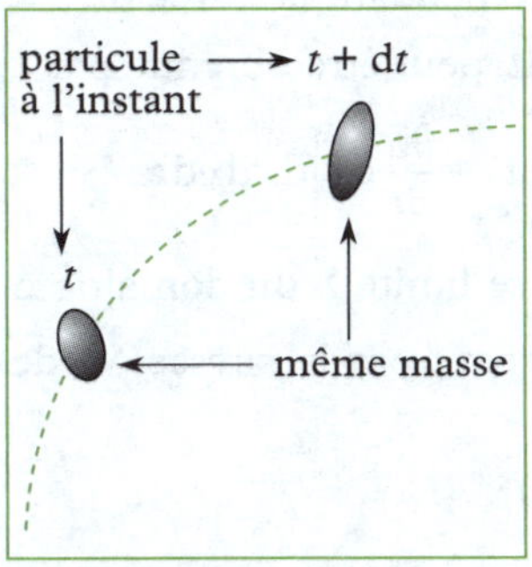

Fig. 7 - Suivi lagrangien et conservation de masse particulaire.

B.4. Comment choisir ?

Pour les applications, l'utilisation d'un **domaine matériel mobile** de fluide que l'on suit dans le mouvement (point de vue lagrangien) peut se révéler d'un usage peu pratique (il faut connaître le déplacement du domaine).

Ainsi, il est souvent plus commode de raisonner sur un **domaine de contrôle fixe** à travers lequel le fluide est libre de circuler (point de vue eulérien). Par un choix judicieux de la géométrie de la surface limite, adapté notamment aux conditions aux limites de l'écoulement, il est alors possible de simplifier le calcul du flux.

Dans tous les cas, système ouvert ou fermé, le domaine doit être un **domaine de fluide** dont la surface ne peut être constituée que de **particules fluides** (fig. 5).

Le domaine peut être ou ne pas être simplement connexe (fig. 6).

Attention :
Lorsque les deux démarches lagrangienne et eulérienne sont également possibles, il importera de bien spécifier celle qui est adoptée et de s'y tenir !

C. Bilan de masse : équation de continuité

C.1. Bilan local en raisonnement lagrangien

Considérons un domaine particulaire $\varepsilon(t)$ de volume élémentaire δv à l'instant t (fig. 7). La masse de cette particule fluide est donnée par :

$$\delta m = \rho \delta v,$$

où $\rho = \rho(x, y, z, t)$ est la masse volumique du fluide exprimée en variables d'Euler. En raisonnement lagrangien, la masse de cette particule se conserve au cours du mouvement, ce que l'on exprime par :

$$\frac{\mathrm{D}(\delta m)}{\mathrm{D}t} = 0,$$

au sens de la dérivée particulaire $\frac{\mathrm{D}}{\mathrm{D}t}$. En substituant l'expression de δm et en développant, il vient :

$$\delta v \frac{\mathrm{D}\rho}{\mathrm{D}t} + \rho \frac{\mathrm{D}(\delta v)}{\mathrm{D}t} = 0, \text{ soit : } \frac{\mathrm{D}\rho}{\mathrm{D}t} + \rho \left[\frac{1}{\delta v}\frac{\mathrm{D}(\delta v)}{\mathrm{D}t}\right] = 0.$$

Remplaçant le terme entre crochets par sa valeur $(\mathrm{div}\vec{V})$, on aboutit à la relation :

$$\frac{\mathrm{D}\rho}{\mathrm{D}t} + \rho\,\mathrm{div}\vec{V} = 0.$$

Théorème 1

Dans un fluide de masse volumique $\rho(x, y, z, t)$ en mouvement à la vitesse $\vec{V}(x, y, z, t)$, le bilan local (conservation) de masse se traduit par :

$$\frac{\mathrm{D}\rho}{\mathrm{D}t} + \rho\,\mathrm{div}\vec{V} = 0 \quad \text{ou}^{1} \quad \frac{\partial \rho}{\partial t} + \mathrm{div}(\rho\vec{V}) = 0$$

où les fonctions sont exprimées en variables d'Euler. Ces relations traduisent le résultat connu sous le nom d'équation de continuité.

1. L'équivalence entre ces deux expressions s'obtient en développant la dérivée particulaire, soit :

$$\frac{\mathrm{D}\rho}{\mathrm{D}t} = \frac{\partial \rho}{\partial t} + \vec{V} \cdot \overrightarrow{\mathrm{grad}}\rho.$$

Il suffit ensuite d'utiliser l'identité :

$$\mathrm{div}(\rho\vec{V}) = \rho\,\mathrm{div}\vec{V} + \vec{V} \cdot \overrightarrow{\mathrm{grad}}\rho.$$

C.2. Bilan global en raisonnement eulérien

Théorème 2

La conservation de la masse de fluide d'un domaine de contrôle fixe Δ limité par une surface fermée Σ s'exprime par :

$$\iiint_{\Delta} \frac{\partial \rho}{\partial t} \mathrm{d}x\mathrm{d}y\mathrm{d}z + \iint_{\Sigma} \rho \vec{V} \cdot \vec{n}\, \mathrm{d}\sigma = 0$$

ou

$$\iiint_{\Delta} \left[\frac{\partial \rho}{\partial t} + \mathrm{div}(\rho \vec{V})\right] \mathrm{d}x\mathrm{d}y\mathrm{d}z = 0$$

Dans ces relations, la masse volumique $\rho(x, y, z, t)$ du fluide et la vitesse $\vec{V}(x, y, z, t)$ de son mouvement sont exprimées en variables d'Euler.

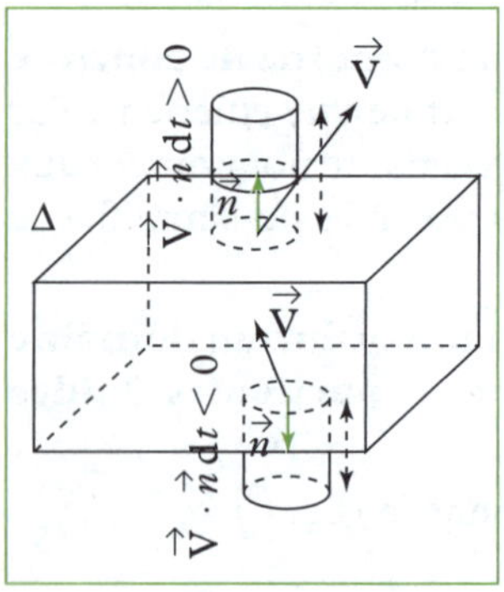

Fig. 8 - Sur un domaine de contrôle fixe, les échanges par flux advectif d'une grandeur quelconque f pendant une durée $\mathrm{d}t$ sont proportionnels à

$$|\vec{V} \cdot \vec{n}|\mathrm{d}t \times \mathrm{d}\sigma,$$

correspondant au total algébrique des montants de la grandeur considérée dans les volumes cylindriques élémentaires du schéma.
Un flux entrant sur un élément de surface $\vec{n}\,\mathrm{d}\sigma$ correspond à un produit scalaire $\vec{V} \cdot \vec{n} < 0$.
Pour être comptabilisé positivement (terme « source » ou apport) dans l'équation de bilan correspondante, sa contribution doit donc être prise égale à :

$$-\vec{V} \cdot \vec{n}\,\mathrm{d}\sigma.$$

De même, un flux sortant, pour lequel $\vec{V} \cdot \vec{n} > 0$, doit être comptabilisé négativement (terme « puits » ou perte) dans cette même équation et sa contribution être prise égal à :

$$-\vec{V} \cdot \vec{n}\,\mathrm{d}\sigma.$$

Au total, la contribution par flux advectif d'une grandeur scalaire s'écrit **algébriquement** : (flux entrant - flux sortant) de f à travers Σ pendant une durée $\mathrm{d}t$:

$$\left[-\iint_{\Sigma} f\vec{V} \cdot \vec{n}\,\mathrm{d}\sigma\right]\mathrm{d}t.$$

Démonstration :

Nous raisonnons à présent sur un domaine de contrôle fixe, de volume fini Δ limité par la surface Σ (fig. 8). La masse de fluide dans ce volume est :

– à l'instant t : $\mathrm{M}(t) = \iiint_{\Delta} \rho(x, y, z, t)\mathrm{d}x\mathrm{d}y\mathrm{d}z$;

– à l'instant $t + \mathrm{d}t$: $\mathrm{M}(t + \mathrm{d}t) = \iiint_{\Delta} \rho(x, y, z, t + \mathrm{d}t)\mathrm{d}x\mathrm{d}y\mathrm{d}z$;

Le bilan de masse entre ces deux instants se traduit par :

$$\text{masse à } t + \mathrm{d}t = \text{masse à } t + \delta \mathrm{M}_t^{t+\mathrm{d}t},$$

où $\delta \mathrm{M}_t^{t+\mathrm{d}t}$ représente la masse échangée à travers Σ pendant la durée δt.

Or, dans la limite $\mathrm{d}t \to 0$, la masse à l'instant $t + \mathrm{d}t$ peut être obtenue par :

$$\iiint_{\Delta} \rho(x, y, z, t + \mathrm{d}t)\mathrm{d}x\mathrm{d}y\mathrm{d}z = \iiint_{\Delta} \left[\rho(x, y, z, t) + \frac{\partial \rho}{\partial t}\mathrm{d}t\right]\mathrm{d}x\mathrm{d}y\mathrm{d}z.$$

Par ailleurs, la variation de masse à travers la surface limite Σ du domaine Δ entre les instants t et $t + \mathrm{d}t$ provient d'un flux advectif par la vitesse $\vec{V}$ de l'écoulement. On a ainsi :

$$\delta \mathrm{M}_t^{t+\mathrm{d}t} = \left[-\iint_{\Sigma} \rho \vec{V} \cdot \vec{n}\,\mathrm{d}\sigma\right]\mathrm{d}t,$$

le signe négatif provenant simplement du choix d'orientation de la normale positivement vers l'extérieur et de la convention de toujours compter positivement ce que le système reçoit (fig. 8).

Le bilan de masse se traduit donc par la relation intégrale :

$$\iiint_{\Delta} \rho(x, y, z, t + \mathrm{d}t)\mathrm{d}x\mathrm{d}y\mathrm{d}z = \iiint_{\Delta} \rho(x, y, z, t)\mathrm{d}x\mathrm{d}y\mathrm{d}z - \iint_{\Sigma} \rho \vec{V} \cdot \vec{n}\,\mathrm{d}\sigma\,\mathrm{d}t$$

soit :

$$\left[\iiint_{\Delta} \frac{\partial \rho}{\partial t}\mathrm{d}x\mathrm{d}y\mathrm{d}z\right]\mathrm{d}t = \left[-\iint_{\Sigma} \rho \vec{V} \cdot \vec{n}\,\mathrm{d}\sigma\right]\mathrm{d}t,$$

d'où le premier résultat. La seconde formulation du théorème résulte simplement de l'application du théorème d'Ostrogradski.

Le domaine Δ pouvant être choisi arbitrairement, la relation intégrale ci-dessus redonne bien la formulation locale précédente.

D. Conséquences de l'équation de continuité

D.1. Équivalence entre mouvement incompressible et évolution isovolume

Nous avons défini le mouvement incompressible par la propriété :

$$\frac{D\rho}{Dt} = 0.$$

Nous savons en outre que le caractère isovolume de l'écoulement s'exprime par la relation :

$$\mathrm{div}\vec{V} = 0.$$

L'équation de continuité sous la forme $\frac{D\rho}{Dt} + \rho\,\mathrm{div}\vec{V} = 0$ montre qu'il y a équivalence logique entre ces deux notions[1].

1. Rappelons que le caractère incompressible ou isovolume **du mouvement** n'assure pas que la masse volumique **du fluide** soit constante (uniforme) dans tout le champ de l'écoulement (*cf.* écoulements stratifiés).

D.2. Dérivée particulaire d'une intégrale de volume définie en densité massique

Considérons la fonction $G(t) = \iiint_{D(t)} \rho g \,dv$ correspondant au montant sur le volume $D(t)$ d'une grandeur extensive définie par sa densité massique $g(x, y, z, t)$. Pour une particule fluide, $D(t) \to \varepsilon(t)$, on obtient pour montant élémentaire :

$$\delta G = \rho(x, y, z, t) g(x, y, z, t) \delta v.$$

Théorème 3

La dérivée particulaire d'une fonction $\delta G(t) = \rho g \delta v$ prise sur le **volume d'une particule fluide,** de masse volumique $\rho(x, y, z, t)$ se déplaçant à la vitesse $\vec{V}(x, y, z, t)$, s'exprime par :

$$\frac{\mathbf{D}}{\mathbf{D}t}(\rho g \delta v) = \left(\rho \frac{\mathbf{D}g}{\mathbf{D}t}\right)\delta v.$$

Démonstration :

Nous partons de la formule établie au chapitre 3.I pour la fonction en densité volumique $\delta F(t) = f\delta v$:

$$\frac{D(f\delta v)}{Dt} = \left[\frac{\partial f}{\partial t} + \mathrm{div}(f\vec{V})\right]\delta v.$$

Appliquant cette relation avec $f = \rho g$, il vient :

$$\frac{D(\rho g \delta v)}{Dt} = \left[\frac{\partial(\rho g)}{\partial t} + \mathrm{div}(\rho g\vec{V})\right]\delta v.$$

En développant :

$$\begin{aligned}\frac{\partial(\rho g)}{\partial t} + \mathrm{div}(\rho g \vec{V}) &= \rho\frac{\partial g}{\partial t} + g\frac{\partial \rho}{\partial t} + g\,\mathrm{div}(\rho\vec{V}) + \rho\vec{V}\cdot\overrightarrow{\mathrm{grad}}\,g \\ &= \underbrace{\rho\left(\frac{\partial g}{\partial t} + \vec{V}\cdot\overrightarrow{\mathrm{grad}}\,g\right)}_{=\frac{Dg}{Dt}} + g\underbrace{\left(\frac{\partial\rho}{\partial t} + \mathrm{div}(\rho\vec{V})\right)}_{= 0 \text{ (continuité)}}\end{aligned}$$

E. Théorèmes de Reynolds*

La dualité résultant de l'usage d'un raisonnement sur un domaine matériel (Lagrange) ou sur un volume de contrôle (Euler) pose la question de l'équivalence entre les expressions issues des deux formulations. Les résultats, désignés en France sous le nom de théorèmes de Reynolds[1], établissent cette correspondance.

1. Dans la littérature de langue anglaise, on parle plutôt des théorèmes de transport de Rayleigh.

On se limite ici à des fonctions scalaires.

E.1. Théorème de Reynolds pour une intégrale définie en densité volumique

Théorème 4

La dérivée particulaire de l'intégrale $F(t) = \iiint_{D(t)} f(x, y, z, t)\mathrm{d}v$ définie sur un **domaine matériel mobile** $D(t)$ en référence à la densité volumique $f(x, y, z, t)$ peut s'exprimer par :

$$\frac{\mathbf{DF}}{\mathbf{D}t} = \iiint_{\Delta} \frac{\partial f}{\partial t}\mathbf{d}v + \iint_{\Sigma} f\vec{\mathbf{V}} \cdot \vec{n}\,\mathbf{d}\sigma$$

où Δ désigne le **domaine de contrôle fixe**, de surface Σ, coïncidant avec le domaine $D(t)$ à l'instant t (fig. 9).

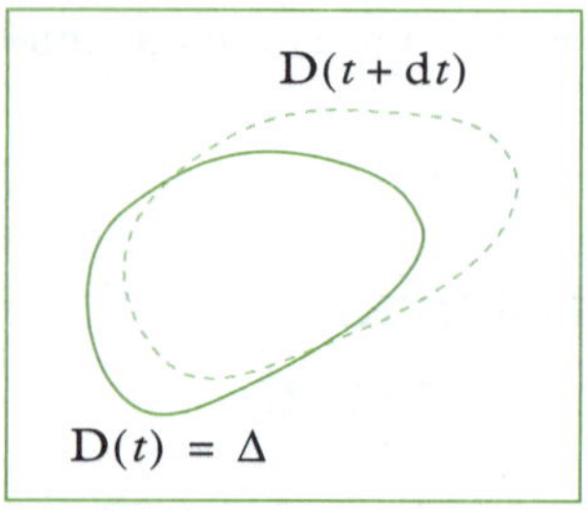

Fig. 9 - Domaine matériel mobile et volume de contrôle coïncidant à l'instant t.

Démonstration : Par définition de la densité volumique $f(x, y, z, t)$, on a de façon élémentaire pour toute particule fluide :

$$\delta F(x, y, z, t) = f(x, y, z, t) \times \delta v\,(x, y, z, t).$$

En intégrant le premier membre sur le domaine matériel $D(t)$ et le second sur le domaine de contrôle Δ *coïncidant avec* $D(t)$ *à l'instant* t, il vient :

$$\iiint_{D(t)} \delta F = \iiint_{\Delta} f\delta v, \text{ soit : } F(t) = \iiint_{\Delta} f(x, y, z, t)\,\delta v\,(x, y, z, t).$$

Par dérivation particulaire membre à membre, on déduit :

$$\frac{DF}{Dt} = \frac{D}{Dt}\left(\iiint_{\Delta} f\delta v\right) = \iiint_{\Delta} \frac{D}{Dt}(f\delta v),$$

le passage de la dérivation particulaire sous l'intégrale étant licite puisque le volume de contrôle est fixe. Or :

$$\frac{D(f\delta v)}{Dt} = \frac{Df}{Dt}\delta v + f\frac{D(\delta v)}{Dt}$$

et comme $\dfrac{D(\delta v)}{Dt} = \mathrm{div}\vec{V} \times \delta v$, on a :

$$\begin{aligned}\iiint_{\Delta} \frac{D(f\delta v)}{Dt} &= \iiint_{\Delta}\left(\frac{Df}{Dt} + f\,\mathrm{div}\vec{V}\right)\delta v \\ &= \iiint_{\Delta}\left(\frac{\partial f}{\partial t} + \vec{V} \cdot \overrightarrow{\mathrm{grad}} + f\,\mathrm{div}\vec{V}\right)\delta v \\ &= \iiint_{\Delta} \frac{\partial f}{\partial t}\delta v + \iiint_{\Delta} \mathrm{div}(f\vec{V})\delta v.\end{aligned}$$

Le résultat annoncé se déduit par application de la relation d'Ostrogradski à la seconde intégrale.

E.2. Interprétation physique en système ouvert

La dérivation particulaire d'une intégrale de volume en référence à un volume de contrôle (ouvert) Δ dégage deux contributions additives (fig. 10).

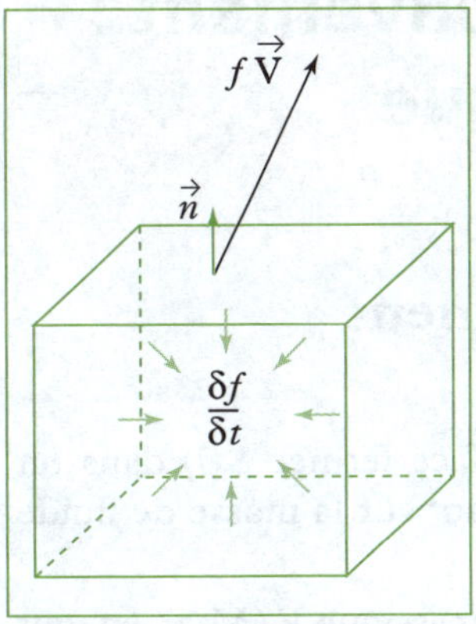

Fig. 10 - Éléments de la variation particulaire en système ouvert (Euler) : accumulation volumique et flux surfacique.

Interprétation

• Un terme d'**accumulation** (algébrique) par unité de temps :

$$\iiint_{\Delta} \frac{\partial f}{\partial t} \mathrm{d}v = \frac{\partial}{\partial t} \iiint_{\Delta} f \mathrm{d}v.$$

Ce terme résulte de l'instationnarité de la densité volumique f. Il est nul en écoulement permanent (stationnaire) où $\frac{\partial f}{\partial t} \equiv 0$.

• Un terme de **flux** (algébrique) à travers la surface Σ limitant le domaine :

$$\iint_{\Sigma} f\vec{V} \cdot \vec{n} \mathrm{d}\sigma.$$

Ce terme est nul sur une surface de courant ($\vec{V} \cdot \vec{n} \equiv 0$).

E.3. Théorème de Reynolds pour une intégrale définie en densité massique

Théorème 5

La dérivée particulaire de l'intégrale $\mathrm{G}(t) = \iiint_{\mathrm{D}(t)} \rho g \mathrm{d}v$ définie sur un **domaine matériel mobile** $\mathrm{D}(t)$ en référence à la densité massique $g(x, y, z, t)$ peut s'exprimer par :

$$\frac{\mathbf{DG}}{\mathbf{D}t} = \iiint_{\Delta} \rho \frac{\mathbf{D}g}{\mathbf{D}t} \mathrm{d}v = \iiint_{\Delta} \rho \frac{\partial g}{\partial t} \mathrm{d}v + \iint_{\Sigma} \rho g \vec{V} \cdot \vec{n} \mathrm{d}\sigma,$$

où Δ désigne le **domaine de contrôle fixe**, de surface Σ, coïncidant avec le domaine $\mathrm{D}(t)$ à l'instant t (fig. 9).

Démonstration :

La démonstration est immédiate en appliquant le premier théorème de Reynolds avec $f = \rho g$, soit :

$$\frac{\mathrm{DG}}{\mathrm{D}t} = \iiint_{\Delta} \left[\frac{\partial(\rho g)}{\partial t} + \mathrm{div}(\rho g \vec{V}) \right] \delta v.$$

Or : $$\frac{\partial(\rho g)}{\partial t} + \mathrm{div}(\rho g \vec{V}) = \rho \frac{\partial g}{\partial t} + g \frac{\partial \rho}{\partial t} + g \,\mathrm{div}(\rho \vec{V}) + \rho \vec{V} \cdot \overrightarrow{\mathrm{grad}} g$$
$$= \underbrace{\rho \left(\frac{\partial g}{\partial t} + \vec{V} \cdot \overrightarrow{\mathrm{grad}} g \right)}_{= \frac{\mathrm{D}g}{\mathrm{D}t}} + g \underbrace{\left(\frac{\partial \rho}{\partial t} + \mathrm{div}(\rho \vec{V}) \right)}_{= 0 \text{ (continuité)}}$$

F. Bilan de quantité de mouvement : équation de la dynamique et théorème d'Euler

F.1. Bilan de quantité de mouvement sur un domaine matériel

Soit $D(t)$ un domaine matériel limité par une surface fermée $S(t)$ dans un fluide en mouvement. Les forces extérieures[1] agissant sur la masse de fluide du domaine sont :

– les forces de volume[2], caractérisées par une densité massique $\vec{F}(M, t)$ en tout point M du domaine et à l'instant t. Elles ont pour résultante sur le domaine :

$$\vec{\mathcal{F}} = \iiint_{D(t)} \rho \vec{F}\, dv\,;$$

– les forces de surface, comprenant les forces de pression et de viscosité, de résultantes respectives :

$$\vec{\mathcal{P}} = -\iint_{S(t)} P\vec{n}\, d\sigma \quad \text{et} \quad \vec{\mathcal{T}} = -\iint_{S(t)} \vec{T}\, d\sigma$$

où $P = P(N, t)$ est l'intensité de la force de pression et $\vec{T} = \vec{T}(N, \vec{n}, t)$ le vecteur contrainte de viscosité en tout point N de la surface orientée et à l'instant t.

Le bilan de quantité de mouvement en application du principe fondamental de la dynamique newtonienne permet d'écrire :

$$\frac{D}{Dt}\left[\iiint_{D(t)} \rho \vec{V}\, dv\right] = \iiint_{D(t)} \rho \vec{F}\, dv - \iint_{S(t)} P\vec{n}\, d\sigma + \iint_{S(t)} \vec{T}\, d\sigma.$$

1. Les résultats de cette section ne s'appliquent strictement qu'à des mouvements en repère galiléen.

2. Comme nous le verrons au paragraphe L, des forces d'inertie supplémentaires viennent s'ajouter aux forces de volume de pesanteur, en repère non galiléen.

F.2. Régime stationnaire : théorème d'Euler

Par application du second théorème de Reynolds à l'égalité précédente, on peut écrire en référence à un domaine de contrôle fixe Δ coïncidant avec $D(t)$ *à l'instant t* :

$$\iiint_{\Delta} \rho \frac{\partial \vec{V}}{\partial t} dv + \iint_{\Sigma} \rho \vec{V}(\vec{V} \cdot \vec{n})\, d\sigma = \iiint_{\Delta} \rho \vec{F}\, dv - \iint_{\Sigma} P\vec{n}\, d\sigma + \iint_{\Sigma} \vec{T}\, d\sigma.$$

Cette relation conduit au **théorème d'Euler en régime permanent**.

Théorème 6

Le flux (débit) de quantité de mouvement, à travers la surface limite fermée Σ d'un domaine de contrôle Δ dans un fluide en mouvement permanent (stationnaire), est égal à la résultante vectorielle des forces extérieures de volume et de surface exercées sur le fluide du domaine :

$$\iint_{\Sigma} \rho \vec{V}(\vec{V} \cdot \vec{n})\, d\sigma = \iiint_{\Delta} \rho \vec{F}\, dv - \iint_{\Sigma} P\vec{n}\, d\sigma + \iint_{\Sigma} \vec{T}\, d\sigma.$$

Remarque :

En pratique, ce théorème permet, par un choix approprié du domaine, de calculer la *résultante* de forces inconnues (pression et/ou viscosité), sans que soit connue leur *répartition* sur la surface limite où elles sont appliquées.

Application 3

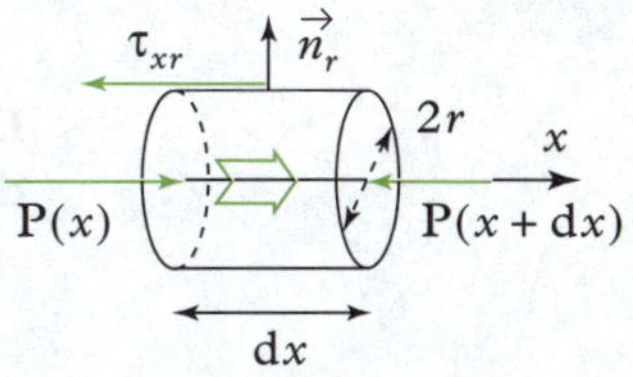

On considère un écoulement permanent parallèle (direction x) dans une conduite à section circulaire. On admettra le mouvement unidirectionnel $\vec{V}(r) = U(r)\vec{e}_x$ $(U_r = U_\theta = 0)$ et on supposera le fluide visqueux, non pesant et à masse volumique constante ρ.

1) En supposant que la pression est constante sur toute section droite, établir la relation entre la pression $P(x)$ dans la section d'abscisse x et la contrainte de frottement visqueux $\tau_{xr}(r)$ à la distance r par application du théorème d'Euler à un élément cylindrique de longueur dx, centré sur l'axe et de section circulaire de rayon r.

2) Que devient cette relation pour un fluide visqueux newtonien ?

Solution

1) On applique le théorème d'Euler *en projection suivant* x au volume $\pi r^2 dx$. La surface latérale du domaine *de contrôle* est un tube de courant. Le flux de quantité de mouvement se fait uniquement par les faces latérales, de normales respectives $\vec{n}_e = -\vec{e}_x$ et $\vec{n}_s = +\vec{e}_x$. Le flux de la seule composante non nulle de la quantité de mouvement ρU vaut donc :

$$-\iint_\Sigma \rho U(\vec{V}\cdot\vec{n})d\sigma = \underbrace{-2\pi\int_0^r \rho U_e^2\,\vec{e}_x\cdot\vec{n}_e d\sigma - 2\pi\int_0^r \rho U_s^2\,\vec{e}_x\cdot\vec{n}_s d\sigma}_{=\,0}$$

les vitesses, fonction de r, étant égales en module et les normales opposées.

Le fluide étant non pesant, les seules forces extérieures sont les forces de surface, pression et viscosité :

– Les forces de pression n'ont qu'une résultante suivant $\vec{e}_x$, de module :

$$-\iint_\Sigma P\vec{n}\cdot\vec{e}_x d\sigma = +\int_0^r\int_0^{2\pi} P(x)r\,dr\,d\theta - \int_0^r\int_0^{2\pi} P(x+dx)r\,dr\,d\theta$$
$$= \pi r^2[P(x) - P(x+dx)] = -\pi r^2\frac{dP}{dx}dx.$$

Les forces de pression sur la paroi latérale de normale $\vec{n}_r$ sont égales et opposées, et s'annulent donc en résultante vectorielle.

– Les forces de viscosité ont une résultante suivant $\vec{e}_x$ due au seul frottement sur la surface latérale, de module :

$$T = dx \times \int_0^{2\pi} \tau_{xr}(r)r\,d\theta = 2\pi\tau_{xr}(r)r\,dx,$$

où $\tau_{xr}(r)$ est la valeur locale de la contrainte de cisaillement de viscosité.

Les composantes normales des forces de viscosité sur les sections droites sont nulles puisque U n'est pas fonction de *x*.

En application du théorème d'Euler, on a donc :

$$0 = -\pi r^2\frac{dP}{dx}dx + 2\pi\tau_{xr}(r)r\,dx, \text{ soit : } \boldsymbol{\frac{dP}{dx} = \frac{2}{r}\tau_{xr}(r)}.$$

Il s'agit d'une égalité de deux formes différentielles de fonctions à variables indépendantes, dont la valeur ne peut donc être que constante. La variation de pression est donc **linéaire**.

On notera que la portée de ce résultat (loi linéaire de pression) ne se limite pas au fluide newtonien, aucune hypothèse de comportement visqueux n'ayant été introduite jusqu'ici.

2) Si le fluide est visqueux newtonien, $\tau_{xr}(r) = \mu\dfrac{dU}{dr}$, de sorte que :

$$\frac{2\mu}{r}\frac{dU}{dr} = \text{cte}$$

ce qui conduit, après intégration, à **un profil de vitesse parabolique**.

F.3. Équation locale de la dynamique pour un fluide newtonien isovolume

Dans la limite particulaire $D(t) \to \varepsilon(t)$, l'équation générale intégrale de bilan de quantité de mouvement donne :

$$\frac{D}{Dt}[\rho \vec{V} \delta v] = \rho \vec{F} \delta v + \delta \vec{F}^{P} + \delta \vec{F}^{v},$$

où $\delta \vec{F}^{P}$ et $\delta \vec{F}^{v}$ désignent les résultantes des forces de pression et de viscosité à l'échelle de la particule fluide. On sait qu'il est possible d'exprimer ces forces de surface à partir d'une densité volumique, soit :

$$\delta \vec{F}^{P} = -\overrightarrow{\text{grad}} P \delta v \quad \text{et} \quad \delta \vec{F}^{v} = \mu \vec{\Delta} \vec{V} \delta v,$$

la dernière expression ne s'appliquant que pour un fluide visqueux newtonien en évolution isovolume.

Sachant que $\frac{D}{Dt}[\rho \vec{V} \delta v] = \rho \frac{D\vec{V}}{Dt} \delta v$, on aboutit, après substitution, à l'équation locale de la dynamique.

Théorème 7

Le mouvement de toute particule de fluide visqueux newtonien en évolution isovolume est gouverné par l'**équation vectorielle**[1] :

$$\underbrace{\rho \frac{D\vec{V}}{Dt}}_{\text{force d'inertie}} = \underbrace{\underbrace{\rho \vec{F}}_{\text{volume}} \underbrace{- \underbrace{\overrightarrow{\text{grad}} P}_{\text{pression}} + \underbrace{\mu \vec{\Delta} \vec{V}}_{\text{viscosité}}}_{\text{surface}}}_{\text{forces extérieures}}$$

1. Ce résultat est connu sous le nom d'équation de Navier-Stokes.

Formulation équivalente[2] :

$$\rho\left(\frac{\partial \vec{V}}{\partial t} + \overrightarrow{\text{grad}}\left(\frac{V^2}{2}\right) + \overrightarrow{\text{rot}}\, \vec{V} \wedge \vec{V}\right) = \rho \vec{F} - \overrightarrow{\text{grad}}\, P - \mu \overrightarrow{\text{rot}}(\overrightarrow{\text{rot}}\, \vec{V}).$$

2. La transformation du terme en Laplacien résulte de l'application de l'identité :

$\overrightarrow{\text{rot}}(\overrightarrow{\text{rot}}\, \vec{A}) = \overrightarrow{\text{grad}}(\text{div} \vec{A}) - \vec{\Delta} \vec{A}$

sous la condition $\text{div} \vec{A} = 0$ (isovolume).

G. Bilan de moment cinétique

G.1. Formulation particulaire du théorème

On se place dans un référentiel galiléen où l'on considère un domaine matériel $D(t)$ d'un fluide en mouvement sous l'action de forces extérieures de volume et de surface.

Le moment cinétique du fluide compris dans ce domaine à l'instant t, par rapport à un point fixe A, vaut[3] :

$$\vec{L}_A = \iiint_{D(t)} \overrightarrow{AM} \wedge (\rho \vec{V})(M) dv.$$

3. La notation compacte $(\rho \vec{V})(M)$ désigne la fonction de M produit des fonctions $\rho(M)$ et $\vec{V}(M)$.

Le théorème du moment cinétique pour ce système fluide se traduit par :

$$\frac{D\vec{L}_A}{Dt} = \overrightarrow{M_A}^{vol} + \overrightarrow{M_A}^{sur}$$

où $\overrightarrow{M_A}^{vol}$ et $\overrightarrow{M_A}^{sur}$ sont les moments par rapport à A des forces extérieures de volume et de surface respectivement.

G.2. Expression globale pour un fluide en mouvement

Pour un fluide en mouvement, les moments des forces extérieures appliquées au domaine matériel $D(t)$ limité par la surface $S(t)$ sont :

– forces de volume : $\overrightarrow{M_A}^{vol} = \iiint_{D(t)} \overrightarrow{AM} \wedge (\rho \vec{F})(M)\mathrm{d}v$;

– forces de pression : $\overrightarrow{M_A}^{P} = -\iint_{S(t)} \overrightarrow{AM} \wedge (P\vec{n})(M)\mathrm{d}\sigma$;

– forces de viscosité : $\overrightarrow{M_A}^{v} = \iint_{S(t)} \overrightarrow{AM} \wedge \vec{T}(M)\mathrm{d}\sigma$.

En application du second théorème de Reynolds sur un domaine de contrôle fixe Δ, de surface Σ, coïncidant à l'instant t avec le domaine $D(t)$, on peut écrire[1] :

$$\iiint_{\Delta} \rho \frac{\partial}{\partial t}(\overrightarrow{AM} \wedge \vec{V})\mathrm{d}v + \iint_{\Sigma} \rho(\overrightarrow{AM} \wedge \vec{V})(\vec{V} \cdot \vec{n})\mathrm{d}\sigma = \iiint_{\Delta} \overrightarrow{AM} \wedge \rho \vec{F}\,\mathrm{d}v - \iint_{\Sigma} \overrightarrow{AM} \wedge P\vec{n}\,\mathrm{d}\sigma + \iint_{\Sigma} \overrightarrow{AM} \wedge \vec{T}\,\mathrm{d}\sigma$$

1. Comme pour le bilan de quantité de mouvement, il y a lieu d'ajouter en repère non galiléen les moments par rapport à A des forces d'inertie d'entraînement et de Coriolis.

H. Bilan d'énergie cinétique

H.1. Formulation particulaire du théorème

On se place dans un référentiel galiléen où l'on considère un domaine matériel $D(t)$ d'un fluide en mouvement.

L'énergie cinétique du fluide compris dans ce domaine à l'instant t vaut :

$$\mathscr{E}_c = \iiint_{D(t)} \frac{1}{2}\rho \vec{V}^2 \mathrm{d}v.$$

Le théorème de l'énergie cinétique stipule que :

$$\frac{D\mathscr{E}_c}{Dt} = \Pi_{ext} + \Pi_{int}$$

où Π_{ext} et Π_{int} représentent les puissances des actions extérieures et intérieures au système respectivement (fig. 11).

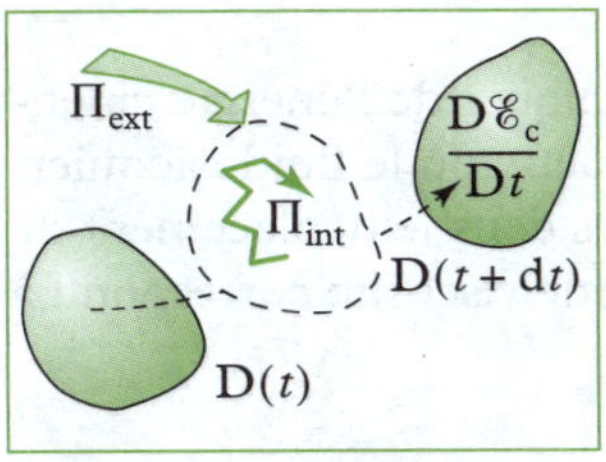

Fig. 11 - Termes du bilan d'énergie cinétique d'un domaine de fluide en mouvement.

H.2. Expression globale pour un fluide en mouvement

Théorème 8

Les puissances des forces extérieures de volume et de pression ont pour densités volumiques respectives :

$$\delta P_{ext}^{vol} = \rho \vec{F} \cdot \vec{V}\,\delta v \quad \text{et} \quad \delta P_{ext}^{pres} = \mathrm{div}(P\vec{V})\delta v.$$

En application du second théorème de Reynolds à un domaine de contrôle fixe Δ, de surface Σ, coïncidant à l'instant t avec le domaine $D(t)$, on peut écrire :

$$\frac{1}{2}\iiint_{\Delta} \rho \frac{\partial \vec{V}^2}{\partial t}\mathrm{d}v + \frac{1}{2}\iint_{\Sigma} \rho \vec{V}^2(\vec{V} \cdot \vec{n})\mathrm{d}\sigma = \iiint_{\Delta} \rho \vec{F} \cdot \vec{V}\mathrm{d}v - \iiint_{\Delta} \mathrm{div}(P\vec{V})\mathrm{d}v + \iint_{\Sigma} \vec{T} \cdot \vec{V}\mathrm{d}\sigma + \Pi_{int}.$$

Ces résultats se déduisent aisément[1] de l'expression de la puissance mécanique communiquée au fluide par l'action des **seules forces extérieures de** :

– volume : $\Pi_{ext}^{vol} = \iiint_{D(t)} \rho\vec{F}\cdot\vec{V}\,dv$;

– pression : $\Pi_{ext}^{P} = -\iint_{S(t)} P\vec{n}\cdot\vec{V}\,d\sigma = -\iiint_{D(t)} \mathrm{div}(P\vec{V})\,dv$;

– viscosité : $\Pi_{ext}^{v} = \iint_{S(t)} \vec{T}\cdot\vec{V}\,d\sigma$, pour le domaine $D(t)$ de limite $S(t)$.

1. **Démonstration :** Il suffit de passer à la limite particulaire $\Delta \to \varepsilon$ pour les termes concernés. Comme ils s'expriment par une intégrale triple, on a immédiatement :

$$\iiint_{\Delta} \rho\vec{F}\cdot\vec{V}\,dv \to \rho\vec{F}\cdot\vec{V}\,\delta v$$

et

$$\iiint_{\Delta} \mathrm{div}(P\vec{V})\,dv \to \mathrm{div}(P\vec{V})\,\delta v$$

H.3. Bilan local d'énergie cinétique d'une particule de fluide newtonien isovolume

En multipliant scalairement par la vitesse l'équation locale de la dynamique d'un fluide newtonien isovolume, on obtient[2] :

$$\underbrace{\frac{D}{Dt}\left(\frac{1}{2}\rho\vec{V}^2\right)}_{(a)} = \underbrace{\rho\vec{F}\cdot\vec{V}}_{(b)} - \underbrace{\vec{V}\cdot\overrightarrow{\mathrm{grad}}P}_{(c)} + \underbrace{\mu\vec{V}\cdot\Delta\vec{V}}_{(d)}$$

Interprétation physique

(a) Variation particulaire de l'énergie cinétique par unité de volume et unité de temps ;

(b) Puissance des forces **extérieures de volume** par unité de volume ;

(c) Puissance des forces **extérieures de pression** par unité de volume ;

(d) Puissance des forces **extérieures et intérieures** de viscosité par unité de volume.

2. **Démonstration :** La multiplication scalaire de l'équation de la dynamique donne, terme à terme :

(a) $\rho\vec{V}\cdot\frac{D\vec{V}}{Dt} = \frac{D}{Dt}\left(\frac{1}{2}\rho\vec{V}^2\right)$ (ρ constant).

(b) $\rho\vec{F}\cdot\vec{V}$ = puissance des forces extérieures de volume par unité de volume ;

(c) $-\vec{V}\cdot\overrightarrow{\mathrm{grad}}P = -\vec{V}\cdot\overrightarrow{\mathrm{grad}}P + P\,\mathrm{div}\vec{V} = \mathrm{div}(P\vec{V})$

(isovolume, $\mathrm{div}\vec{V} = 0$!)

Remarque :

Les forces extérieures de viscosité peuvent communiquer de l'énergie cinétique au fluide en mouvement (*cf.* expérience de Couette où le fluide acquiert son énergie cinétique du travail fourni par ces forces dans le déplacement de la paroi mobile). La puissance intérieure des forces de viscosité correspond à une perte irréversible d'énergie.

I. Théorèmes de Bernoulli

Pour un fluide à masse volumique constante en évolution isovolume, il est possible de s'affranchir des effets de la viscosité pour deux classes particulières de mouvement. Le bilan d'énergie cinétique pour une particule fluide se traduit alors par les théorèmes de Bernoulli.

I.1. Théorème de Bernoulli en fluide non visqueux incompressible (formulation faible)

Théorème 9

Dans un écoulement vérifiant les conditions suivantes :
– fluide incompressible (ρ = cte) et non visqueux[3],
– mouvement permanent,
– forces de volume dérivant d'un potentiel ($-\wp$),
on a **sur une ligne de courant** :

$$\frac{P}{\rho} + \frac{V^2}{2} + \wp = \text{cte}.$$

3. On parle encore de **fluide parfait**, notion qui en toute rigueur correspond à un milieu « idéal » au sens où le mouvement se fait sans pertes irréversibles d'énergie. On peut montrer (démonstration hors programme) que le fluide parfait est non visqueux et non conducteur de la chaleur (aucun transfert diffusif par agitation moléculaire).

Attention ! Le fluide parfait ne doit pas être confondu avec le gaz parfait !

Démonstration :

On repart de l'équation de bilan d'énergie :

$$\underbrace{\frac{\mathrm{D}}{\mathrm{D}t}\left(\frac{1}{2}\rho\vec{V}^2\right)}_{=} = \underbrace{\rho\vec{F}\cdot\vec{V}}_{=} - \vec{V}\cdot\overrightarrow{\mathrm{grad}}\mathrm{P} + \underbrace{\mu\vec{V}\cdot\Delta\vec{V}}_{=0}$$

$$\rho\vec{V}\cdot\overrightarrow{\mathrm{grad}}\left(\frac{V^2}{2}\right) \qquad -\rho\vec{V}\cdot\overrightarrow{\mathrm{grad}}\,\wp \qquad \text{fluide non visqueux}$$

(mvt permanent) (– $\wp$ potentiel de $\vec{F}$)

Ainsi, $\rho\vec{V}\cdot\overrightarrow{\mathrm{grad}}\left[\frac{V^2}{2}+\wp+\frac{P}{\rho}\right] = 0$, d'où la conclusion[1].

1. Ce premier théorème de Bernoulli est qualifié de « faible » car la constance de l'énergie n'est assurée que sur chaque ligne de courant et peut donc différer d'une ligne à l'autre.

I.2. Théorème de Bernoulli en mouvement irrotationnel (formulation forte)

Théorème 10

Dans un écoulement vérifiant les conditions suivantes :

– fluide incompressible (ρ = cte) en évolution isovolume,

– mouvement irrotationnel et permanent,

– forces de volume dérivant d'un potentiel (– $\wp$),

on a **dans tout le champ** à t donné[2] :

$$\frac{\mathbf{P}}{\rho} + \frac{\mathbf{V^2}}{2} + \wp = \mathbf{cte}.$$

2. La formulation forte du second théorème de Bernoulli fait référence à la constance de l'énergie dans tout le champ de l'écoulement.

Remarque :

Il s'agit donc bien de deux théorèmes distincts par leurs hypothèses et leurs conclusions. Ils ne doivent pas être confondus dans la justification de leurs emplois lors des applications.

L'extension de ce second théorème au régime non permanent sous la forme dans tout le champ :

$$\frac{\partial\phi}{\partial t} + \frac{P}{\rho} + \frac{V^2}{2} + \wp = \text{cte}$$

où la fonction $\phi(M, t)$ est telle que $\forall t,\ \vec{V} = \overrightarrow{\mathrm{grad}}\,\phi(M, t)$, sera démontrée au chapitre 5 sur les écoulements irrotationnels.

Démonstration :

On repart de l'équation locale de la dynamique en régime permanent :

$$\rho\left(\overrightarrow{\mathrm{grad}}\left(\frac{V^2}{2}\right) + \underbrace{\overrightarrow{\mathrm{rot}}\,\vec{V}\wedge\vec{V}}_{=\vec{0}}\right) = \rho\vec{F} - \overrightarrow{\mathrm{grad}}\mathrm{P} - \underbrace{\mu\,\overrightarrow{\mathrm{rot}}(\overrightarrow{\mathrm{rot}}\,\vec{V})}_{=\vec{0}}$$

Ainsi, $\overrightarrow{\mathrm{grad}}\left(\frac{V^2}{2}\right) = -\,\overrightarrow{\mathrm{grad}}\,\wp - \overrightarrow{\mathrm{grad}}\mathrm{P}$, soit :

$$\overrightarrow{\mathrm{grad}}\left(\frac{\partial\phi}{\partial t} + \frac{V^2}{2} + \wp - \frac{P}{\rho}\right) = \vec{0},$$

d'où la constance de l'énergie à un instant donné dans tout le champ.

Application 4

Montrer qu'en mouvement permanent, isovolume et en présence de forces de volume dérivant d'un potentiel, la non conservation de l'énergie mécanique totale d'une particule fluide ne peut avoir lieu que dans les régions rotationnelles de l'écoulement.

Solution

L'équation de la dynamique donne, sous les hypothèses du mouvement :

$$\overrightarrow{\text{grad}}\left(\frac{V^2}{2}\right) + \overrightarrow{\text{rot}}\,\vec{V} \wedge \vec{V} = -\,\overrightarrow{\text{grad}}\,\wp - \frac{1}{\rho}\,\overrightarrow{\text{grad}}\,P - \nu\,\overrightarrow{\text{rot}}(\overrightarrow{\text{rot}}\,\vec{V})$$

d'où : $\overrightarrow{\text{grad}}\left(\frac{V^2}{2} + \frac{P}{\rho} + \wp\right) = -\overrightarrow{\text{rot}}\,\vec{V} \wedge \vec{V} - \nu\,\overrightarrow{\text{rot}}(\overrightarrow{\text{rot}}\,\vec{V})$.

Le champ d'énergie mécanique totale ne présente une variation spatiale qu'en **région rotationnelle**.

I.3. Considérations d'usage

• Hydraulique

En hydraulique, les forces extérieures de volume se réduisent aux forces de pesanteur dans le référentiel terrestre. Ainsi, $\wp = gz$, en désignant par g le module de la gravité et par z la cote du point par rapport à un niveau de référence.

En régime permanent, l'énergie mécanique totale d'une particule fluide est donc :

$\frac{P}{\rho g} + \frac{V^2}{2g} + z$	Énergie mécanique totale ou charge exprimée en hauteur d'eau (m).

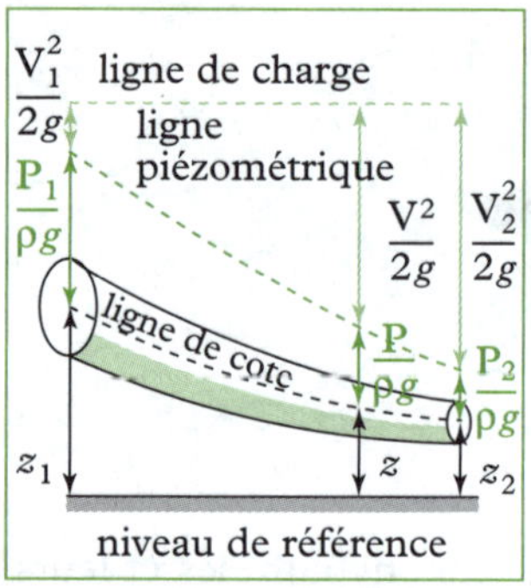

Fig. 12 - Conservation de la charge hydraulique le long d'une conduite, au sens des théorèmes de Bernoulli en régime permanent.

En régime permanent, les théorèmes de Bernoulli expriment la conservation de la charge totale, somme de la charge piézométrique $z + \frac{P}{\rho g}$ et de l'énergie cinétique $\frac{V^2}{2g}$ (fig. 12).

• Aérodynamique

En aérodynamique, la contribution des forces de gravité au bilan énergétique du mouvement d'une particule fluide est en général négligeable.

En régime incompressible, l'énergie mécanique totale s'exprime alors par[1] :

$P + \frac{1}{2}\rho V^2$	Énergie mécanique ou pression totale, exprimée en unité de pression (Pa).

1. **Vocabulaire** :
- P : pression statique
- $\frac{1}{2}\rho V^2$: pression dynamique
- $P + \frac{1}{2}\rho V^2$: pression totale ou pression d'arrêt.

J. Bilan d'énergie totale

J.1. Rappel du théorème en formulation particulaire

On se place dans un référentiel galiléen où l'on considère un domaine matériel $D(t)$ d'un fluide en mouvement.

L'énergie totale du fluide compris dans ce domaine à l'instant t, vaut :

$$E_t = E_i + E_c = \underbrace{\iiint_{D(t)} \rho e\,dv}_{\text{énergie interne}} + \underbrace{\iiint_{D(t)} \frac{1}{2}\rho \vec{V}^2\,dv}_{\text{énergie cinétique}}$$

1. L'énergie interne rend compte de contributions microscopiques de l'agitation des molécules en termes d'énergie de translation, rotation, vibrations…

2. Il faut supposer que les états initial $D(t)$ et final $D(t+dt)$ du système sont des états d'équilibre au sens de la thermodynamique classique. C'est l'hypothèse de l'équilibre thermodynamique local qui sera admise dans la suite.

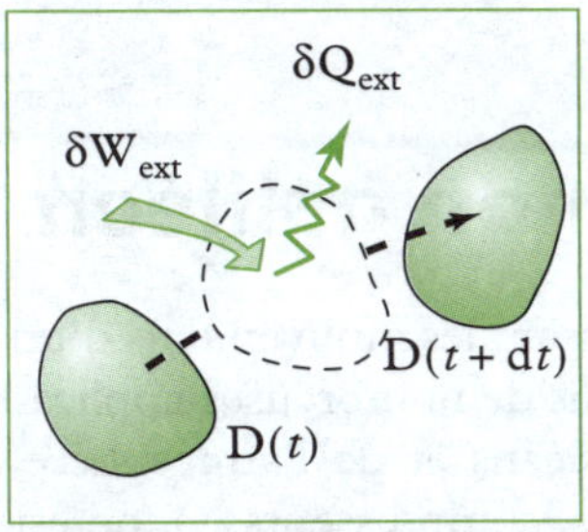

Fig. 13 - Échanges énergétiques au sens du premier principe dans un fluide en mouvement.

où $e(x, y, z, t)$ $[\mathrm{m}^2 \cdot \mathrm{s}^{-2}]$ est l'énergie interne locale du fluide par unité de masse[1], fonction des variables d'Euler.

La variation d'énergie totale au sens du premier principe de la thermodynamique se traduit, pour un fluide en mouvement, par[2] :

$$\frac{\mathrm{DE_t}}{\mathrm{D}t} = \Pi_\mathrm{W} + \Pi_\mathrm{Q},$$

où $\Pi_\mathrm{W} = \dfrac{\delta \mathrm{W_{ext}}}{\delta t}$ et $\Pi_\mathrm{Q} = \dfrac{\delta \mathrm{Q_{ext}}}{\delta t}$ représentent les puissances mécaniques et thermiques des échanges avec l'extérieur (fig. 13).

J.2. Expression globale pour un fluide en mouvement

• La puissance mécanique communiquée au fluide sous l'action des **seules forces extérieures** vaut :

$$\Pi_\mathrm{W} = \underbrace{\iiint_{\mathrm{D}(t)} \rho \vec{\mathrm{F}} \cdot \vec{\mathrm{V}}\, \mathrm{d}v}_{\Pi_\mathrm{ext}^\mathrm{vol}} - \underbrace{\iiint_{\mathrm{S}(t)} \mathrm{div}(\mathrm{P}\vec{\mathrm{V}})\, \mathrm{d}v}_{\Pi_\mathrm{ext}^\mathrm{P}} + \underbrace{\iint_{\mathrm{S}(t)} \vec{\mathrm{T}} \cdot \vec{\mathrm{V}}\, \mathrm{d}\sigma}_{\Pi_\mathrm{ext}^{v}}$$

• La puissance thermique échangée avec **l'extérieur** peut l'être sous deux modes :

– *radiatif*, en tout point du volume, soit avec la densité massique $\mathrm{K_V}$:

$$\mathrm{Q}_r = \iiint_{\mathrm{D}(t)} \rho \mathrm{K_V} \mathrm{d}v;$$

– *conductif*, à travers tout point de la surface, avec le vecteur densité de flux de chaleur :

$$\mathrm{Q}_\mathrm{c}^{v} = -\iint_{\mathrm{S}(t)} \vec{q} \cdot \vec{n}\, \mathrm{d}\sigma = -\iiint_{\mathrm{D}(t)} \mathrm{div}\vec{q}\, \mathrm{d}v,$$

où $\mathrm{S}(t)$ est la surface limite fermée du domaine $\mathrm{D}(t)$.

En application du second théorème de Reynolds sur un domaine de contrôle fixe Δ, de surface Σ, coïncidant à l'instant t avec le domaine $\mathrm{D}(t)$, on peut écrire :

$$\begin{aligned}\iiint_\Delta \rho \frac{\partial\left(e + \frac{\vec{\mathrm{V}}^2}{2}\right)}{\partial t} \mathrm{d}v + \iint_\Sigma \rho\left(e + \frac{\vec{\mathrm{V}}^2}{2}\right)(\vec{\mathrm{V}} \cdot \vec{n})\mathrm{d}\sigma \\ = \iiint_\Delta \rho \vec{\mathrm{F}} \cdot \vec{\mathrm{V}}\, \mathrm{d}v - \iiint_\Delta \mathrm{div}(\mathrm{P}\vec{\mathrm{V}})\mathrm{d}v + \iint_\Sigma \vec{\mathrm{T}} \cdot \vec{\mathrm{V}}\, \mathrm{d}\sigma \\ + \iiint_\Delta \rho \mathrm{K_V} \mathrm{d}v - \iiint_\Delta \mathrm{div}\vec{q}\, \mathrm{d}v\end{aligned}$$

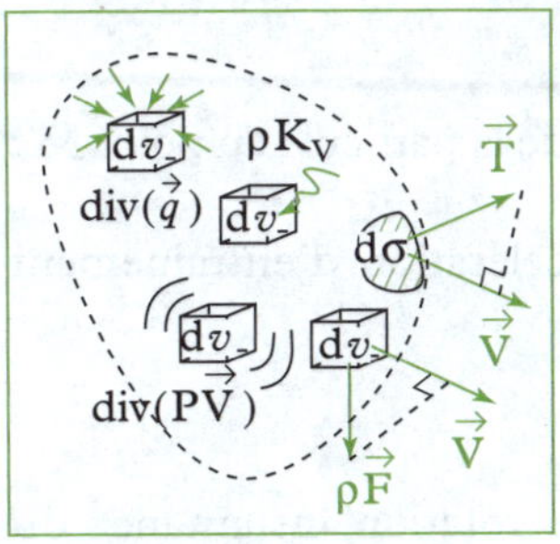

Fig. 14 - Bilan énergétique : contributions volumiques et surfaciques.

Les différents éléments des échanges de ce bilan d'énergie totale sont regroupés schématiquement à la figure 14, en distinguant les contributions volumiques et surfaciques.

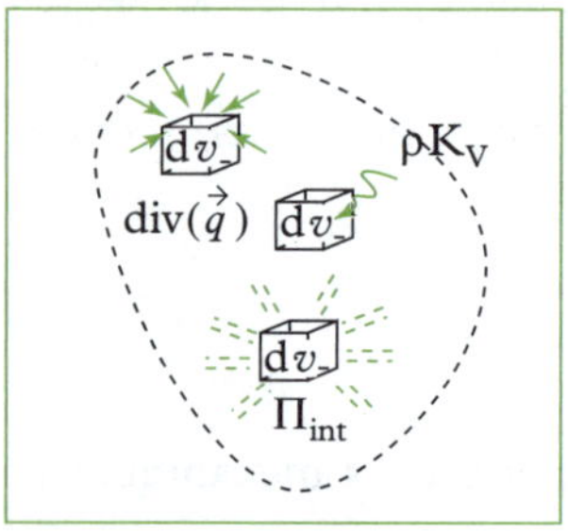

Fig. 15 - Termes de variation du bilan d'énergie interne en évolution isovolume.

K. Bilan d'énergie interne

En soustrayant l'équation de bilan d'énergie cinétique de celle de l'énergie totale, on obtient l'équation de bilan d'énergie interne :

$$\iiint_\Delta \rho \frac{\partial e}{\partial t} dv + \iint_\Sigma \rho e(\vec{V} \cdot \vec{n}) d\sigma = -\Pi_{int} + \iiint_\Delta \rho K_V dv - \iiint_\Delta \operatorname{div}\vec{q}\, dv$$

Cette relation montre (fig. 15) qu'en évolution isovolume, les forces de pression ne contribuent pas à la variation d'énergie interne, pas plus que les forces de volume. En revanche, il subsiste une contribution des actions internes (liée aux seules forces de viscosité, résultat dont la démonstration est hors programme).

L. Écoulement en repère non galiléen

À l'issue des sections précédentes, les équations régissant les mouvements d'un fluide sont connues dans un référentiel galiléen. Dans de nombreuses applications cependant (mouvements géophysiques des océans et de l'atmosphère, écoulements dans des machines tournantes, turbines, compresseurs...), on est amené à étudier le mouvement des fluides dans un référentiel non galiléen. Il faudra donc réécrire les équations générales pour un observateur placé dans un tel référentiel. La mécanique du solide nous enseigne la façon de faire.

L.1. Composition des vitesses et des accélérations par changement de repère quelconque

Soit $\mathcal{R}(O\,;\,x, y, z, t)$ un référentiel galiléen qualifié « d'absolu » et $\mathcal{R}'(O'\,;\,x, y, z, t)$ un second référentiel, qualifié de relatif, en mouvement par rapport au premier[1] (fig. 16). On désigne par :

– $\vec{V}$ et $\vec{\Gamma}$ la vitesse et l'accélération d'une particule fluide dans le référentiel galiléen absolu ;

– $\vec{V}'$ et $\vec{\Gamma}'$ la vitesse et l'accélération de cette même particule dans le référentiel mobile relatif non galiléen.

Les lois de composition des vitesses et des accélérations s'écrivent :

$$\vec{V} = \vec{V}' + \vec{V}^e \quad \text{et} \quad \vec{\Gamma} = \vec{\Gamma}' + \vec{\Gamma}^e + \vec{\Gamma}^c$$

avec :

• $\vec{V}^e = \vec{V}(O') + \vec{\omega} \wedge \overrightarrow{O'M}$, vitesse d'entraînement de la particule au point M ;

• $\vec{\Gamma}^e = \vec{\Gamma}(O') + \dfrac{d\vec{\omega}}{dt} \wedge \overrightarrow{O'M} + \vec{\omega} \wedge (\vec{\omega} \wedge \overrightarrow{O'M})$, accélération d'entraînement de la particule au point M ;

• $\vec{\Gamma}^c = 2\vec{\omega} \wedge \vec{V}'$, accélération de Coriolis.

Dans les relations ci-dessus, $\vec{\omega}$ est le vecteur de rotation instantané[2] du repère $\mathcal{R}'$ par rapport au repère $\mathcal{R}$, $\vec{V}(O')$ la vitesse et $\vec{\Gamma}(O')$ l'accélération du déplacement de son origine dans le référentiel galiléen $\mathcal{R}$.

1. Dans le cadre de la mécanique newtonienne, le temps est « absolu ». Les notions de référentiel (spatio-temporel) et de repère (géométrique) peuvent être confondues.

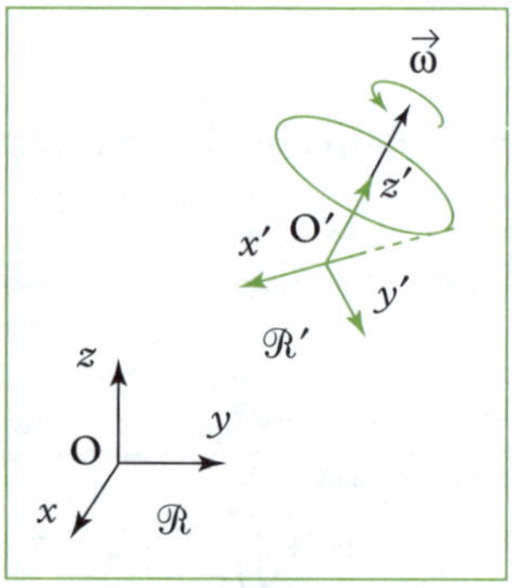

Fig. 16 - Éléments du changement de référentiel.

2. Il s'agit en fait d'un pseudo-vecteur ou vecteur axial, dont le sens dépend de l'orientation de l'espace.

L.2. Bilan de quantité de mouvement sur un domaine fluide en référentiel non galiléen

Le bilan de quantité de mouvement en référentiel galiléen (*cf.* paragraphe F.) sur un domaine de contrôle Δ de surface limite fermée Σ devient en repère non galiléen (fig. 16) :

$$\iiint_\Delta \rho \frac{\partial \vec{V}'}{\partial t} dv + \iint_\Sigma \rho \vec{V}'(\vec{V}' \cdot \vec{n}) d\sigma = \iiint_\Delta \rho \vec{F} dv - \iint_\Sigma P\vec{n} d\sigma + \iint_\Sigma \vec{T} d\sigma - \underbrace{\iiint_\Delta \rho \vec{\Gamma}^e dv}_{(a)} - \underbrace{\iiint_\Delta \rho \vec{\Gamma}^c dv}_{(b)}$$

où $\vec{V}'$ désigne la vitesse en variables d'Euler dans le référentiel non galiléen $\mathcal{R}'$. Les termes (a) et (b) sont les forces d'inertie d'entraînement et de Coriolis[1], associées aux accélérations $\vec{\Gamma}^e$ et $\vec{\Gamma}^c$ respectivement.

1. Il s'agit de forces de volume venant s'ajouter algébriquement à d'autres forces de ce type, limitées ici aux seules forces de gravitation.

L.3. Équation locale de la dynamique du fluide newtonien isovolume en repère quelconque

Théorème 11

L'équation locale de la dynamique du mouvement d'un fluide visqueux newtonien isovolume **dans un référentiel quelconque** s'écrit :

$$\rho\left(\frac{\partial \vec{V}'}{\partial t} + \overrightarrow{\mathbf{grad}}\left(\frac{V'^2}{2}\right) + \overrightarrow{\mathbf{rot}}\,\vec{V}' \wedge \vec{V}'\right) = \rho\vec{F} - \overrightarrow{\mathbf{grad}}\,P + \mu\vec{\Delta}\vec{V}' - \rho\vec{\Gamma}^e - \rho\vec{\Gamma}^c$$

où $\rho\vec{\Gamma}^e$ et $\rho\vec{\Gamma}^c$ sont les forces d'inertie d'entraînement et de Coriolis respectivement[2].

2. Dans un repère terrestre, la force de Coriolis provoque le déplacement vers l'Est d'un corps en chute libre suivant la verticale. Cette déviation est faible (de l'ordre de 1,5 cm pour 100 m de chute, à une latitude de 45°). Cette même force est responsable de la déviation des courants marins et des vents en haute atmosphère autour des anticyclones.

Ce résultat s'obtient par passage à la limite sur un domaine particulaire de l'équation de bilan de quantité de mouvement sur un domaine fini.

L.4. Théorème de Bernoulli pour un fluide non visqueux en mouvement dans un repère quelconque

L'hypothèse d'irrotationnalité du mouvement ne permet pas d'aboutir à une relation directe entre pression et vitesse dans un référentiel non galiléen. En revanche, la formulation faible du théorème de Bernoulli, le long d'une ligne de courant de fluide parfait, peut être étendue, dans certains cas, à un tel repère.

Par projection de l'équation de la dynamique sur une ligne de courant dans le référentiel local $\mathcal{R}'$ (multiplication scalaire par $\vec{V}$), on obtient[3], pour un fluide parfait en mouvement permanent dans ce référentiel ($\frac{\partial \vec{V}'}{\partial t} = 0$) :

$$\rho\vec{V}' \cdot \overrightarrow{\text{grad}}\left(\frac{V'^2}{2}\right) = -\vec{V} \cdot \overrightarrow{\text{grad}}\,P + \rho\vec{V}' \cdot (\vec{F} - \vec{\Gamma}^e).$$

3. La contribution de l'accélération de Coriolis disparaît par raison d'orthogonalité dans le produit scalaire : $\vec{\Gamma}^c \cdot \vec{V}' = (2\vec{\omega} \wedge \vec{V}') \cdot \vec{V}' = 0$.

L'extension du théorème peut donc être envisagée lorsque les forces extérieures de volume et les forces d'inertie d'entraînement sont conservatives (dérivent d'un potentiel de force).

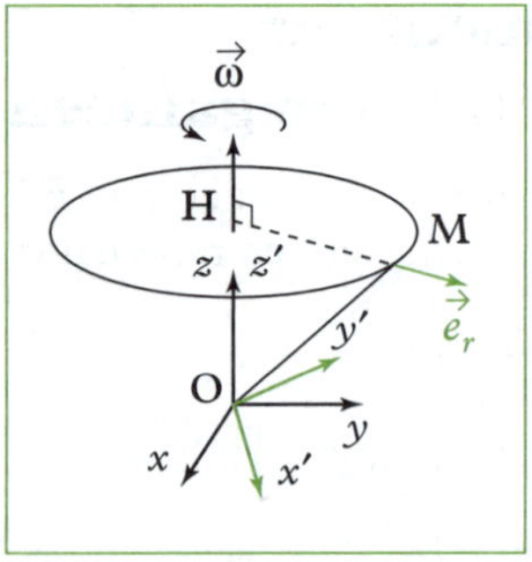

Fig. 17 - Repère mobile en rotation solide.

L.5. Mouvement de fluide en repère tournant uniformément

On se limite ici au cas où le repère mobile est animé d'une rotation pure par rapport à un axe fixe, de vitesse angulaire uniforme et constante dans tout le champ de l'écoulement[1] (fig. 17).

1. On parle parfois de « rotation solide » pour qualifier le mouvement de ce repère.

Équation de la dynamique

– *Formulation globale :*

$$\iiint_\Delta \rho \frac{\partial \vec{V}'}{\partial t} dv + \iint_\Sigma \rho \vec{V}'(\vec{V}' \cdot \vec{n}) d\sigma = \iiint_\Delta \rho \vec{F} dv - \iint_\Sigma P\vec{n} d\sigma + \iint_\Sigma \vec{T} d\sigma + \underbrace{\iiint_\Delta \rho\, \omega^2 r \vec{e}_r dv}_{\text{entraînement}} - \underbrace{\iiint_\Delta 2\rho\vec{\omega} \wedge \vec{V}' dv}_{\text{Coriolis}}$$

– *Formulation locale :*

$$\frac{\partial \vec{V}'}{\partial t} + \overrightarrow{\text{grad}}\left(\frac{V'^2}{2}\right) + \overrightarrow{\text{rot}}\,\vec{V}' \wedge \vec{V}' = \vec{F} - \overrightarrow{\text{grad}}\left(\frac{P}{\rho} - \frac{\omega^2 r^2}{2}\right) + \nu \vec{\Delta}\vec{V}' - 2\vec{\omega} \wedge \vec{V}'$$

Démonstration :

L'accélération d'entraînement devient dans ce cas[2] :

$$\vec{\Gamma}^e = \vec{\omega} \wedge (\vec{\omega} \wedge \overrightarrow{OM}) = -\omega^2 \overrightarrow{HM} = -\omega^2 r \vec{e}_r,$$

2. Détail :
$\vec{\omega} \wedge \overrightarrow{OM} = \vec{\omega} \wedge (\overrightarrow{OH} + \overrightarrow{HM}) = \vec{\omega} \wedge \overrightarrow{HM}.$
D'où :
$\vec{\Gamma}^e = \underbrace{(\vec{\omega} \cdot \overrightarrow{HM})}_{=0}\vec{\omega} - (\vec{\omega} \cdot \vec{\omega})\overrightarrow{HM}.$

où H est la projection de M sur l'axe de rotation (fig. 17). On remarque que les forces d'inertie d'entraînement sont alors conservatives, puisque

$$\rho\vec{\Gamma}^e = \overrightarrow{\text{grad}}\left(\frac{\omega^2 r^2}{2}\right).$$

On en déduit donc bien les équations précédentes, qui régissent en particulier les mouvements de fluides dans le référentiel terrestre[3].

3. Le repère terrestre local en un point O de la surface du globe, de latitude λ, est défini par :
– axe Oz : verticale ascendante ;
– axe Ox : tangent au parallèle local et orienté vers l'Est ;
– axe Oy : dans le plan méridien local, orienté vers le Nord.

Théorème de Bernoulli en repère tournant

Dans un écoulement défini dans un repère tournant à vitesse angulaire ω constante et vérifiant les conditions suivantes :

– fluide incompressible (ρ = cte) et non visqueux,
– mouvement permanent,
– forces de volume dérivant d'un potentiel ($-\wp$),

on a sur une ligne de courant :

$$\frac{P}{\rho} + \frac{V'^2}{2} - \frac{\omega^2 r^2}{2} + \wp = \text{cte}.$$

Démonstration :

La projection de l'équation de la dynamique sur une ligne de courant donne ici :

$$\rho\vec{V}' \cdot \overrightarrow{\text{grad}}\left(\frac{V'^2}{2}\right) = -\vec{V}' \cdot \overrightarrow{\text{grad}}\,P - \rho\vec{V}' \cdot \overrightarrow{\text{grad}}\,\wp + \rho\vec{V}' \cdot \overrightarrow{\text{grad}}\left(\frac{\omega^2 r^2}{2}\right)$$

puisque $\vec{V}' \cdot (\vec{\omega} \wedge \vec{V}') = 0$.

L'essentiel

✓ Modes de raisonnement par bilans globaux

- Considérer (i) un système matériel mobile D à masse conservative (Lagrange – **système fermé**) ou (ii) un volume de contrôle fixe Δ avec flux à travers la surface limite fermée (Euler – **système ouvert**).
- Procéder par intégration sur D ou Δ de grandeurs extensives définies en densités eulériennes volumique ou massique, respectivement :

$$\iiint_{\mathrm{D\ ou\ \Delta}} f(x,y,z,t)\,\mathrm{d}v \quad \text{et} \quad \iiint_{\mathrm{D\ ou\ \Delta}} \rho\,(x,y,z,t)\,g(x,y,z,t)\,\mathrm{d}v.$$

- Appliquer les principes de conservation de la masse, de la quantité de mouvement, du moment cinétique et de l'énergie.

✓ Équivalence entre formulations sur systèmes ouvert et fermé (théorèmes de Reynolds)

Si Δ est le volume de contrôle d'un système ouvert de surface limite Σ coïncidant, à *l'instant t*, avec un domaine matériel $\mathrm{D}(t)$ de surface limite $\mathrm{S}(t)$, alors :

$$\frac{\mathbf{D}}{\mathbf{D}t}\iiint_{\mathrm{D}(t)} f\,\mathrm{d}v = \iiint_{\Delta}\frac{\partial f}{\partial t}\,\mathrm{d}v + \iint_{\Sigma} f\,\vec{\mathbf{V}}\cdot\vec{n}\,\mathrm{d}\sigma$$

$$\frac{\mathbf{D}}{\mathbf{D}t}\iiint_{\mathrm{D}(t)} \rho g\,\mathrm{d}v = \iiint_{\Delta}\rho\frac{\mathbf{D}g}{\mathbf{D}t}\,\mathrm{d}v = \iiint_{\Delta}\rho\frac{\partial g}{\partial t}\,\mathrm{d}v + \iint_{\Sigma}\rho g\,\vec{\mathbf{V}}\cdot\vec{n}\,\mathrm{d}\sigma.$$

✓ Théorème de la quantité de mouvement (théorème d'Euler)

En **régime permanent**, le flux de quantité de mouvement à travers la surface limite fermée Σ d'un volume de contrôle Δ est égal à la résultante de toutes les forces extérieures appliquées au fluide de Δ, auxquelles s'ajoutent, en référentiel non galiléen, les forces d'inertie d'entraînement et de Coriolis :

$$\iint_{\Sigma}\rho\vec{\mathbf{V}}\,(\vec{\mathbf{V}}\cdot\vec{n})\,\mathrm{d}\sigma = \iiint_{\Delta}\rho\vec{\mathbf{F}}\,\mathrm{d}v - \iint_{\Sigma}\mathbf{P}\,\vec{n}\,\mathrm{d}\sigma + \iint_{\Sigma}\vec{\mathbf{T}}\,\mathrm{d}\sigma.$$

✓ Théorème du moment cinétique

En **régime permanent**, le moment par rapport à un point A du flux de quantité de mouvement à travers la surface limite fermée Σ d'un volume de contrôle Δ est égal au moment résultant par rapport à A de toutes les forces extérieures appliquées au fluide de Δ, auquel s'ajoute, en référentiel non galiléen, le moment des forces d'inertie d'entraînement et de Coriolis :

$$\iint_{\Sigma}\rho(\overrightarrow{\mathrm{AM}}\wedge\vec{\mathbf{V}})\,(\vec{\mathbf{V}}\cdot\vec{n})\,\mathrm{d}\sigma = \iiint_{\Delta}\overrightarrow{\mathbf{AM}}\wedge\rho\vec{\mathbf{F}}\,\mathrm{d}v - \iint_{\Sigma}\overrightarrow{\mathbf{AM}}\wedge\mathbf{P}\,\vec{n}\,\mathrm{d}\sigma + \iint_{\Sigma}\overrightarrow{\mathbf{AM}}\wedge\vec{\mathbf{T}}\,\mathrm{d}\sigma$$

✓ Équations locales

Par passage à la limite mésoscopique «$\mathrm{D}(t)\to\varepsilon(t)$», on obtient les équations « locales » régissant le mouvement à l'échelle de la particule fluide.

- **Équation de continuité** (conservation de la masse) :

$$\frac{\mathbf{D}\rho}{\mathbf{D}t} + \rho\,\mathbf{div}\vec{\mathbf{V}} = 0 \quad \text{ou} \quad \frac{\partial\rho}{\partial t} + \mathbf{div}(\rho\vec{\mathbf{V}}) = 0.$$

- **Équation de la dynamique** (équation de Navier-Stokes) :

$$\underbrace{\rho\frac{D\vec{V}}{Dt}}_{\substack{\text{force}\\ \text{d'inertie}}} = \underbrace{\underbrace{\rho\vec{F}}_{\text{Volume}} \quad \underbrace{\underbrace{-\overrightarrow{\text{grad}}P}_{\text{pression}} + \underbrace{\mu\vec{\Delta}\vec{V}}_{\text{viscosité}}}_{\text{surface}}}_{\text{forces extérieures}}$$

- **Conservation de l'énergie mécanique** (théorèmes de Bernoulli) :

  – *Hypothèses* : mouvement permanent, forces extérieures de volume limitées aux forces de pesanteur, fluide à masse volumique constante.

  – *Formulation faible* : fluide non visqueux

$$\frac{\mathbf{P}}{\rho} + \frac{\mathbf{V}^2}{2} + gz = \textbf{cte sur une ligne de courant.}$$

  – *Formulation forte* : évolution isovolume, mouvement irrotationnel

$$\frac{\mathbf{P}}{\rho} + \frac{\mathbf{V}^2}{2} + gz = \textbf{cte dans tout le champ.}$$

  Ces relations expriment la conservation de l'énergie mécanique totale du mouvement rapporté **à un référentiel galiléen**.

Mise en oeuvre

Méthode n° 1

Comment calculer la résultante (et le moment résultant) des forces extérieures appliquées à un domaine de fluide ?

L'écoulement d'un fluide visqueux ou non visqueux est connu, partiellement le plus souvent, par certaines conditions aux limites pour lesquelles on dispose de données sur la géométrie (forme de la surface limite), la cinématique (champ de vitesse) et le champ de pression (par exemple P = pression atmosphérique sur une frontière libre eau/air). Il s'agit de déterminer la résultante des actions (forces et/ou moments) appliquées de l'extérieur sur un certain domaine de fluide.

Quand les conditions aux limites font intervenir un solide, on dira qu'il s'agit d'un problème de type « **action d'un solide sur un fluide** ».

→ Savoir faire

❶ Choisir le domaine de contrôle le mieux adapté possible aux données sur l'écoulement.

Bien s'assurer que la surface frontière du domaine est toujours constituée de particules fluides, en contact ou non avec une portion de solide. Cette surface ne doit jamais « couper » ou « traverser » un élément solide.

❷ Appliquer les théorèmes globaux de la mécanique des fluides (théorème d'Euler et théorème du moment cinétique) au système fluide défini en ❶, en identifiant bien toutes les forces et flux relatifs au domaine, que ces éléments soient connus ou inconnus.

Travailler en relation vectorielle, avec des normales positives vers l'extérieur.

❸ Expliciter vectoriellement les éléments connus en fonction des données du problème.

Penser à utiliser l'équation globale de conservation de la masse pour expliciter une relation entre vitesses débitantes à travers la surface du domaine !

❹ Projeter les relations vectorielles sur des axes adaptés au problème et résoudre.

→ Application

Une conduite de section circulaire constante présente un coude d'angle α dans un plan horizontal. Elle est le siège d'un écoulement permanent de fluide incompressible dont on néglige la viscosité et le poids pour cette application.

Montrer que la résultante des forces dues au coude sur le fluide circulant dans la conduite s'exprime par le flux de dynalpie $P + \rho V^2$ à travers la section droite de la conduite. On supposera que vitesses et pressions sont uniformes dans toute section droite éloignée du coude.

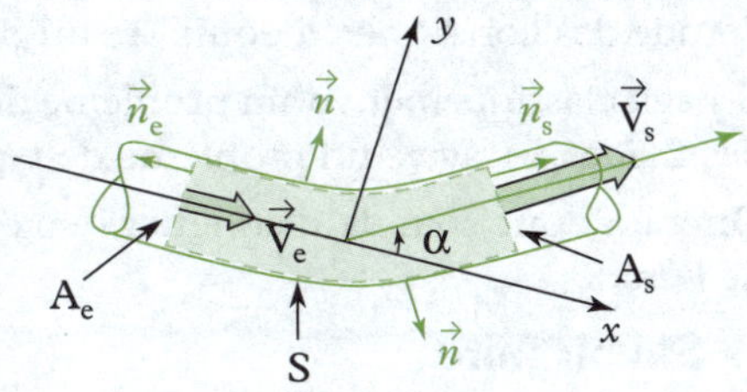

Solution

❶ Le domaine de contrôle Δ est limité par la surface $\Sigma = A_e \cup A_s \cup S$, où A_e et A_s désignent les sections droites en entrée et en sortie du coude, suffisamment éloignées de celui-ci pour considérer que les vitesses et pressions sont distribuées uniformément. La surface S est formée des particules fluides *en contact* avec la partie périphérique interne de la conduite. La valeur de la pression et du vecteur unitaire des normales sont respectivement, sur chaque élément de Σ :

$$(P_e, \vec{n}_e),\ (P_s, \vec{n}_s),\ \text{et}\ (P, \vec{n}).$$

❷ Le mouvement étant permanent, le bilan de quantité de mouvement sur le domaine Δ se traduit par (théorème d'Euler) :

$$\iint_\Sigma \rho \vec{V}(\vec{V}\cdot\vec{n})\,d\sigma = -\iint_\Sigma P\vec{n}\,d\sigma,$$

puisque les forces extérieures se réduisent aux seules forces de pression. La surface S étant un tube de courant, on en déduit que:

$$\iint_{A_e} \rho\vec{V}_e(\vec{V}_e\cdot\vec{n}_e)d\sigma + \iint_{A_s} \rho\vec{V}_s(\vec{V}_s\cdot\vec{n}_s)d\sigma = -\iint_{A_e} P_e\vec{n}_e\,d\sigma - \iint_{A_s} P_s\vec{n}_s\,d\sigma - \iint_S P\vec{n}\,d\sigma.$$

❸ La résultante $\vec{R}$ des forces exercées par le coude sur le fluide en mouvement s'identifie manifestement à $\vec{R} = -\iint_S P\vec{n}\,d\sigma$. On a donc :

$$\vec{R} = \iint_{A_e} [\rho\vec{V}_e(\vec{V}_e\cdot\vec{n}_e) + P_e\vec{n}_e]d\sigma + \iint_{A_s} [\rho\vec{V}_s(\vec{V}_s\cdot\vec{n}_s) + P_s\vec{n}_s]d\sigma,$$

soit $\vec{R} = (P_e + \rho V_e^2)A_e\vec{n}_e + (P_s + \rho V_s^2)A_s\vec{n}_s$, qui représente bien le flux de la dynalpie à travers la section de conduite de part et d'autre du coude.

❹ Par projection dans le repère (x, y), avec $\vec{e}_x = -\vec{n}_e$ et en tenant compte de l'équation de conservation du débit en volume ($A_eV_e = A_sV_s$), on obtient pour composantes :

$$\mathbf{R}_x = \mathbf{A(P_s\cos\alpha - P_e) + A\rho V^2(\cos\alpha - 1)} \quad \text{et} \quad \mathbf{R}_y = \mathbf{A(P_s + \rho V^2)\sin\alpha},$$

en posant $A = A_e = A_s$ et $V_e = V_s = V$.

Méthode n° 2

Comment calculer la résultante (et le moment résultant) des forces exercées par un fluide en mouvement sur un solide en contact avec l'écoulement ?

Un solide est, en tout ou partie, en contact avec un fluide en mouvement. Tout écoulement de fluide visqueux ou non visqueux exerce sur le solide, à travers cette surface de contact, un ensemble de forces et de moments dont il s'agit de déterminer la résultante, afin de poursuivre, le cas échéant, l'étude des conditions d'équilibre ou de mouvement du solide.

Il s'agit classiquement d'un problème de mécanique du solide dont une partie relève de la mécanique des fluides à travers un problème de type « **action d'un fluide sur un solide** ».

On aura donc soin de distinguer deux systèmes physiques pour chaque volet « solide » et « fluide » de l'étude.

→ Savoir faire

❶ Spécifier le système physique pertinent pour l'étude du mouvement du solide et identifier les éléments où le fluide en mouvement applique au solide des forces inconnues, de résultante notée $\vec{F}_{\text{fluide/solide}}$.

❷ Passer à l'étude du volet « fluide » en choisissant un domaine de contrôle adapté au calcul des efforts inconnus, par application des théorèmes globaux de la mécanique des fluides. Dans ce calcul, on doit pouvoir faire apparaître :

$$\vec{F}_{\text{solide/fluide}} = -\vec{F}_{\text{fluide/solide}}.$$

❸ Revenir au système solide pour poursuivre l'étude de son mouvement.

→ Application

L'expérience courante (tuyau d'arrosage) montre que lorsqu'une conduite souple est coudée, elle est soumise à des forces, dès lors que le fluide qu'elle contient est mis en mouvement. Il s'agit de déterminer la force à exercer sur une conduite horizontale, de section circulaire constante, présentant un coude d'angle α lorsqu'elle est le siège d'un écoulement interne permanent de fluide incompressible. On néglige la viscosité et le poids pour cette application.

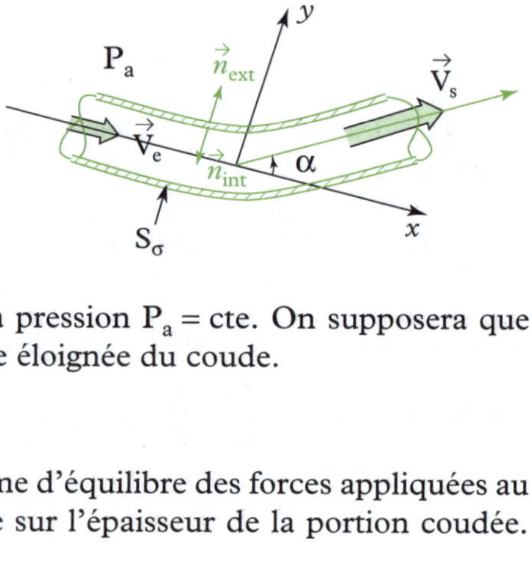

À l'extérieur de la conduite, se trouve de l'air au repos à la pression P_a = cte. On supposera que vitesses et pressions sont uniformes dans toute section droite éloignée du coude.

Solution

❶ Le maintien au repos de la conduite coudée est un problème d'équilibre des forces appliquées au système mécanique S_σ formé de la masse de la conduite sur l'épaisseur de la portion coudée. La condition d'équilibre se traduit en résultante par :

$$\vec{R}_{\text{fluide int/conduite}} + \vec{R}_{\text{fluide ext/conduite}} = \vec{F},$$

où $\vec{R}_{\text{fluide int/conduite}}$ est la résultante des forces exercées par le fluide interne sur S_σ,

$\vec{R}_{\text{fluide ext/conduite}}$ est la résultante des forces exercées par le fluide externe sur S_σ,

$\vec{F}$ est la résultante des forces à appliquer pour maintenir la conduite au repos.

Ainsi, $\vec{R}_{\text{fluide int/conduite}} = -\iint_{S_\sigma} P\vec{n}_{\text{int}}\,d\sigma$ et $\vec{R}_{\text{fluide ext/conduite}} = -\iint_{S_\sigma} P_a\vec{n}_{\text{ext}}\,d\sigma$.

❷ Considérons à présent le domaine de contrôle Δ tel que défini dans la méthode n° 1, limité par la surface **fermée** $\Sigma = A_e \cup A_s \cup S$. Par application du théorème d'Euler à ce domaine de fluide, on peut montrer que (cf. méthode n° 1) :

$$\vec{R}_{\text{conduite/fluide int}} = (P_e + \rho V_e^2)A_e\vec{n}_e + (P_s + \rho V_s^2)A_s\vec{n}_s = -\vec{R}_{\text{fluide int/conduite}}.$$

Par ailleurs, puisque Σ est une surface fermée et que la pression P_a est constante :

$$\iint_\Sigma P_a\vec{n}\,d\sigma = \vec{0}, \text{ d'où : } \iint_{A_e} P_a\vec{n}_e\,d\sigma + \iint_{A_s} P_a\vec{n}_s\,d\sigma + \iint_S P_a\vec{n}\,d\sigma = \vec{0}.$$

Or, on a manifestement $S = S_\sigma$ et $\vec{n} = \vec{n}_{\text{ext}}$, d'où :

$$\vec{R}_{\text{fluide ext/conduite}} = -\iint_{S_\sigma} P_a\vec{n}_{\text{ext}}\,d\sigma = \iint_{A_e} P_a\vec{n}_e\,d\sigma + \iint_{A_s} P_a\vec{n}_s\,d\sigma$$
$$= P_aA_e\vec{n}_e + P_sA_s\vec{n}_s.$$

La condition d'équilibre donne alors :

$$\vec{\mathbf{F}} = \{[\mathbf{P_a} - (\mathbf{P_e} + \boldsymbol{\rho}\mathbf{V}^2)]\vec{n}_e + [\mathbf{P_a} - (\mathbf{P_s} + \boldsymbol{\rho}\mathbf{V}^2)]\vec{n}_s\}\mathbf{A}$$

qui est la force à exercer pour fixer la conduite.

Exercices

Niveau 1

Ex. 1 Pression en écoulement permanent rectiligne horizontal et uniforme

On considère un tube de courant rectiligne, horizontal, à vitesse uniforme sur toute section droite. Le mouvement est permanent et l'évolution isovolume.

1) Montrer de deux façons qu'à travers la section droite du tube, la pression reste constante (fluide non pesant) ou se distribue selon la loi de l'hydrostatique (fluide pesant).

2) Ces résultats dépendent-ils du caractère visqueux ou non visqueux du fluide ?

Ex. 2 Vitesse d'éjection gravitaire en repère galiléen : formule de Toricelli

Un réservoir contient une hauteur d'eau maintenue constante. Il est percé d'un orifice à une profondeur H de sa surface libre.

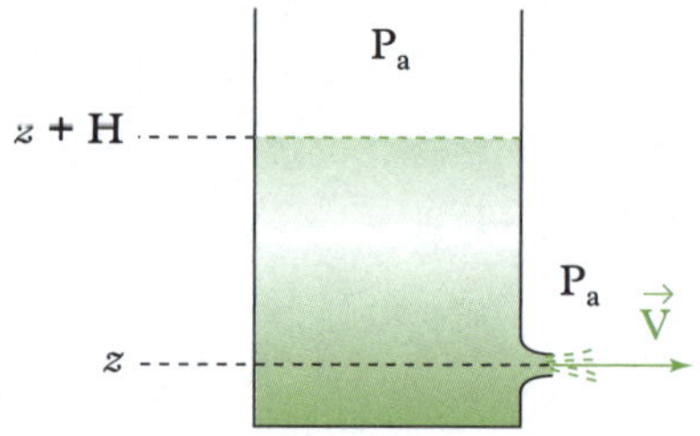

On suppose que les seules forces extérieures de volume sont les forces de pesanteur et que la pression atmosphérique est constante en tout point de l'interface eau/air. On néglige les effets de viscosité et l'on se place en régime permanent.
Exprimer, en fonction de H et de l'accélération g de la pesanteur, la vitesse d'éjection du liquide, considérée uniforme sur la section droite de l'orifice. On supposera que la section du réservoir (S) est très supérieure à celle de l'orifice d'éjection (*s*) et on considérera que tous les points de la section de sortie ont même cote.

Ex. 3 Mesure de la vitesse par sonde de pression (tube de Pitot)

Une conduite rectiligne de section constante est le siège d'un écoulement permanent à profil de vitesse uniforme. En un point S de la périphérie, on perce un petit orifice à travers lequel on mesure une pression P_S. Dans la même section droite et au point A au centre de la conduite, on dispose une sonde formée d'un petit tube dont la section d'entrée est orthogonale à la direction de l'écoulement (tube de Pitot). Cette géométrie provoque l'arrêt du fluide au point A où l'on mesure la pression P_A.

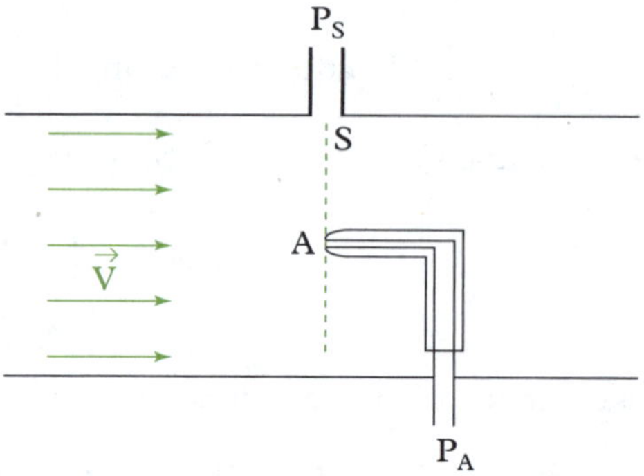

1) Exprimer la valeur V du module de la vitesse de l'écoulement en fonction des pressions P_A et P_S en supposant le fluide non pesant.

2) Que devient ce résultat pour un écoulement de fluide pesant en conduite rectiligne horizontale de rayon R ?

3) Discuter qualitativement l'effet de la viscosité sur les résultats précédents.

Ex. 4 Mesure de la vitesse par sonde de pression (antenne ou tube de Prandtl)

Le dispositif connu sous le nom de tube (ou antenne) de Prandtl est schématisé ci-dessous.

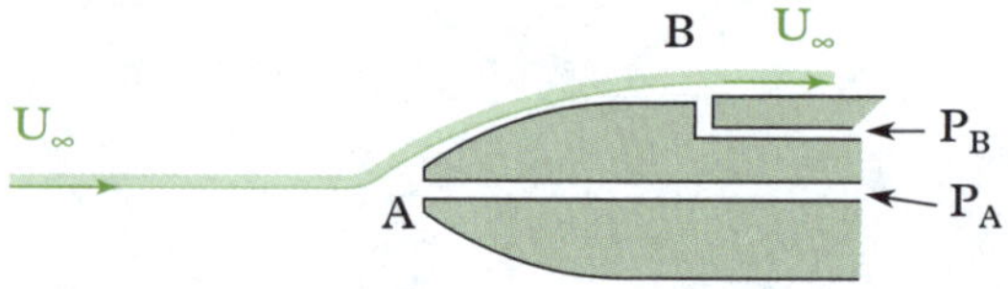

Il comprend une prise de pression d'arrêt (point A) et une prise de pression affleurante (point B). Cette sonde, de faible section droite, est disposée parallèlement aux lignes de courant d'un écoulement supposé être *localement* uniforme au voisinage de la sonde.

1) Montrer qu'en négligeant les effets de viscosité, ce dispositif permet de déterminer, à partir de la mesure des pressions P_A et P_B, la vitesse locale du fluide en écoulement permanent isovolume.

2) Le résultat précédent s'applique-t-il au fluide visqueux ?

Ex. 5 Mesure de la vitesse en écoulement interne (tube de Venturi)

Dans une conduite, est aménagée une restriction de section comme schématisé ci-après. On désigne par U_A et P_A (respectivement U_B et P_B) la vitesse et la pression sur l'axe de la conduite dans la section A (respectivement B).

Le rapport de section a pour valeur $\sigma = \frac{S_A}{S_B}$.

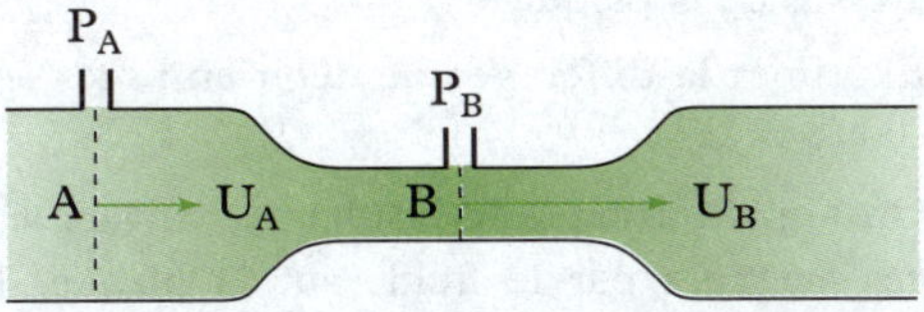

1) Montrer que ce dispositif permet de déterminer la vitesse U_A à partir de la mesure des pressions P_A et P_B en écoulement incompressible de fluide non visqueux, en supposant les profils de vitesse uniformes dans les sections A et B.

2) Que dire qualitativement des effets de la viscosité sur la validité du résultat précédent ?

Ex. 6 Uniformité du profil de pression en écoulement cisaillé simple de fluide visqueux

On considère l'écoulement d'un fluide visqueux newtonien, ayant pour champ de vitesse dans un repère cartésien orthonormé :

$$\vec{V} = U(y)\vec{e}_x, \text{ avec } \frac{dU}{dy} \neq 0$$

et pour champ de pression $P(x, y)$. On néglige les forces extérieures de volume (fluide non pesant).

1) Décrire brièvement l'écoulement.

2) Peut-on appliquer un des théorèmes de Bernoulli pour relier vitesse et pression, et si oui, lequel ?

3) Montrer que la pression reste constante dans toute section droite x = cte.

4) Que devient la conclusion précédente en fluide pesant ?

Niveau 2

Ex. 7 Vitesse d'éjection d'un vase en rotation sur son axe

Un réservoir cylindrique à section circulaire ($S = \pi R^2$) contenant une hauteur d'eau invariante dans le temps est placé sur un plateau horizontal en rotation à vitesse angulaire constante ω autour de l'axe du cylindre. Il est percé, à une profondeur H de la surface libre comptée sur l'axe, d'un orifice de section $s \ll S$.

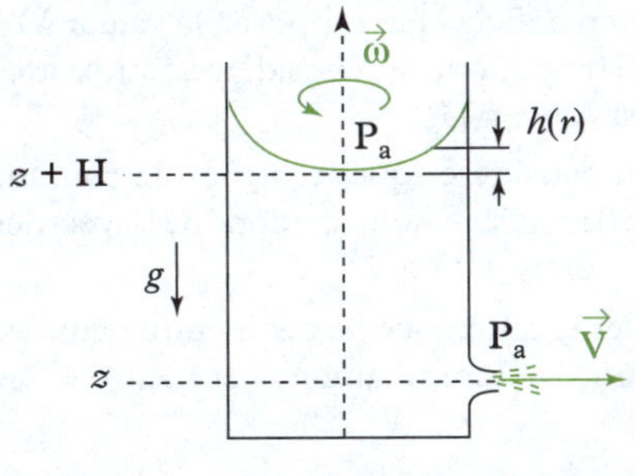

On suppose que la pression atmosphérique est constante en tout point de l'interface eau/air. On néglige les effets de viscosité et l'on se place en régime permanent.

1) Toutes choses égales par ailleurs, le module de la vitesse d'éjection dans le référentiel tournant avec le réservoir est-il supérieur ou inférieur à celui du cas sans rotation ?

2) Confirmer cette intuition par le calcul de la vitesse d'éjection en raisonnant sur une trajectoire partant de l'axe du réservoir. On exprimera le résultat en fonction de H, de l'accélération de la pesanteur g et de la vitesse angulaire de rotation ω.

3) On désigne par $h(r)$ la hauteur, au-dessus de la cote H, d'un point de l'interface situé à la distance radiale r de l'axe.

Établir l'expression de la fonction $h(r)$ en supposant que la vitesse d'éjection du liquide est uniforme sur la section droite de l'orifice et que tous les points de la section de sortie ont même cote.

Ex. 8 Hélice

Une hélice est un dispositif qui peut soit transmettre, soit recevoir d'un écoulement une certaine puissance mécanique. Dans le premier cas, elle est utilisée comme moyen de propulsion, la mise en mouvement du fluide s'accompagnant, par réaction, d'une force de traction sur les pales de l'hélice. Dans le second cas, elle sert à convertir une partie de l'énergie cinétique du fluide en travail sur son arbre. Ces deux modes d'utilisation, schématisés ci-dessous, correspondent typiquement à des applications de moteurs, tant en aérodynamique qu'en hydrodynamique, et d'éolienne.

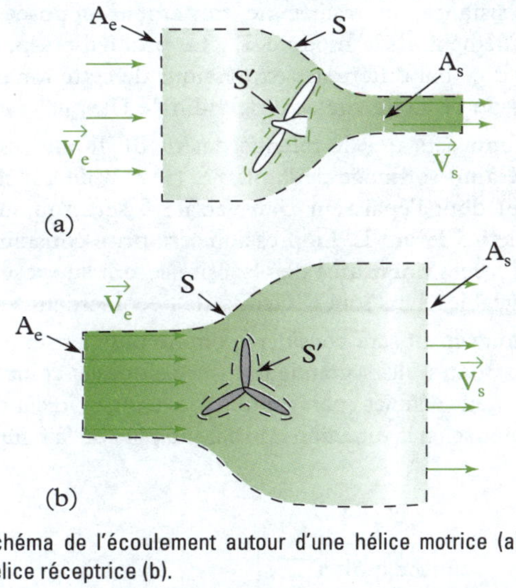

Schéma de l'écoulement autour d'une hélice motrice (a), d'une hélice réceptrice (b).

En négligeant la compressibilité du fluide, les forces de viscosité et de pesanteur, ainsi que le mouvement de giration du fluide en sortie du dispositif, on peut considérer que le passage à travers une hélice motrice se traduit, pour le fluide, par une accélération, et à travers une hélice réceptrice, par une décélération.

Il en résulte des effets respectifs de contraction et d'expansion de la veine fluide qui, se produisant dans un milieu ambiant de pression constante, sont à l'origine des forces appliquées au dispositif.

Calculer la résultante de ces forces exercées sur une hélice par application du théorème d'Euler au domaine de fluide limité par la surface $\Sigma = A_e \cup S \cup A_s \cup S'$, où A_e et A_s sont les sections droites d'entrée et de sortie de la veine fluide, de section latérale S, captée par l'hélice, et S′ la surface formée des particules fluides en contact avec les pales.

On précisera les hypothèses vérifiées par l'écoulement sur ces différentes surfaces, indispensables à l'expression simplifiée des calculs.

Niveau 3

Ex. 9 Traînée visqueuse sur une plaque plane en écoulement uniforme à grand nombre de Reynolds

Dans un écoulement permanent, isovolume, parallèle et de vitesse uniforme à l'infini ($\overrightarrow{V_\infty} = U_\infty \vec{e_x}$), on place, colinéairement aux lignes de courant, une plaque plane infiniment mince de longueur L. Le fluide est visqueux et non pesant. À grand nombre de Reynolds, l'arrêt du fluide sur la plaque maintenue fixe, génère sur celle-ci, par frottement visqueux, une force de résistance ou traînée de frottement opposée à l'écoulement et de module T_x. Le problème a pour objet d'établir différentes expressions de cette force à partir du profil de vitesse longitudinale $U(x, y)$.

On supposera que le ralentissement du fluide reste limité à un voisinage de la plaque (région de couche limite) dont l'épaisseur transversale δ sera toujours très petite devant L. La pression sera prise constante et les forces **normales** de viscosité seront supposées négligeables dans tout le champ de l'écoulement.

Le mouvement sera considéré comme bidimensionnel plan, toutes les grandeurs surfaciques et volumiques étant définies par unité d'envergure, distance comptée selon la direction normale au plan de la figure.

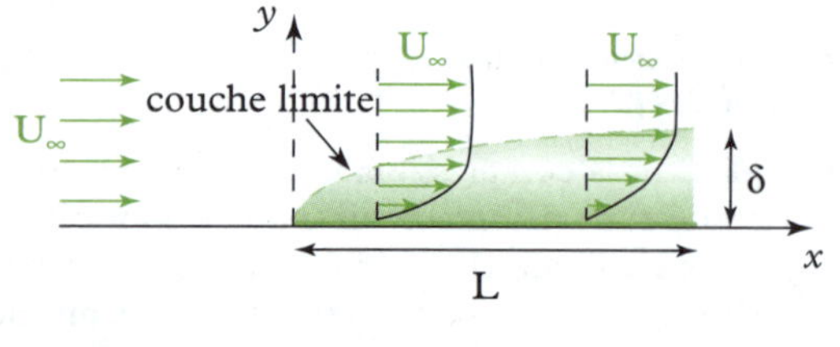

1) Les droites $y = \text{cte}$. peuvent-elles être considérées comme des lignes de courant de l'écoulement loin au-dessus de la plaque ?

2) Exprimer la différence de débit entre les sections $x = 0$ et $x = L$.

3) On appelle traînée la résultante, suivant $\vec{e_x}$, des forces exercées par le fluide sur la plaque. Exprimer, par unité d'envergure, la traînée de viscosité T_x à partir de l'expression de la contrainte de viscosité en $y = 0$.

4) Exprimer le flux de quantité de mouvement en projection suivant $\vec{e_x}$ à travers un contour rectangulaire s'appuyant sur la plaque, de longueur L (en x) et de largeur h (en y), très grande vis-à-vis de l'épaisseur de la couche limite.

5) Montrer que la valeur de la traînée peut encore s'exprimer par une intégrale en y d'une fonction du profil de vitesse $U(L, y)$ dans la section du bord de fuite de la plaque. On supposera que, loin de l'obstacle, la pression est constante et les forces de viscosité négligeables.

Ex. 10 Traînée sur obstacle bidimensionnel quelconque en écoulement à grand nombre de Reynolds

Dans un écoulement permanent, isovolume, parallèle et de vitesse uniforme à l'infini, on place un obstacle bidimensionnel plan, dont la section droite reste invariante par toute translation dans une direction normale au plan de la figure (envergure infinie).

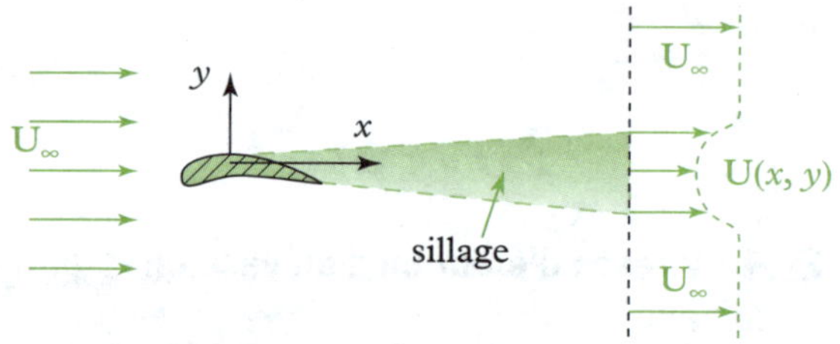

Le fluide est visqueux et non pesant.

Dans un repère lié à l'obstacle, la vitesse uniforme de l'écoulement à l'infini amont a pour valeur $U_\infty \vec{e_x}$. À grand nombre de Reynolds, les effets de viscosité se localisent à l'aval de l'obstacle en un sillage dans lequel la composante suivant $\vec{e_x}$ de la vitesse présente un profil « en déficit » par rapport à la valeur à l'infini. Hors de cette région, on considèrera que cette composante est égale à U_∞.

1) Peut-on considérer que les lignes de courant hors de la zone de sillage sont confondues avec des segments de droites $y = \text{cte}$?

2) Exprimer la différence de débit entre deux sections droites, l'une « à l'infini amont » et l'autre à l'aval de l'obstacle.

3) Exprimer le flux de quantité de mouvement en projection suivant $\vec{e_x}$ à travers un contour rectangulaire entourant l'obstacle, centré à l'origine, de longueur L (en x) et de largeur ℓ (en y) très grande vis-à-vis de l'épaisseur de l'obstacle.

4) On appelle traînée la résultante, suivant $\vec{e_x}$, des forces exercées par le fluide sur l'obstacle. Montrer que la valeur de la traînée peut s'exprimer par une intégrale en y d'une fonction du profil de vitesse $U(x, y)$. On supposera que, loin de l'obstacle, la pression est constante et les forces de viscosité négligeables.

5) Que devient l'expression de la traînée si l'on se réfère à une section en aval très éloignée de l'obstacle pour laquelle $U_D = U_\infty - U \ll U_\infty$?

Indications

Ex. 1 Utiliser l'équation locale de la dynamique et le théorème de Bernoulli adéquat.

Ex. 2 Appliquer le théorème de Bernoulli en formulation faible en fixant une ligne de courant. Ne pas oublier l'équation de continuité.

Ex. 3 Appliquer « le bon » théorème de Bernoulli.

Ex. 4 Même consigne que pour l'exercice précédent.

Ex. 5 Ne pas oublier d'utiliser l'équation de continuité en complément d'un théorème de Bernoulli.

Ex. 6 Travailler à partir de l'équation de Navier-Stokes.

Ex. 7 Extension de l'exercice 2 avec forces d'inertie supplémentaires.

Ex. 8 Le domaine de contrôle peut ne pas être simplement connexe. Ne pas oublier la conservation du débit.

Ex. 9 Introduire un domaine de contrôle rectangulaire s'appuyant sur la plaque.

Ex. 10 Faire d'abord l'exercice 9 ! Introduire un rectangle comme limite extérieure d'un domaine entourant le corps (le domaine de contrôle peut ne pas être simplement connexe).

Solutions des exercices

Exercices de niveau 1

Exercice 1

1) Par hypothèse de mouvement rectiligne, on peut poser : $\vec{V} = U(x, y, z, t)\vec{e_x}$. Compte tenu des hypothèses, $U(x, y, z, t)$ est indépendant de y et z (vitesse uniforme sur la section x = cte) et du temps t (mouvement permanent). D'où :

$$\vec{V} = U(x)\vec{e_x}.$$

La condition isovolume $(\mathrm{div}\vec{V} = 0)$ impose ensuite :

$$\frac{dU}{dx} = 0.$$

Finalement : $\vec{V} = U_0\vec{e_x}$, avec U_0 = cte. On a donc, pour cet écoulement :

$$\mathrm{div}\vec{V} = 0, \quad \overrightarrow{\mathrm{grad}}\left(\frac{V^2}{2}\right) = 0 \quad \text{et} \quad \overrightarrow{\mathrm{rot}}\vec{V} = \vec{0}.$$

• **Première façon** : Équation de la dynamique ; localement, cette équation s'écrit ici :

$$\vec{0} = -\rho\overrightarrow{\mathrm{grad}}(gz) - \overrightarrow{\mathrm{grad}}P + \mu \times \vec{0},$$

d'où les conclusions, $\mathbf{P = cte}$ ou $\mathbf{P + \rho g z = cte}$, selon le cas : fluide non pesant ou pesant.

• **Deuxième façon** : Théorème de Bernoulli ; en formulation forte (écoulement irrotationnel), on a :

$$\frac{P}{\rho} + \frac{U_0^2}{2} + gz = K,$$

constant à travers toute la section. Avec U_0 = cte, on retrouve les mêmes conclusions.

2) La viscosité du fluide ($\mu \neq 0$ ou $\mu = 0$) ne joue **aucun rôle** dans l'établissement des résultats en raison du caractère isovolume et irrotationnel du mouvement.

Exercice 2

En désignant par S et s les sections droites du réservoir et de l'orifice respectivement, la conservation du débit donne :

$$SV_A = sV_{A'}, \text{ soit : } \frac{V_A}{V_{A'}} = \frac{s}{S} \ll 1.$$

On se trouve par ailleurs dans les conditions d'application du théorème de Bernoulli en formulation faible. Considérant alors une ligne de courant entre deux points tels que A et A', on a :

$$P_A + \frac{1}{2}\rho V_A^2 + \rho g z_A = P_{A'} + \frac{1}{2}\rho V_{A'}^2 + \rho g z_{A'}.$$

Avec $P_A = P_{A'} = P_a$, $z_A = z_{A'} + H$ et $V = V_A \ll V_{A'}$, il en résulte que :

$$\rho g H \approx \frac{1}{2}\rho V^2, \text{ soit : } \mathbf{V \approx \sqrt{2gH}},$$

relation connue sous le nom de formule de Toricelli.

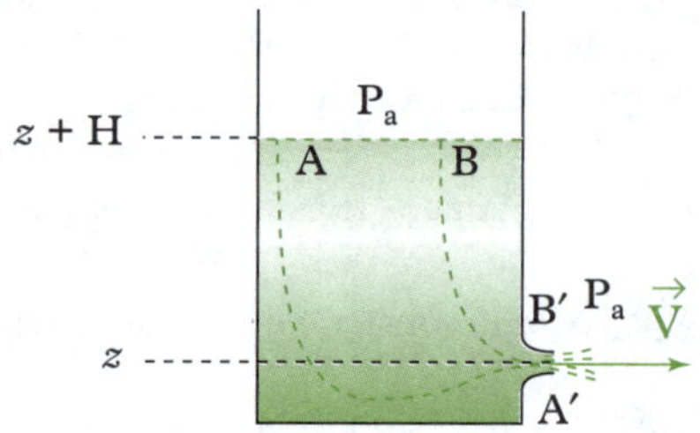

La vitesse étant uniforme sur toute la section droite de l'orifice, la pression y est également uniforme et égale à sa valeur P_A à l'interface eau/air. Le résultat ne dépend pas de la ligne de courant choisie pour le calcul (même résultat pour BB', par exemple).

Exercice 3

1) L'hypothèse d'uniformité du profil de vitesse assure que l'écoulement est irrotationnel. On peut donc appliquer le théorème de Bernoulli dans sa formulation forte entre les points S et A. On obtient ainsi, pour le fluide non pesant :

$$P_S + \frac{1}{2}\rho V_S^2 = P_A + \frac{1}{2}\rho V_A^2.$$

Or, $V_S = V$ et $V_A = 0$ (arrêt du fluide au point A). D'où le résultat :

$$\mathbf{V} = \sqrt{\frac{2(\mathbf{P_A} - \mathbf{P_S})}{\rho}}.$$

P_S est appelée pression statique, P_A est appelée pression d'arrêt ou pression totale.

2) En présence d'un fluide pesant, le même théorème de Bernoulli donne :

$$\frac{P_S}{\rho g} + \frac{V_S^2}{2g} + z_S = \frac{P_A}{\rho g} + \frac{V_A^2}{2g} + z_A, \text{ soit : } \mathbf{V} = \sqrt{\frac{2(\mathbf{P_A} - \mathbf{P_S})}{\rho} - 2\mathbf{R}g}.$$

3) L'uniformité du profil de vitesse sur toute la section droite de la conduite n'est compatible qu'avec un fluide parfait (non visqueux). En fluide visqueux, l'adhérence du fluide à la paroi provoque un gradient de vitesse auquel correspond un rotationnel non nul. Si les résultats précédents s'appliquent – ce qui est le cas – cela ne peut donc être justifié par les seules hypothèses du théorème de Bernoulli (fort).

Exercice 4

1) Le fluide étant supposé non visqueux et le mouvement permanent, on peut appliquer le théorème faible de Bernoulli entre les points A et B de la ligne de courant le long du corps de sonde. On obtient ainsi :

$$\frac{P_A}{\rho g} + \frac{V_A^2}{2g} + z_A = \frac{P_B}{\rho g} + \frac{V_B^2}{2g} + z_B.$$

La section de la sonde étant faible, la différence de cotes entre les points A et B conduit à des effets de pesanteur négligeables ($z_A \approx z_B$). En outre, au point B, l'écoulement a pratiquement récupéré sa vitesse à l'infini, sous la condition d'uniformité locale. Ainsi, $V_A = 0$, $V_B = U_\infty$, ce qui conduit à :

$$\mathbf{U}_\infty = \sqrt{\frac{2(\mathbf{P_A} - \mathbf{P_B})}{\rho}}.$$

2) En fluide visqueux, le contour extérieur de la sonde n'est plus un tube de courant (vitesse nulle en tout point par adhérence du fluide). Le théorème faible de Bernoulli ne peut être utilisé.

Le résultat précédent reste cependant valable, mais sa justification, qui procède de propriétés de la couche limite, sort du cadre du programme.

Exercice 5

1) L'application du théorème faible de Bernoulli le long de la ligne de courant confondue avec l'axe de la conduite permet d'écrire :

$$P_A + \frac{1}{2}\rho U_A^2 = P_B + \frac{1}{2}\rho U_B^2.$$

Or, par conservation du débit : $S_AU_A = S_BU_B$, d'où : $U_B = \sigma U_A$. Après substitution dans la relation de Bernoulli , on obtient le résultat :

$$\mathbf{U_A} = \sqrt{\frac{2(\mathbf{P_A} - \mathbf{P_B})}{\rho(\sigma^2 - 1)}}.$$

En supposant l'uniformité des profils de vitesse dans chaque section A et B, le théorème fort de Bernoulli permet d'assurer que la pression est la même dans chaque section. La valeur de la pression sur l'axe est donc mesurable par la prise à la paroi en fluide non pesant.

2) En fluide visqueux, les profils de vitesse ne sont plus uniformes. Le résultat précédent reste cependant valable dans la mesure où la pression demeure constante (en fluide non pesant) dans une section droite, résultat qui ne procède plus de l'application du théorème de Bernoulli.

Exercice 6

1) L'écoulement est permanent (fonctions U et P indépendantes du temps). Il est également isovolume $(\operatorname{div}\vec{V} = 0,\ \forall U(y))$. Les lignes de courant sont des droites colinéaires au vecteur $\vec{e_x}$. Il existe un gradient de vitesse non nul dans la direction normale aux lignes de courant. Il s'agit donc d'un écoulement parallèle, cisaillé simple, tel que celui que l'on rencontre dans une conduite ou un canal.

2) On ne peut appliquer aucun théorème de Bernoulli, le fluide étant visqueux et le mouvement rotationnel, de vecteur tourbillon :

$$\vec{\Omega} = -\frac{1}{2}\frac{dU}{dy}\vec{e_z} \neq \vec{0}.$$

3) Écrivons l'équation de Navier-Stokes en projection suivant les trois axes de coordonnées. La projection suivant $\vec{e_z}$ conduit manifestement à l'identité 0 = 0. Il reste donc :

– suivant $\vec{e_x}$: $\dfrac{\partial U}{\partial t} + U\dfrac{\partial U}{\partial x} + V\dfrac{\partial U}{\partial y} + W\dfrac{\partial U}{\partial z} = -\dfrac{1}{\rho}\dfrac{\partial P}{\partial x} + \nu\left(\dfrac{\partial^2 U}{\partial x^2} + \dfrac{\partial^2 U}{\partial y^2} + \dfrac{\partial^2 U}{\partial z^2}\right)$;

– suivant $\vec{e_y}$: $\dfrac{\partial V}{\partial t} + U\dfrac{\partial V}{\partial x} + V\dfrac{\partial V}{\partial y} + W\dfrac{\partial V}{\partial z} = -\dfrac{1}{\rho}\dfrac{\partial P}{\partial y} + \nu\left(\dfrac{\partial^2 V}{\partial x^2} + \dfrac{\partial^2 V}{\partial y^2} + \dfrac{\partial^2 V}{\partial z^2}\right)$.

Compte tenu des hypothèses, ces relations se réduisent à :

$$0 = -\frac{1}{\rho}\frac{\partial P}{\partial x} + \nu\frac{d^2U}{\partial y^2} \quad \text{et} \quad 0 = -\frac{1}{\rho}\frac{\partial P}{\partial y}.$$

La dernière relation établit le résultat demandé. Ce résultat a une portée pratique importante, puisqu'il permet la mesure de la pression en n'importe quel point d'une section droite d'un tel écoulement de fluide visqueux dont le profil de vitesse n'est pas uniforme.

4) En alignant l'axe $\vec{e_y}$ avec la verticale ascendante, la projection de l'équation de Navier-Stokes suivant cet axe devient, en fluide pesant :

$$0 = -g - \frac{1}{\rho}\frac{\partial P}{\partial y},$$

qui montre que la pression suit dans ce cas la loi de l'hydrostatique dans toute section droite.

Exercices de niveau 2

Exercice 7

1) Intuitivement, on peut s'attendre à ce que la mise en rotation du réservoir génère une force centrifuge tendant à éjecter le fluide vers l'extérieur et donc augmenter la vitesse à travers l'orifice, en comparaison au cas où la gravité est seule en cause.

2) En désignant par S et s les sections droites du réservoir et de l'orifice respectivement, la conservation du débit donne :

$$SV_A = sV_{A'}, \text{ soit : } \frac{V_A}{V_{A'}} = \frac{s}{S} \ll 1.$$

On se trouve par ailleurs dans les conditions d'application du théorème de Bernoulli en formulation faible. Dans le repère tournant à vitesse de rotation constante, les forces de volume comprennent outre le poids, la force d'inertie d'entraînement dérivant du potentiel $-\rho\frac{\omega^2 r^2}{2}$, pour une particule fluide à la distance r de l'axe de rotation. Sur une ligne de courant telle que AA′, on a ainsi :

$$P_A + \frac{1}{2}\rho V_A^2 + \rho g z_A - \rho\frac{\omega^2 r_A^2}{2} = P_{A'} + \frac{1}{2}\rho V_{A'}^2 + \rho g z_{A'} - \rho\frac{\omega^2 r_{A'}^2}{2}.$$

Avec $P_A = P_{A'} = P_a$, $z_A = z_{A'} + H$, $r_A = 0$, $r_{A'} = R$ et $V = V_A \ll V_{A'}$, il en résulte que :

$$\rho g H \approx \frac{1}{2}\rho V^2 - \rho\frac{\omega^2 R^2}{2}, \text{ soit : } \mathbf{V \approx \sqrt{2gH + \omega^2 R^2}}.$$

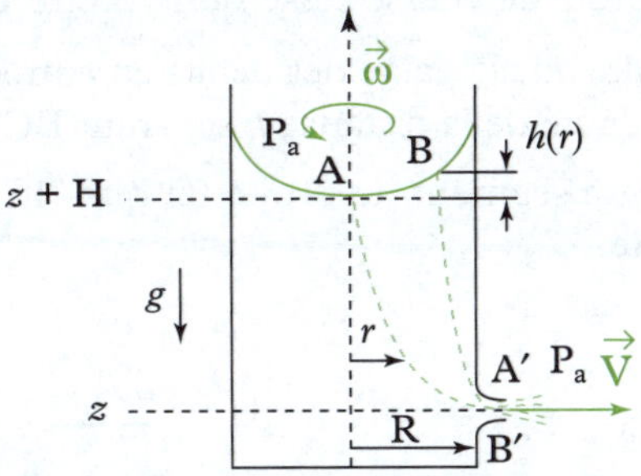

3) Pour une autre ligne de courant partant d'un point B situé à la distance r de l'axe et aboutissant au point B′, on a, avec $P_B = P_{B'} = P_a$, $z_B = z_{B'} + H + h(r)$, $r_B = r$, $r_{B'} = R$ et $V_B \ll V_{B'}$:

$$\rho g[H + h(r)] - \rho\frac{\omega^2 R^2}{2} = \frac{1}{2}\rho V_{B'}^2 - \rho\frac{\omega^2 R^2}{2},$$

soit avec : $V_{B'} = V \approx \sqrt{2gH + \omega^2 R^2}$:

$$\boldsymbol{h(r) = \frac{\omega^2 r^2}{2g}}.$$

La vitesse étant uniforme sur toute la section droite de l'orifice, la pression y est également uniforme et égale à sa valeur P_a à l'interface eau/air.

Exercice 8

Désignant par $\vec{F}$ la résultante de la force exercée sur le fluide par l'hélice, l'application du théorème d'Euler au domaine limité par la surface $\Sigma = A_e \cup S \cup A_s \cup S'$ conduit à :

$$\iint_{A_e} \rho V_e^2 \vec{n}_e \, d\sigma + \iint_{A_s} \rho V_s^2 \vec{n}_s \, d\sigma = \vec{F} + \iint_{\Sigma} -P\vec{n}\, d\sigma.$$

Introduisons les hypothèses suivantes :

– H_1 : profils de vitesse dans les sections droites d'entrée et de sortie uniformes,

– H_2 : pression constante sur toute la surface du domaine.

La relation précédente prend alors la forme simplifiée suivante :

$$\vec{F} = \rho(V_s^2 A_s - V_e^2 A_e)\vec{n}_s.$$

La conservation du débit volumique impose par ailleurs que $V_s A_s = V_e A_e$, de sorte que la résultante s'écrit finalement :

$$\vec{\mathbf{F}} = \mathbf{Q_m(V_s - V_e)}\vec{\boldsymbol{n}}_\mathbf{s},$$

en introduisant le débit massique $Q_m = \rho V_s A_s = \rho V_e A_e$.

Pour une hélice motrice, $V_s - V_e$ est positif et la force produite par le fluide sur l'hélice s'exerce dans le sens opposé à l'écoulement, le résultat s'inversant pour une hélice fonctionnant en récepteur.

Exercices de niveau 3

Exercice 9

1) Prenons pour domaine de contrôle un rectangle tel que celui limité par le contour ABCD (*cf.* figure ci-dessous). Considérer BC comme une ligne de courant revient à imposer que le débit entrant par la face AB est égal à celui sortant par CD. Or l'arrêt du fluide sur la plaque par adhérence visqueuse génère, à grand nombre de Reynolds, une zone de ralentissement de l'écoulement en proche paroi. Le profil de vitesse cesse donc d'être uniforme et présente un gradient transversal $\frac{\partial U}{\partial y}$ non nul. Il en résulte que l'égalité des débits en entrée et sortie du domaine est impossible. Cette conclusion est indépendante de la distance h séparant BC de la plaque.

Sur un segment de droite tel que BC, le vecteur vitesse a donc une **composante normale V non nulle**.

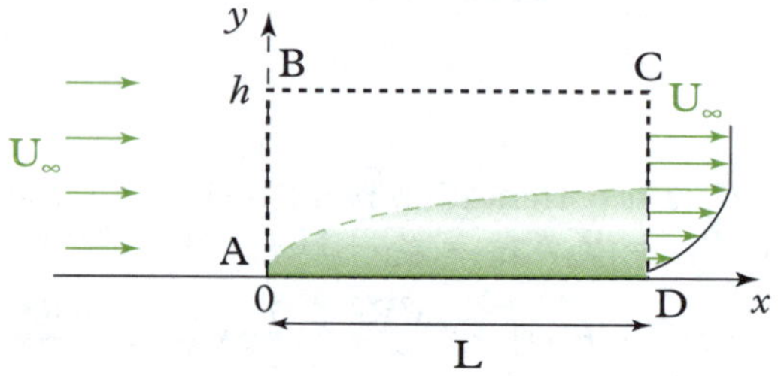

2) Désignons par Q_v le débit volumique sortant à travers la surface BC, soit :

$$Q_v = \int_0^L V(x, h)\,dx.$$

La conservation du débit, par unité d'envergure, sur le contour ABCD se traduit par :

$$-\int_0^h U_\infty\,dy + Q_v + \int_0^h U(L, y)\,dy + 0 = 0, \text{ soit : } \mathbf{Q_v = U_\infty h - \int_0^h U(L, y)\,dy}.$$

3) La contrainte de viscosité sur une facette prise sur la plaque (normale $\vec{e_y}$) se réduit au seul frottement ou cisaillement visqueux :

$$\tau_{yx}(x) = \mu\left(\frac{\partial U(x, y)}{\partial y}\right)_{y=0} \quad \text{(contraintes normales négligeables).}$$

La traînée par unité d'envergure sur une face de la plaque vaut donc :

$$\mathbf{T_x} = \int_0^L \tau_{yx}(x)\,dx = \boldsymbol{\mu \int_0^L \left(\frac{\partial U(x, y)}{\partial y}\right)_{y=0} dx}.$$

4) Le flux de quantité de mouvement suivant $\vec{e_x}$ sur les différents côtés du rectangle vaut respectivement :

– sur AB : $\int_A^B \rho U_\infty \vec{V} \cdot \vec{n}\,dy = -\int_0^h \rho U_\infty^2\,dy = -\rho U_\infty^2 h$;

– sur CD : $\int_C^D \rho U \vec{V} \cdot \vec{n}\,dy = \int_0^h \rho U^2(L, y)\,dy$;

– sur BC : $\int_{BC} \rho U \vec{V} \cdot \vec{n}\,dx = -\int_0^L \rho U(x, h)\,dx$;

– sur AD : 0.

Supposant la distance h très grande vis-à-vis de l'épaisseur de la couche limite, on peut prendre $U(x, h) \approx U_\infty$, ainsi :

$$\int_{BC} \rho U \vec{V} \cdot \vec{n}\, dx = \rho U_\infty \int_0^L V(x, h)\, dx = \rho U_\infty Q_v .$$

Au total, le flux de quantité de mouvement suivant $\vec{e}_x$ vaut donc :

$$Q_{qx} = -\rho U_\infty^2 \ell + \int_0^h \rho U^2(L, y)\, dy + \rho U_\infty \left\{ U_\infty \ell - \int_0^h U(L, y)\, dy \right\}$$

soit :

$$\mathbf{Q_{qx} = \rho U_\infty^2 \int_0^h \left(\frac{U^2(L, y)}{U_\infty^2} - \frac{U(L, y)}{U_\infty} \right) dy.}$$

5) Appliquons le théorème d'Euler au fluide compris dans le rectangle ABCD. En projection suivant $\vec{e}_x$, cela donne :

$$Q_{qx} = \int_{ABCD} (\vec{T} - P\vec{n})\vec{e}_x\, d\ell$$

où $\vec{T}$ désigne le vecteur contrainte des forces de viscosité et P la pression. La pression étant par hypothèse supposée constante dans tout le champ et le fluide étant pris non pesant, les seules forces extérieures agissant sur le domaine sont les forces de viscosité. Leur action se limite au frottement sur la surface en contact avec la paroi mouillée de la plaque, soit $-T_x$, puisque T_x désigne la traînée, force exercée par le fluide **sur** la plaque.

On obtient donc :

$$\mathbf{T_x = \rho U_\infty^2 \int_0^h \left(\frac{U(L, y)}{U_\infty} - \frac{U^2(L, y)}{U_\infty^2} \right) dy.}$$

Exercice 10

1) Prenons pour domaine un rectangle tel que celui limité par le contour ABCD (*cf.* figure ci-dessous). Considérer les segments AD et BC comme des portions de lignes de courant revient à imposer que le débit entrant par la face AB soit égal au débit sortant par CD, ce qui est manifestement impossible avec les profils de vitesses sur chacune de ces sections.

Sur une droite y = cte hors de la zone de sillage, le vecteur vitesse a donc une **composante normale V non nulle.**

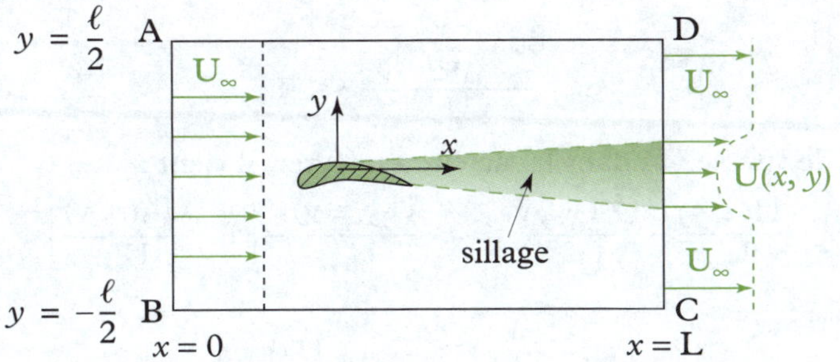

2) Désignons par Q_v le débit volumique à travers les sections BC et AD ; la conservation du débit, par unité d'envergure, sur le contour ABCD centré sur l'axe des x, se traduit par :

$$Q_v = \int_{-\frac{\ell}{2}}^{+\frac{\ell}{2}} U_\infty\, dy - \int_{-\frac{\ell}{2}}^{+\frac{\ell}{2}} U(x, y)\, dy = \mathbf{U_\infty \ell - \int_{-\frac{\ell}{2}}^{+\frac{\ell}{2}} U(x, y)\, dy}, \text{ en posant } \ell = AB.$$

3) Le flux de quantité de mouvement suivant $\vec{e}_x$ sur les différents côtés du rectangle vaut respectivement :

- $\int_A^B \rho U_\infty \vec{V} \cdot \vec{n}\, dy = -\int_{-\frac{\ell}{2}}^{+\frac{\ell}{2}} \rho U_\infty^2 dy = -\rho U_\infty^2 \ell$;
- $\int_C^D \rho U \vec{V} \cdot \vec{n}\, dy = -\int_{-\frac{\ell}{2}}^{+\frac{\ell}{2}} \rho U^2(x, y) dy$;
- $\int_{BC \cup AD} \rho U \vec{V} \cdot \vec{n}\, dx = \int_0^L \rho U\left(x, -\frac{\ell}{2}\right) V\left(x, -\frac{\ell}{2}\right) dx + \int_0^L \rho U\left(x, \frac{\ell}{2}\right) V\left(x, \frac{\ell}{2}\right) dx.$

Supposer la distance ℓ très grande vis-à-vis de l'épaisseur de l'obstacle permet de prendre $U\left(x, -\frac{\ell}{2}\right) \approx U\left(x, \frac{\ell}{2}\right) \approx U_\infty$, ainsi :

$$\int_{BC \cup AD} \rho U \vec{V} \cdot \vec{n}\, dx = \rho U_\infty \int_0^L \left[V\left(x, -\frac{\ell}{2}\right) + V\left(x, -\frac{\ell}{2}\right) \right] dx = \rho U_\infty Q_v.$$

Au total, le flux de quantité de mouvement suivant $\vec{e}_x$ vaut donc :

$$Q_{qx} = -\rho U_\infty^2 \ell + \int_{-\frac{\ell}{2}}^{+\frac{\ell}{2}} \rho U^2(x, y) dy + \rho U_\infty \left\{ U_\infty \ell - \int_{-\frac{\ell}{2}}^{+\frac{\ell}{2}} U(x, y) dy \right\}$$

soit :

$$\mathbf{Q_{qx} = \rho U_\infty^2 \int_{-\frac{\ell}{2}}^{+\frac{\ell}{2}} \left(\frac{U^2(x, y)}{U_\infty^2} - \frac{U(x, y)}{U_\infty} \right) dy.}$$

4) Appliquons le théorème d'Euler au fluide compris dans le domaine limité par le rectangle ABCD et les particules du contour Σ en contact avec la surface de l'obstacle. Aucun débit ne passant à travers cette surface, le théorème de la quantité de mouvement en projection suivant $\vec{e}_x$ donne :

$$Q_{qx} = \int_{ABCD} (\vec{T} - P\vec{n}) \cdot \vec{e}_x d\ell + \int_\Sigma (\vec{T} - P\vec{n}) \cdot \vec{e}_x d\ell,$$

où $\vec{T}$ désigne le vecteur contrainte des forces de viscosité et P la pression. Le rectangle ABCD étant choisi loin de l'obstacle, la pression est uniforme et son intégrale sur ce contour fermé est nulle; les forces de viscosité y étant en outre négligeables, la première intégrale est nulle. La seconde représente la résultante suivant x des forces exercées par le contour sur le fluide, soit l'opposée de la traînée F_x. On tire donc que :

$$\mathbf{F_x = \rho U_\infty^2 \int_{-\frac{\ell}{2}}^{+\frac{\ell}{2}} \left(\frac{U(x, y)}{U_\infty} - \frac{U^2(x, y)}{U_\infty^2} \right) dy.}$$

5) En s'éloignant de l'obstacle, la région de sillage s'étale en y et le déficit de vitesse se comble progressivement. À une distance en x suffisante, on peut donc légitimement considérer que, sur toute section droite :

$$\frac{U_\infty - U(x, y)}{U_\infty} \ll 1.$$

Introduisant l'écart de vitesse U_D dans le facteur à intégrer, il vient :

$$\frac{U(x, y)}{U_\infty} - \frac{U^2(x, y)}{U_\infty^2} = 1 - \frac{U_D(x, y)}{U_\infty} - \left[1 - \frac{U_D(x, y)}{U_\infty} \right]^2,$$

soit, au premier ordre :

$$\frac{U(x, y)}{U_\infty} - \frac{U^2(x, y)}{U_\infty^2} \sim \frac{U_D(x, y)}{U_\infty}.$$

Il en résulte l'expression très simple de la traînée :

$$\mathbf{F_x = \rho U_\infty \int_{-\frac{\ell}{2}}^{+\frac{\ell}{2}} U_D(x, y) dy.}$$

CHAPITRE

5 Écoulements à potentiel de fluide incompressible homogène

Introduction

On traite dans ce chapitre des écoulements d'un fluide incompressible initialement homogène. Dans ces conditions, la masse volumique restera constante dans l'espace et dans le temps. Dans tous les cas, on admet que les forces de volume dérivent d'un potentiel (FVDP). On se focalise d'abord sur la détermination du champ de vitesse de certaines classes d'écoulements définies par des propriétés cinématiques particulières ($\mathrm{div}\vec{V} = 0$, puis $\mathrm{div}\vec{V} = 0$ et $\mathrm{rot}\vec{V} = 0$). On donne ensuite l'exemple d'applications en écoulement bidimensionnel plan stationnaire.

L'étude de l'écoulement autour d'un cylindre nous permettra d'introduire deux résultats particulièrement importants pour les applications pratiques : le paradoxe de d'Alembert et le théorème de Joukovski.

Plan du chapitre 5

A. Mouvement de fluide incompressible homogène

A.1. Les équations locales

Lorsque la masse volumique est constante dans l'espace et le temps, l'équation de continuité se réduit à la condition isovolume[1] :

$$\mathrm{div}\vec{V} = 0.$$

L'équation vectorielle de quantité de mouvement :

$$\frac{\partial \vec{V}}{\partial t} + \overrightarrow{\mathrm{grad}}\left(\frac{V^2}{2}\right) + \overrightarrow{\mathrm{rot}}\vec{V} \wedge \vec{V} = -\overrightarrow{\mathrm{grad}}\,\wp - \frac{1}{\rho}\overrightarrow{\mathrm{grad}}P + \nu\left(\Delta\vec{V} + \frac{1}{3}\overrightarrow{\mathrm{grad}}(\mathrm{div}\vec{V})\right),$$

devient, avec l'hypothèse $\rho = \mathrm{cte}$ [2] et sous la condition isovolume :

$$\frac{\partial \vec{V}}{\partial t} + \overrightarrow{\mathrm{grad}}\left(\frac{V^2}{2}\right) + \overrightarrow{\mathrm{rot}}\vec{V} \wedge \vec{V} = -\overrightarrow{\mathrm{grad}}\,\wp - \overrightarrow{\mathrm{grad}}\frac{P}{\rho} + \nu\Delta\vec{V}$$

ou encore, en notant que $\Delta\vec{V} = \overrightarrow{\mathrm{grad}}(\mathrm{div}\vec{V}) - \overrightarrow{\mathrm{rot}}(\overrightarrow{\mathrm{rot}}\vec{V}) = -\overrightarrow{\mathrm{rot}}(\overrightarrow{\mathrm{rot}}\vec{V})$:

$$\frac{\partial \vec{V}}{\partial t} + \overrightarrow{\mathrm{grad}}\left(\frac{V^2}{2}\right) + \overrightarrow{\mathrm{rot}}\vec{V} \wedge \vec{V} = -\overrightarrow{\mathrm{grad}}\,\wp - \overrightarrow{\mathrm{grad}}\frac{P}{\rho} - \nu\overrightarrow{\mathrm{rot}}(\overrightarrow{\mathrm{rot}}\vec{V}).$$

Propriété 1

Le mouvement d'un **fluide incompressible homogène** est régi par :

$$\begin{cases} \mathrm{div}\vec{V} = 0 \\ \dfrac{\partial \vec{V}}{\partial t} + \overrightarrow{\mathrm{grad}}\left(\dfrac{V^2}{2}\right) + \overrightarrow{\mathrm{rot}}\vec{V} \wedge \vec{V} = -\overrightarrow{\mathrm{grad}}\,\wp - \overrightarrow{\mathrm{grad}}\dfrac{P}{\rho} - \nu\overrightarrow{\mathrm{rot}}(\overrightarrow{\mathrm{rot}}\vec{V}). \end{cases}$$

Il s'agit d'un système de quatre équations aux dérivées partielles scalaires pour quatre fonctions scalaires (U, V, W, P) des variables d'Euler. Avec la donnée des conditions initiales et aux limites, sa résolution permet *a priori*[3] d'accéder à la détermination complète du champ d'écoulement.

Le système est du premier ordre en dérivation partielle par rapport au temps, et du second ordre en dérivation partielle par rapport aux variables d'espace du fait des termes de viscosité. Il peut chuter au premier ordre en espace dans l'un ou l'autre des deux cas suivants :

– le comportement mécanique est de type fluide parfait ($\nu = 0$) ;

– le mouvement est irrotationnel.

Dans ce dernier cas, le système est le même, quelle que soit la viscosité : **l'écoulement irrotationnel de fluide parfait et de fluide réel dans un domaine donné obéit aux mêmes équations**. La différence ne pourra donc provenir que des conditions aux limites.

Le cas le plus discriminant est certainement la condition à la limite sur une paroi solide. On rappelle qu'en fluide parfait, la condition qui s'applique est de type « imperméabilité[4] », tandis que dans le cas d'un fluide réel, elle est de type « adhérence[5] » : la vitesse de la paroi et celle du fluide en tout point coïncident sont strictement égales.

Les écoulements de fluide parfait pourront donc, le plus souvent, être traités comme une sous-classe des écoulements irrotationnels. Dans la suite de ce chapitre, on reviendra sur la distinction qu'il convient de faire entre écoulement de fluide parfait et écoulement de fluide visqueux chaque fois que la nécessité s'en fera sentir.

1. Rappelons que cette condition est logiquement équivalente à celle d'écoulement incompressible, au sens $\frac{D\rho}{Dt} = 0$.

2. Rappelons que cette hypothèse résulte de la condition isovolume si l'on suppose le fluide homogène.

3. L'étude des propriétés d'existence et d'unicité des solutions de ce système soulève des questions théoriques non entièrement résolues actuellement.

4. Si on note $\vec{V}_p$ et $\vec{V}$ respectivement les vitesses de la paroi et du fluide au point coïncident, la condition d'imperméabilité s'écrit : $\vec{V}_p \wedge \vec{V} = \vec{0}$.

5. La condition d'adhérence s'exprime par : $\vec{V}_p = \vec{V}$.

A.2. Le potentiel vecteur de vitesse $\vec{\psi}$

Définition 1

On appelle **potentiel vecteur de vitesse** le vecteur $\vec{\psi}(x, y, z, t)$ tel que :

$$\vec{V} = \overrightarrow{\text{rot}}\,\vec{\psi}.$$

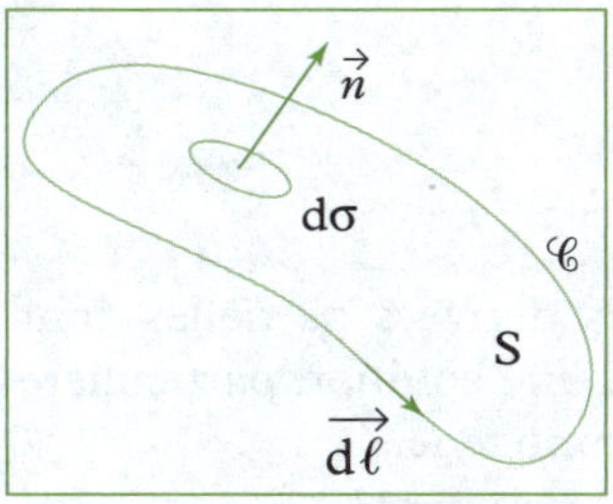

Fig. 1 - Débit passant à travers une surface S limitée par une courbe.

Mathématiquement, son existence est garantie dès que la condition isovolume ($\text{div}\vec{V} = 0$) est satisfaite.

On peut utiliser cette nouvelle grandeur pour évaluer de manière simple le débit volumique passant à travers une surface S limitée par la courbe fermée 𝒞 (fig. 1).

Comme on l'a vu au chapitre 3, ce débit peut s'exprimer par la relation :

$$Q_v = \iint_S \vec{V} \cdot \vec{n}\, d\sigma$$

où $\vec{n}$ est la normale à l'élément de surface dσ. En introduisant le potentiel vecteur, on obtient :

$$Q_v = \iint_S \overrightarrow{\text{rot}}\vec{\psi} \cdot \vec{n}\, d\sigma$$

puis, par application de la formule de Stokes[1]:

$$Q_v = \int_{\mathscr{C}} \vec{\psi} \cdot \overrightarrow{d\ell},$$

où $\overrightarrow{d\ell}$ est l'élément de courbe orientée pris sur 𝒞. On obtient donc le théorème suivant :

Théorème 1

Le débit volumique passant à travers la surface S limitée par la courbe fermée 𝒞 est égal[2] à la **circulation du potentiel vecteur de vitesse** le long de la courbe 𝒞.

A.3. Cas particulier des écoulements bidimensionnels plans

A.3.1 - La fonction courant ψ

Définition 2

En écoulement bidimensionnel plan, le potentiel vecteur de vitesse peut être défini comme normal au plan du mouvement. Dans ce cas, sa valeur algébrique est appelée **fonction courant**.

Démonstration :

On va considérer ici un écoulement bidimensionnel[3] plan[4], tel que :

$$\frac{\partial \vec{V}}{\partial z} = 0 \text{ et } W = 0.$$

1. Le flux du rotationnel d'un vecteur $\vec{A}$ à travers une surface S s'appuyant sur une courbe fermée 𝒞 est égal à la circulation du vecteur $\vec{A}$ sur la courbe 𝒞.

2. La valeur du débit reste inchangée quelle que soit la surface S considérée, dès lors qu'elle est limitée par la même courbe 𝒞.

3. Par définition, un **écoulement bidimensionnel** est un écoulement **bivariable** qui est cinématiquement invariant par translation suivant un axe de coordonnée, par exemple, en repère cartésien :

$$\forall(x, y, z, t), \quad \frac{\partial \vec{V}}{\partial z} = 0.$$

L'écoulement **axisymétrique** ou **de révolution** :

$$\forall(r, \theta, z, t), \quad \frac{\partial \vec{V}}{\partial \theta} = 0$$

est un écoulement bivariable en coordonnées polaires (invariant par rotation autour de l'axe polaire).

4. Un **écoulement plan** est un écoulement **bicomposante** dont le vecteur dans un référentiel cartésien est contenu dans un même plan, par exemple :

$$\forall(x, y, z, t), \quad W = 0.$$

L'écoulement **radial** ($V_\theta = 0$) et l'écoulement **azimutal** ($V_r = 0$) sont des écoulements bicomposantes en coordonnées polaires.

Compte tenu de ces hypothèses, on a par définition du potentiel vecteur :

$$\frac{\partial\psi_z}{\partial y}-\frac{\partial\psi_y}{\partial z} = \mathrm{U}(x, y, t)$$

$$\frac{\partial\psi_x}{\partial z}-\frac{\partial\psi_z}{\partial x} = \mathrm{V}(x, y, t)$$

$$\frac{\partial\psi_y}{\partial x}-\frac{\partial\psi_x}{\partial y} = 0.$$

Ceci constitue un système linéaire d'équations aux dérivées partielles dont toute solution peut être construite par l'addition d'une solution particulière du système et de la solution générale du système homogène.

La solution générale du système homogène s'écrit $\vec{\psi} = \overrightarrow{\mathrm{grad}}\, f$, où f est une fonction arbitraire. Pour obtenir une solution particulière, on observe que la condition isovolume permet d'affirmer l'existence d'une fonction scalaire $\psi(x, y, t)$ telle que :

$$\mathrm{U}(x, y, t) = \frac{\partial\psi(x, y, t)}{\partial y} \quad \text{et} \quad \mathrm{V}(x, y, t) = -\frac{\partial\psi(x, y, t)}{\partial x}$$

et on vérifie aisément que $\psi(x, y, t)\vec{e_z}$ est solution du système initial. Il n'y a pas d'inconvénient à prendre f = constante, et on pourra retenir l'expression suivante pour le potentiel vecteur :

$$\vec{\psi} = \psi(x, y, t)\vec{e_z} \quad \text{où } \psi \text{ est la fonction courant.}$$

On remarquera de plus que :

– le potentiel vecteur est défini au gradient additif près d'une fonction arbitraire[1] ;

– la fonction courant est définie à une constante additive près[2].

1. Si l'on a $\vec{\mathrm{V}} = \overrightarrow{\mathrm{rot}}\vec{\psi}$, alors on a également :

$$\vec{\mathrm{V}} = \overrightarrow{\mathrm{rot}}[\vec{\psi} + \overrightarrow{\mathrm{grad}} f]$$

quelle que soit f dérivable.

2. Si l'on a :

$$\begin{cases} \mathrm{U} = \dfrac{\partial\psi}{\partial y} \\ \mathrm{V} = -\dfrac{\partial\psi}{\partial x} \end{cases}$$

alors, on a également :

$$\begin{cases} \mathrm{U} = \dfrac{\partial[\psi + a]}{\partial y} \\ \mathrm{V} = -\dfrac{\partial[\psi + a]}{\partial x} \end{cases}$$

où a est une constante pure.

A.3.2 - Ligne de courant et fonction courant

Théorème 2

En écoulement bidimensionnel plan, la fonction courant est constante le long d'une ligne de courant.

Démonstration :

Par définition, une ligne de courant est une courbe qui, à l'instant d'observation, est tangente en tout point au vecteur vitesse. Le point courant $\mathrm{M}(x, y)$ vérifie donc, à l'instant d'observation :

$$\mathrm{d}[\overrightarrow{\mathrm{OM}}] \wedge \vec{\mathrm{V}} = \vec{0}.$$

En écoulement bidimensionnel plan avec les conventions utilisées ici, il en résulte pour $\mathrm{UV} \neq 0$:

$$\frac{\mathrm{d}x}{\mathrm{U}(x, y, t)} = \frac{\mathrm{d}y}{\mathrm{V}(x, y, t)}.$$

Comme $\mathrm{U}(x, y, t) = \dfrac{\partial\psi(x, y, t)}{\partial y}$ et $\mathrm{V}(x, y, t) = -\dfrac{\partial\psi(x, y, t)}{\partial x}$, on en déduit que :

$$\frac{\partial\psi}{\partial x}\mathrm{d}x + \frac{\partial\psi}{\partial y}\mathrm{d}y = 0.$$

Ceci représente la variation de ψ le long de la ligne de courant à l'instant d'observation. Elle est donc nulle et la fonction courant est bien constante le long de la ligne de courant.

A.3.3 - Débit volumique et fonction courant

1. En écoulement bidimensionnel, on appellera **envergure** la direction d'invariance (z avec les conventions utilisées ici).

Théorème 3

En écoulement bidimensionnel plan, le **débit volumique** par unité d'envergure[1] passant entre deux lignes de courant est égal à la différence des valeurs prises par la fonction courant sur chacune de ces deux lignes de courant.

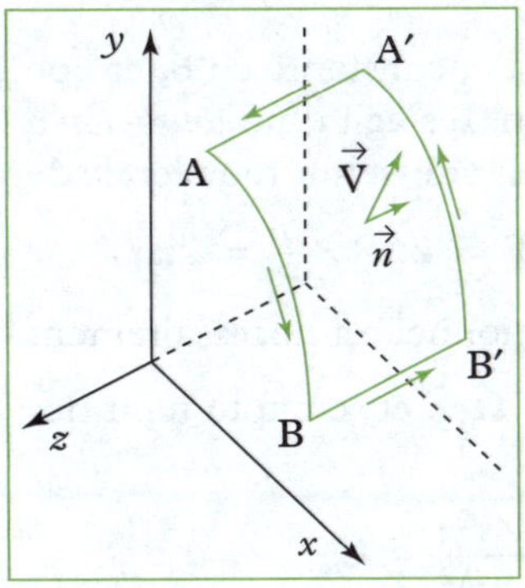

Fig. 2 - Conventions de notation pour le calcul du débit passant à travers la surface S.

Démonstration :

Considérons la surface S limitée par la courbe ABB'A', elle-même constituée par l'arc $\widehat{AB}$ situé dans le plan $z = 0$ et l'arc $\widehat{A'B'}$ résultant de sa translation dans le plan $z = -1$ (fig. 2).

Le potentiel vecteur s'écrit maintenant $\vec{\psi} = \psi \vec{e}_z$, et on pourra considérer que le débit volumique par unité de longueur en z passant entre A et B, égal à la circulation du potentiel vecteur $\vec{\psi}$ sur la courbe orientée ABB'A' en vertu du résultat obtenu dans le §A.2, est donné par :

$$Q_v = \int_{AB} \psi \vec{e}_z \cdot \overrightarrow{d\ell} + \int_{BB'} \psi \vec{e}_z \cdot \overrightarrow{d\ell} + \int_{B'A'} \psi \vec{e}_z \cdot \overrightarrow{d\ell} + \int_{A'A} \psi \vec{e}_z \cdot \overrightarrow{d\ell}.$$

2. ψ n'est fonction que de x, y et t donc $\frac{\partial \psi}{\partial z} = 0$.

Les intégrales sur AB et B'A' sont toutes deux nulles tandis que ψ est invariant sur AA' et BB'[2], respectivement égal à ψ_A et ψ_B, d'où :

$$Q_v = \psi_A - \psi_B.$$

On note de plus que, comme on devait s'y attendre, ce résultat :

– est indépendant du trajet entre A et B (courbes $\mathscr{C}$ et $\mathscr{C}'$ sur la figure 3) ;

– serait inchangé si l'on déplaçait les points A et B sur leurs lignes de courant respectives (courbes $\mathscr{C}$ et $\mathscr{C}''$ sur la figure 3).

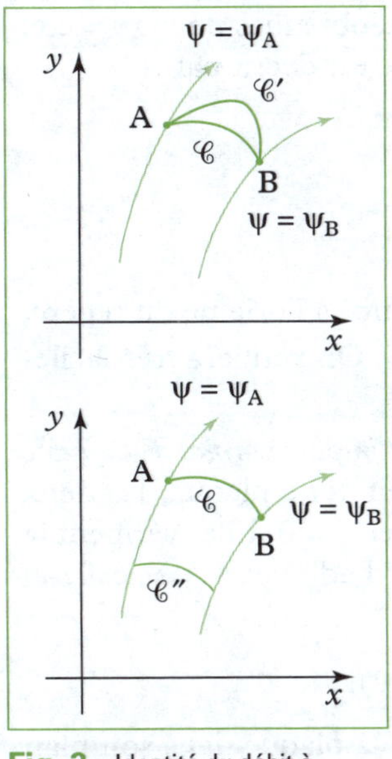

Fig. 3 - Identité du débit à travers les courbes $\mathscr{C}$, $\mathscr{C}'$ et $\mathscr{C}''$.

A.4. Exemples d'écoulements bidimensionnels plans définis par une fonction courant

A.4.1 - Exemples d'écoulements de fluide parfait irrotationnel stationnaire

• Tourbillon à circulation constante

On s'intéresse à l'écoulement défini sur $\mathbb{R}^* \times \mathbb{R}^*$ par la fonction courant :

$$\psi = -\frac{\gamma}{2} \ln(x^2 + y^2),$$

γ étant une grandeur constante ayant la dimension d'une *circulation* $[m^2 \cdot s^{-1}]$.
La fonction courant ne dépend pas de t, l'écoulement est donc *stationnaire.*
Les lignes de courant sont obtenues en faisant :

$$\psi = \text{cte, soit } x^2 + y^2 = \text{cte}.$$

Il s'agit de cercles centrés sur l'origine.
Les composantes de vitesse sont calculées en appliquant les relations de définition en géométrie bidimensionnelle plane :

$$\begin{cases} U = \dfrac{\partial \psi}{\partial y} = \dfrac{-\gamma y}{x^2 + y^2} \\ V = -\dfrac{\partial \psi}{\partial x} = \dfrac{\gamma x}{x^2 + y^2} \end{cases}$$

soit en coordonnées polaires :

$$\begin{cases} V_\theta = -U\sin\theta + V\cos\theta = \gamma\dfrac{x\cos\theta + y\sin\theta}{x^2+y^2} = \dfrac{\gamma}{r} \\ V_r = U\cos\theta + V\sin\theta = \gamma\dfrac{x\sin\theta - y\cos\theta}{x^2+y^2} = 0 \end{cases}$$

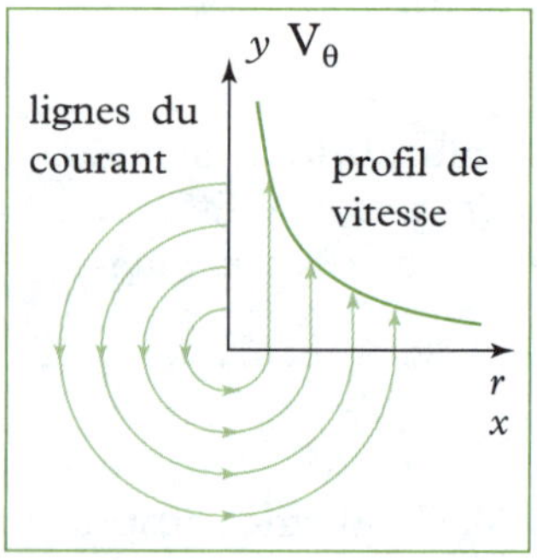

Fig. 4 - Tourbillon à circulation constante.

On constate que la vitesse est purement orthoradiale, constante en θ, et que son module est inversement proportionnel au rayon. Il s'agit d'un *tourbillon à circulation constante* (fig. 4) : la circulation du vecteur vitesse sur tout cercle de rayon R centré sur l'origine est constante, égale à $\Gamma = 2\pi R \times \frac{\gamma}{R} = 2\pi\gamma$.

Dans cet écoulement bidimensionnel plan, le rotationnel est nécessairement porté par la normale au plan. On a donc $\overrightarrow{\text{rot}}\vec{V} = \Omega\vec{e_z}$ et, compte tenu des expressions obtenues pour U et V :

$$\Omega = \frac{\partial V}{\partial x} - \frac{\partial U}{\partial y} = \frac{\gamma(y^2-x^2)}{(x^2+y^2)^2} - \frac{\gamma(y^2-x^2)}{(x^2+y^2)^2} = 0.$$

L'écoulement est donc *irrotationnel*[1].

1. Le champ de vitesse est singulier à l'origine (module tendant vers l'infini). *Cette caractéristique est acceptable en fluide parfait, mais pas en fluide visqueux.* Ceci est paradoxal car le système d'équations régissant l'écoulement est identique pour les deux modèles de fluide. Si l'on réfute cette description pour un écoulement de fluide visqueux, c'est que dans ce cas la solution obtenue n'est pas stable : on pourrait montrer qu'une perturbation infinitésimale du rotationnel suffit à faire basculer la solution vers une configuration très différente : le tourbillon à noyau solide (voir chapitre 7).

• **Écoulement au voisinage d'un point d'arrêt**

On s'intéresse à l'écoulement défini sur $\mathbb{R} \times \mathbb{R}^+$ par la fonction courant :

$$\boldsymbol{\psi = kxy,}$$

k étant une grandeur constante ayant pour dimension *l'inverse d'un temps* [s^{-1}]. L'écoulement est stationnaire. Les lignes de courant, obtenues pour xy = cte, sont des hyperboles équilatères. Le champ de vitesse est décrit par :

$$\begin{cases} U = \dfrac{\partial\psi}{\partial y} = kx \\ V = -\dfrac{\partial\psi}{\partial x} = -ky \end{cases}$$

Le module croît linéairement en fonction de la distance à l'origine du repère, où la vitesse s'annule : l'origine est un point d'arrêt[2]. On vérifiera très facilement que l'écoulement est *irrotationnel.*

2. On rappelle qu'un point d'arrêt est un point de l'espace où le vecteur vitesse s'annule.

Cet écoulement (fig. 5) peut être interprété comme *l'impact normal d'un fluide sur une paroi plane* confondue avec le plan $y = 0$. Sur cette plaque, les deux composantes de vitesse du fluide s'écrivent : $U = kx$ et $V = 0$. Elles vérifient la condition d'imperméabilité mais pas la condition d'adhérence ; si celle-ci était vérifiée, la vitesse de la plaque s'écrirait :

$$\vec{V_p}(x, y, t) = \vec{V}(x, y, t) = (kx, 0).$$

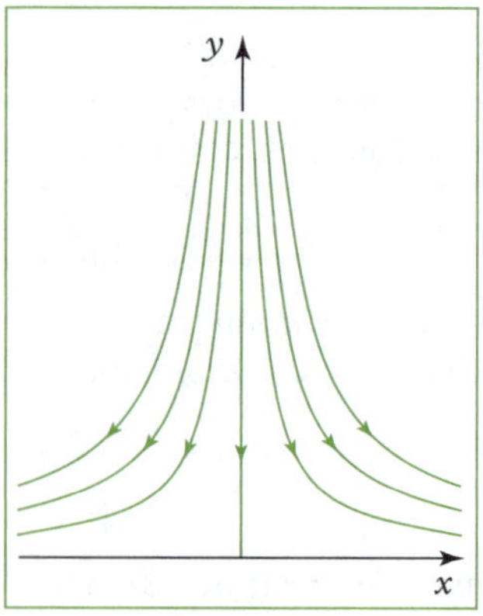

Fig. 5 - Écoulement au voisinage d'un point d'arrêt.

Or, il n'existe pas de mouvement rigide possible de la plaque dans son plan tel que $U_p = kx$. Cet écoulement devra donc être assimilé à l'impact normal *d'un fluide parfait* sur une paroi plane.

A.4.2 - Exemples d'écoulements de fluide visqueux rotationnels stationnaires

• **Écoulement de Couette plan**

On s'intéresse à l'écoulement défini sur $\mathbb{R} \times [0, h]$ par la fonction courant :

$$\boldsymbol{\psi = \frac{U_0}{2h}y^2,}$$

U_0 et h étant des grandeurs constantes ayant respectivement les dimensions d'une vitesse [$m \cdot s^{-1}$] et d'une longueur [m].

L'écoulement est stationnaire. Les lignes de courant obtenues pour y = constante sont des droites horizontales. Le champ de vitesse est décrit par :

$$\begin{cases} U = \dfrac{\partial \psi}{\partial y} = U_0 \dfrac{y}{h} \\ V = -\dfrac{\partial \psi}{\partial x} = 0 \end{cases}$$

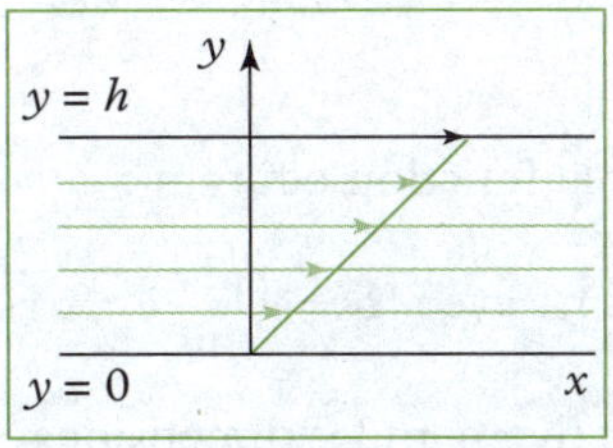

Fig. 6 - Écoulement de Couette plan.

L'écoulement est rotationnel avec :

$$\Omega = -\frac{U_0}{h} = \text{cte}.$$

Il est illustré sur la figure 6 où on a porté les lignes de courant et le profil de vitesse linéaire.

On remarque que la vitesse du fluide est nulle dans le plan $y = 0$ et uniforme, égale à $U_0 \vec{e}_x$, dans le plan $y = h$. Ces valeurs sont compatibles avec la condition d'adhérence d'un fluide visqueux en présence d'une paroi plane immobile dans le plan $y = 0$ et d'une paroi solide animée d'une vitesse uniforme dans le plan $y = h$. On reconnaît l'écoulement de Couette plan.

Le débit volumique passant entre les plaques par unité de longueur en z peut être obtenu très simplement par différence entre les valeurs prises par la fonction courant sur les deux parois, soit :

$$Q_v = \psi_h - \psi_0 = \frac{U_0 h}{2} - 0 = \frac{U_0 h}{2}.$$

La vitesse moyenne débitante est obtenue en rapportant ce débit à la section de passage, soit :

$$U_m = \frac{Q_v}{h} = \frac{U_0}{2}.$$

• Écoulement de Poiseuille

On s'intéresse à l'écoulement défini sur $\mathbb{R} \times [0, h]$ par la fonction courant :

$$\boldsymbol{\psi = \frac{2}{3} U_0 \frac{y^2}{h^2} (3h - 2y)},$$

U_0 et h étant des grandeurs constantes ayant respectivement les dimensions d'une vitesse $[\mathrm{m \cdot s^{-1}}]$ et d'une longueur [m].

L'écoulement est stationnaire. Les lignes de courant obtenues pour y = constante sont des droites horizontales. Le champs de vitesse est décrit par :

$$\begin{cases} U = \dfrac{\partial \psi}{\partial y} = 4 U_0 \dfrac{y}{h}\left(1 - \dfrac{y}{h}\right) \\ V = -\dfrac{\partial \psi}{\partial x} = 0 \end{cases}$$

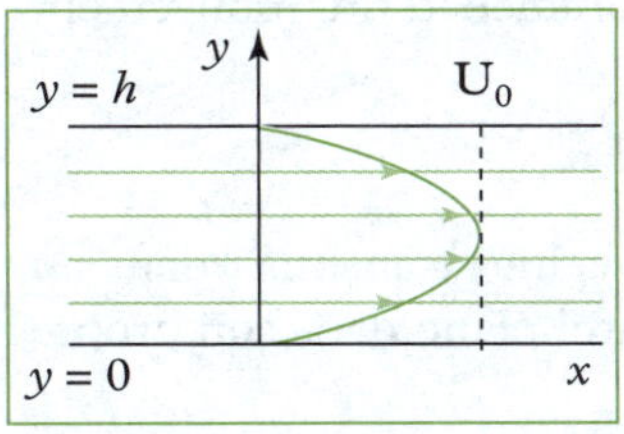

Fig. 7 - Écoulement de Poiseuille.

L'écoulement est rotationnel avec :

$$\Omega = -\frac{4U_0}{h}\left(1 - 2\,\frac{y}{h}\right).$$

Ω évolue donc linéairement en fonction de y, il est nul en $y = \dfrac{h}{2}$ et maximal en valeur absolue dans les plans $y = 0$ et $y = h$.

L'écoulement est illustré sur la figure 7 où on a porté les lignes de courant et le profil de vitesse parabolique.

On remarque que la vitesse du fluide, nulle dans les plans $y = 0$ et $y = h$, est compatible avec la condition d'adhérence en présence de deux parois fixes.

A.4.3 - Exemple d'écoulement de fluide visqueux rotationnel instationnaire

• **Second problème de Stockes**[1]

On s'intéresse à l'écoulement défini sur $\mathbb{R} \times \mathbb{R}^+$ par la fonction courant :

$$\psi = -\frac{U_0\delta}{2}\left[\sin\left(\omega t - \frac{y}{\delta}\right) + \cos\left(\omega t - \frac{y}{\delta}\right)\right]\exp\left(-\frac{y}{\delta}\right), \quad \text{avec } \delta = \sqrt{\frac{2\nu}{\omega}}.$$

U_0, ν et ω sont des grandeurs constantes ayant respectivement les dimensions d'une vitesse $[\mathrm{m \cdot s^{-1}}]$, d'une diffusivité $[\mathrm{m^2 \cdot s^{-1}}]$ et d'une pulsation $[\mathrm{s^{-1}}]$. On en déduit que δ est une longueur constante.

La fonction courant dépend maintenant du temps et l'écoulement est *non stationnaire*. Les lignes de courant à l'instant t, obtenues pour $y = \text{cte}$, sont toujours des droites horizontales, toutefois la position de la droite correspondant à une valeur donnée de ψ va se décaler verticalement au cours du temps.

Le champ de vitesse est décrit par :

$$\begin{cases} U = \dfrac{\partial\psi}{\partial y} = U_0 \exp\left(-\dfrac{y}{\delta}\right)\cos\left(\omega t - \dfrac{y}{\delta}\right) \\ V = -\dfrac{\partial\psi}{\partial x} = 0 \end{cases}$$

On voit qu'à y donné, la vitesse (toujours horizontale) fluctue en valeur algébrique à une fréquence égale à $\frac{\omega}{2\pi}$. La figure 8 présente les profils de vitesse obtenus à différents instants au cours de la période et illustre ce phénomène[2].

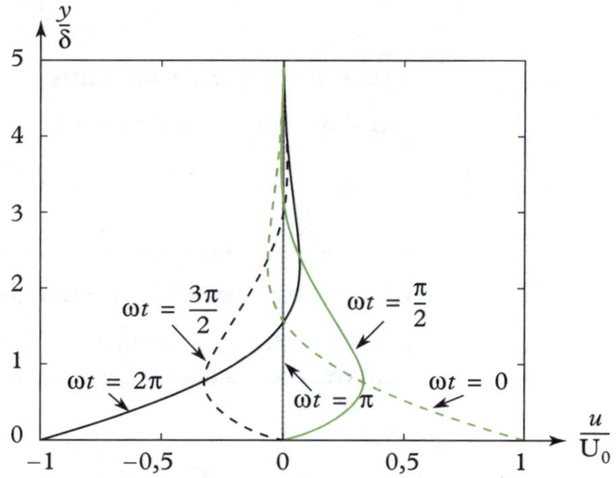

Fig. 8 - Profils de vitesse à des instants différents dans le second problème de Stokes.

On note que la vitesse du fluide dans le plan $y = 0$ est compatible avec la condition d'adhérence à une paroi plane rigide animée d'un mouvement d'oscillation dans son plan, tel que :

$$\overrightarrow{U_p} = U_0 \cos(\omega t)\vec{e_x}.$$

On pourra donc considérer que cet écoulement est celui « transmis » dans *un fluide visqueux* par l'oscillation harmonique d'une paroi plane dans son propre plan.

Le débit passant à travers la section $x = 0$ à l'instant t s'obtient en faisant la différence entre les valeurs prises par la fonction courant pour y tendant vers l'infini et $y = 0$, soit :

1. Il existe un premier problème de Stokes, non traité ici. Il correspond à l'écoulement instationnaire généré dans un fluide visqueux initialement au repos dans le demi-espace $y \geqslant 0$ par la mise en translation dans son propre plan et à vitesse constante de la paroi $y = 0$.

2. Le sens du mouvement du fluide change donc périodiquement. On observe également à un instant donné que le sens de l'écoulement au voisinage du plan est souvent opposé au sens de l'écoulement dans la partie supérieure de la couche. Le débit global n'est cependant jamais nul sauf à $\omega t = \pi + 2k\pi$.

$$Q_v(t) = \psi_\infty - \psi_0 = 0 + \frac{U_0\delta}{2}[\sin(\omega t) + \cos(\omega t)]$$

$$= U_0\delta\frac{\sqrt{2}}{2}\cos\left(\omega t - \frac{\pi}{4}\right).$$

Sa valeur oscille donc également au cours du temps[1].

1. L'expression du débit global montre que celui-ci présente un retard de phase par rapport à la vitesse de la plaque $\left(\frac{\pi}{4}\right)$. La raison en est que le mouvement se transmet dans le fluide par effet de viscosité avec une échelle de temps caractéristique finie (non nulle : la «transmission» n'est pas instantanée).

B. Mouvements irrotationnels

L'hypothèse $\overrightarrow{\text{rot}}\vec{V} = \vec{0}$ permet de simplifier l'équation vectorielle de quantité de mouvement pour réécrire le système d'équations régissant cette classe d'écoulements sous la forme :

$$\begin{cases} \text{div}\vec{V} = 0 \\ \dfrac{\partial \vec{V}}{\partial t} + \overrightarrow{\text{grad}}\left(\dfrac{V^2}{2}\right) = -\overrightarrow{\text{grad}}\,\wp - \dfrac{1}{\rho}\overrightarrow{\text{grad}}P \end{cases}$$

dont la résolution exige la prescription d'une condition initiale[2] et de conditions aux frontières du domaine de l'écoulement.

2. En prenant le rotationnel de cette équation de quantité de mouvement et sachant que le rotationnel d'un gradient est toujours nul, on obtient :

$$\frac{\partial}{\partial t}\overrightarrow{\text{rot}}\vec{V} = \vec{0},$$

exprimant que le rotationnel est «figé» dans de tels mouvements. Il s'ensuit que le système n'admettra de solution irrotationnelle que si la condition initiale est elle-même irrotationnelle.

B.1. Le potentiel de vitesse ϕ

Définition 2

La condition d'écoulement irrotationnel constitue une condition nécessaire et suffisante à l'existence d'une fonction potentiel dont dérive le champ de vitesse. On notera ϕ cette fonction appelée **potentiel de vitesse,** telle que, par définition :

$$\vec{\mathbf{V}} = \overrightarrow{\mathbf{grad}}\,\boldsymbol{\phi}.$$

En injectant cette définition dans l'équation de la dynamique, on retrouve *le second théorème de Bernoulli sous forme instationnaire.* En effet, l'équation de la dynamique s'écrit :

$$\overrightarrow{\text{grad}}\left(\frac{\partial\phi}{\partial t}\right) + \overrightarrow{\text{grad}}\left(\frac{V^2}{2}\right) = -\overrightarrow{\text{grad}}\,\wp - \overrightarrow{\text{grad}}\,\frac{P}{\rho},$$

c'est-à-dire :

$$\overrightarrow{\text{grad}}\left(\frac{\partial\phi}{\partial t} + \frac{P}{\rho} + \frac{V^2}{2} + \wp\right) = 0.$$

On en déduit que la quantité $\frac{\partial\phi}{\partial t} + \frac{P}{\rho} + \frac{V^2}{2} + \wp$ reste constante **dans tout le champ à un instant donné** ; c'est l'expression instationnaire du théorème de Bernoulli en formulation forte.

Théorème de Bernoulli en régime instationnaire

Le mouvement irrotationnel d'un fluide homogène incompressible soumis à des FVDP vérifie :

$$\mathbf{P} + \rho\frac{\partial\phi}{\partial t} + \frac{\rho}{2}[\overrightarrow{\mathbf{grad}}\phi]^2 + \rho\,\wp = \mathbf{P_0}(t).$$

B.2. L'équation de Laplace pour le potentiel de vitesse ϕ

En prenant la divergence de la relation de définition de la fonction potentiel de vitesse et en considérant la condition isovolume, on obtient :

$$\mathrm{div}\vec{V} = \mathrm{div}(\overrightarrow{\mathrm{grad}}\phi) = 0, \text{ soit : } \Delta\phi = 0.$$

Ce résultat permet une nouvelle écriture équivalente du système d'équations régissant le mouvement.

Propriété 2

Dans un fluide homogène incompressible, soumis à des FVDP, en mouvement irrotationnel, la vitesse [1] et la pression peuvent être obtenues par [2] :

$$\begin{cases} \mathrm{V} = \overrightarrow{\mathrm{grad}}\,\phi \text{ avec } \Delta\phi = 0 \\ \mathrm{P} = \mathrm{P}_0(t) - \left(\rho\dfrac{\partial\phi}{\partial t} + \dfrac{\rho}{2}[\overrightarrow{\mathrm{grad}}\,\phi]^2 + \rho\wp\right) \end{cases}$$

1. En composantes dans un repère cartésien orthonormé : $\mathrm{U} = \dfrac{\partial\phi}{\partial x}$, $\mathrm{V} = \dfrac{\partial\phi}{\partial y}$.

2. Contrairement au système d'équations initial, l'équation résolvante du champ de vitesse ($\Delta\phi = 0$) est *linéaire*. La valeur $\mathrm{P}_0(t)$ sera le plus souvent spécifiée à partir des conditions aux limites . Les conditions initiales et aux limites pour la fonction ϕ devront être déduites de celles qui s'appliquent au champ de vitesse.

B.3. L'équation de Laplace pour la fonction courant ψ

Propriété 3

Dans un fluide homogène incompressible, soumis à des FVDP, en mouvement irrotationnel, bidimensionnel plan, stationnaire, la vitesse [3] et la pression peuvent être obtenues par [4] :

$$\begin{cases} \mathrm{V} = \overrightarrow{\mathrm{rot}}(\psi\vec{e}_z) \text{ avec } \Delta\psi = 0 \\ \mathrm{P} = \mathrm{P}_0 - \left(\dfrac{\rho}{2}[\overrightarrow{\mathrm{grad}}\psi]^2 + \rho\wp\right) \end{cases}$$

3. En composantes dans un repère cartésien orthonormé : $\mathrm{U} = \dfrac{\partial\psi}{\partial y}$, $\mathrm{V} = -\dfrac{\partial\psi}{\partial x}$.

4. Mêmes remarques que pour la fonction potentiel.

L'hypothèse d'écoulement irrotationnel et la définition du potentiel vecteur permettent d'écrire :

$$\overrightarrow{\mathrm{rot}}\vec{V} = \overrightarrow{\mathrm{rot}}(\overrightarrow{\mathrm{rot}}\vec{\psi}) = 0.$$

Comme $\overrightarrow{\mathrm{rot}}(\overrightarrow{\mathrm{rot}}\vec{\psi}) = \overrightarrow{\mathrm{grad}}(\mathrm{div}\vec{\psi}) - \Delta\vec{\psi}$ où $\Delta\vec{\psi} = (\Delta\psi_x, \Delta\psi_y, \Delta\psi_z)$, on obtient une équation vectorielle linéaire pour le potentiel vecteur :

$$\Delta\vec{\psi} = \overrightarrow{\mathrm{grad}}(\mathrm{div}\vec{\psi}).$$

En écoulement bidimensionnel plan, on a vu que le potentiel vecteur se mettait sous la forme $\vec{\psi} = \psi(x, y, t)\vec{e}_z$; sa divergence est donc identiquement nulle et on en déduit que la fonction courant vérifie une équation de Laplace [5] :

$$\Delta\psi = 0.$$

5. On verra dans le chapitre 7 que, sous réserve de préciser davantage la définition du potentiel vecteur $\vec{\psi}$, on peut considérer plus généralement que $\Delta\vec{\psi} = 0$.

B.4. Principes de superposition

La propriété de linéarité de l'opérateur laplacien permet d'introduire des principes de superposition [6] :

Principe 1

Si ϕ_1 et ϕ_2, définies sur le même domaine, représentent les potentiels de vitesse de deux écoulements irrotationnels de fluide homogène incompressible, alors il en est de même de **toute combinaison linéaire** de ces fonctions.

6. On verra plus loin l'application de ces principes dans le cadre de l'étude des écoulements bidimensionnels plans et irrotationnels de fluide homogène incompressible.

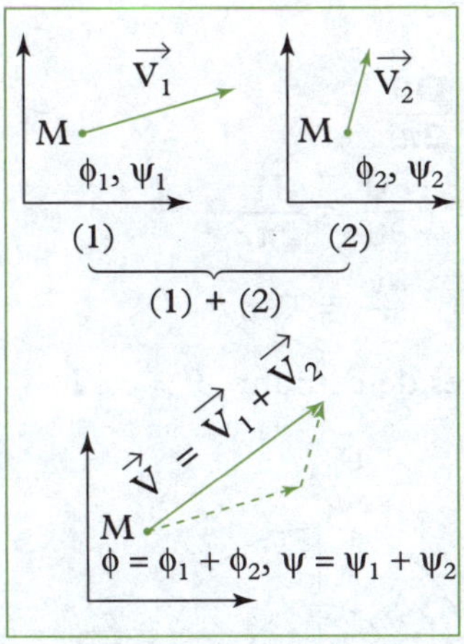

Fig. 9 - Schéma des principes de superposition.

Principe 2

Si $\overrightarrow{\psi_1}$ et $\overrightarrow{\psi_2}$ représentent les potentiels vecteur de vitesse de deux écoulements de fluide homogène incompressible, alors **toute combinaison linéaire** de ces fonctions représente également le potentiel vecteur de vitesse d'un écoulement de fluide homogène incompressible.

Dans les deux cas, il est facile de montrer que la linéarité s'applique aux champs de vitesse (fig. 9), mais pas en général aux champs de pression.

B.5. Principe de matérialisation

La condition d'imperméabilité applicable en fluide parfait le long d'une paroi solide donne lieu au principe de matérialisation :

Principe 3

On ne modifie pas un écoulement stationnaire de fluide parfait en matérialisant tout ou partie d'une surface de courant (c.à.d. en remplaçant tout ou partie de la surface de courant par une paroi solide).

En écoulement bidimensionnel plan, ce principe se transpose bien évidemment des surfaces de courant aux lignes de courant.

C. Écoulements bidimensionnels plans irrotationnels stationnaires

On donne ici une liste de quelques fonctions solutions des équations de Laplace relatives à des écoulements élémentaires[1].

C.1. Écoulements élémentaires à potentiel

• **Écoulement uniforme**[2] **: V_0 [m · s^{-1}]**

$$\phi = V_0 x$$

$$U = \frac{\partial \phi}{\partial x} = V_0$$

$$V = \frac{\partial \phi}{\partial y} = 0$$

Équipotentielles : $x = \text{cte}$

$$\psi = V_0 y$$

$$U = \frac{\partial \psi}{\partial y} = V_0$$

$$V = -\frac{\partial \psi}{\partial x} = 0$$

Lignes de courant : $y = \text{cte}$

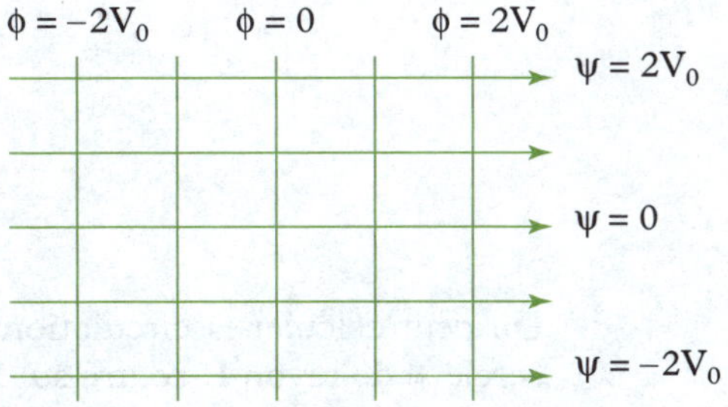

On vérifie facilement que l'écoulement donné par :

$$\phi = V_0(x\cos\alpha + y\sin\alpha) \quad \text{ou} \quad \psi = V_0(-x\sin\alpha + y\cos\alpha)$$

est uniforme avec un vecteur vitesse incliné d'un angle α sur l'horizontale.

1. On connaît depuis longtemps un certain nombre de fonctions simples qui satisfont ce type d'équations (par exemple en électromagnétisme). Ces solutions servent ici à introduire des écoulements dits élémentaires permettant de construire par superposition des écoulements plus complexes.

2. Le plan est rapporté à un repère cartésien orthonormé.

1. Le plan est rapporté à un repère de coordonnées polaires (r, θ). Si l'on est amené à travailler en coordonnées cartésiennes, potentiel de vitesse et fonction courant peuvent se mettre sous la forme :

$\phi = \frac{D}{4\pi}\ln(x^2 + y^2)$

et $\psi = \frac{D}{2\pi}\left(k\pi + \arctan\frac{y}{x}\right)$

avec $k = 0$ si $x > 0$ et $k = 1$ si $x < 0$.

- **Source/puits**[1] **: $D\,[m^2 \cdot s^{-1}]$**

$$\phi = \frac{D}{2\pi}\ln(r) \qquad \psi = \frac{D\theta}{2\pi}$$

$$V_r = \frac{\partial\phi}{\partial r} = \frac{D}{2\pi r} \qquad V_r = \frac{1}{r}\frac{\partial\psi}{\partial\theta} = \frac{D}{2\pi r}$$

$$V_\theta = \frac{1}{r}\frac{\partial\phi}{\partial\theta} = 0 \qquad V_\theta = -\frac{\partial\psi}{\partial r} = 0$$

Équipotentielles : r = cte — Lignes de courant : θ = cte

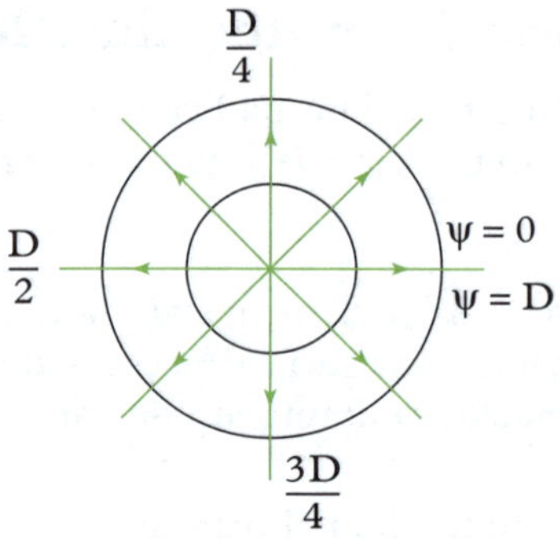

Source (D > 0)

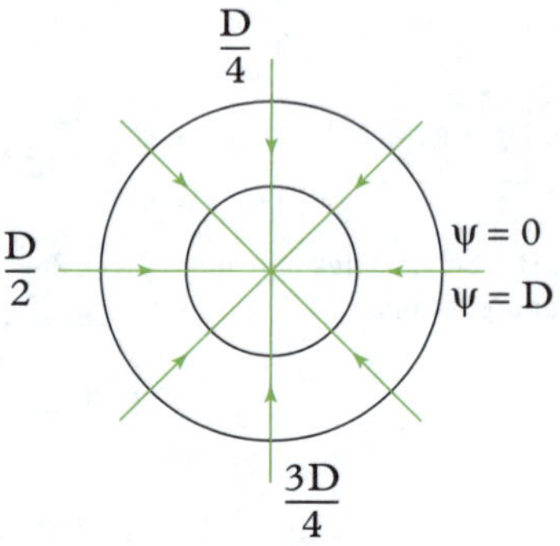

Puits (D < 0)

Pour D > 0 et D < 0, le débit volumique de la source ou du puits s'obtient en appliquant la relation entre débit et fonction courant sur n'importe quel cercle centré sur l'origine :

$$Q_v = \psi(\theta = 2\pi) - \psi(\theta = 0) = D - 0 = D.$$

La grandeur D représente donc ce débit par unité d'envergure.

2. Le plan est rapporté à un repère de coordonnées polaires (r, θ). Si l'on est amené à travailler en coordonnées cartésiennes, potentiel de vitesse et fonction courant peuvent se mettre sous la forme :

$\phi = \frac{\Gamma}{2\pi}\left(k\pi + \arctan\frac{y}{x}\right)$

et $\psi = -\frac{\Gamma}{4\pi}\ln(x^2 + y^2)$ avec $k = 0$ si $x > 0$ et $k = 1$ si $x < 0$.

- **Tourbillon à circulation constante**[2] **: $\Gamma\,[m^2 \cdot s^{-1}]$**

$$\phi = \frac{\Gamma\theta}{2\pi} \qquad \psi = -\frac{\Gamma}{2\pi}\ln(r)$$

$$V_r = \frac{\partial\phi}{\partial r} = 0 \qquad V_r = \frac{1}{r}\frac{\partial\psi}{\partial\theta} = 0$$

$$V_\theta = \frac{1}{r}\frac{\partial\phi}{\partial\theta} = \frac{\Gamma}{2\pi r} \qquad V_\theta = -\frac{\partial\psi}{\partial r} = \frac{\Gamma}{2\pi r}$$

Équipotentielles : θ = cte — Lignes de courant : r = cte

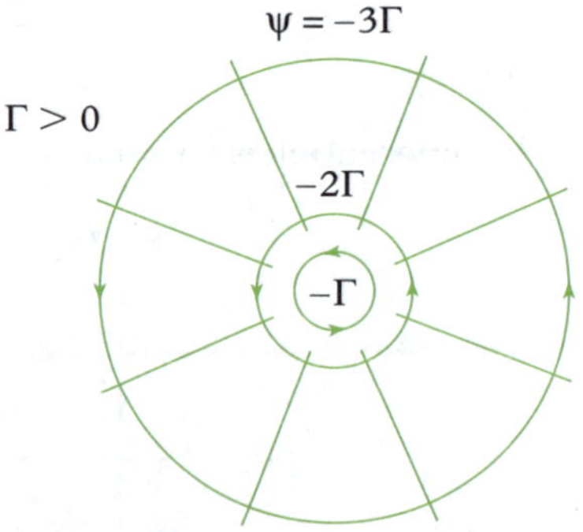

On peut calculer la circulation du vecteur vitesse le long de n'importe quel cercle $\mathscr{C}$ de rayon R centré sur l'origine :

$$\int_{\mathscr{C}} \vec{V} \cdot \overrightarrow{d\ell} = \int_0^{2\pi} V_\theta \times R d\theta = \Gamma.$$

La grandeur Γ représente donc cette circulation.

1. Le plan est rapporté à un repère cartésien orthonormé. Si l'on est amené à travailler en coordonnées polaires, potentiel de vitesse et fonction courant peuvent se mettre sous la forme : $\phi = m\dfrac{\cos\theta}{r}$ et $\psi = -m\dfrac{\sin\theta}{r}$.

• Doublet[1] : m [m³ · s⁻¹]

$$\phi = \frac{mx}{x^2+y^2} \qquad \psi = \frac{-my}{x^2+y^2}$$

$$U = \frac{\partial\phi}{\partial x} = \frac{m(y^2-x^2)}{(x^2+y^2)^2} \qquad U = \frac{\partial\psi}{\partial y} = \frac{m(y^2-x^2)}{(x^2+y^2)^2}$$

$$V = \frac{\partial\phi}{\partial y} = -\frac{2mxy}{(x^2+y^2)^2} \qquad V = -\frac{\partial\psi}{\partial x} = -\frac{2mxy}{(x^2+y^2)^2}$$

Équipotentielles : cercles centrés sur l'axe Ox passant par l'origine :

$$(x-x_0)^2+y^2 = x_0^2 \quad \text{avec} \quad x_0 = \frac{m}{2\phi}.$$

Lignes de courant : cercles centrés sur l'axe Oy passant par l'origine :

$$x^2+(y-y_0)^2 = y_0^2 \quad \text{avec} \quad y_0 = -\frac{m}{2\psi}.$$

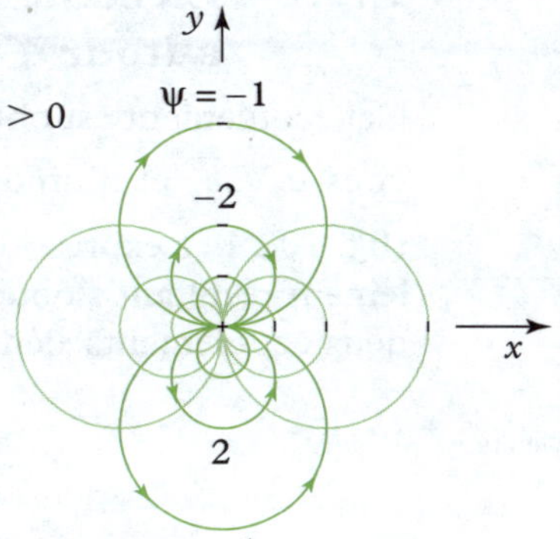

2. a est une constante sans dimension, K est également une constante dont l'unité dépend de la valeur de a : $m^{2-a} \cdot s^{-1}$.

• Coin/dièdre[2]

$$\phi = Kr^a\cos(a\theta) \qquad \psi = Kr^a\sin(a\theta)$$

$$V_r = \frac{\partial\phi}{\partial r} = Kar^{a-1}\cos(a\theta) \qquad V_r = \frac{1}{r}\frac{\partial\psi}{\partial\theta} = Kar^{a-1}\cos(a\theta)$$

$$V_\theta = \frac{1}{r}\frac{\partial\phi}{\partial\theta} = -Kar^{a-1}\sin(a\theta) \qquad V_\theta = -\frac{\partial\psi}{\partial r} = -Kar^{a-1}\sin(a\theta)$$

Équipotentielles : courbes d'équations polaires $r = \left[\dfrac{K}{\phi}\cos(a\theta)\right]^{-\frac{1}{a}}$.

Lignes de courant : courbes d'équations polaires $r = \left[\dfrac{K}{\psi}\sin(a\theta)\right]^{-\frac{1}{a}}$.

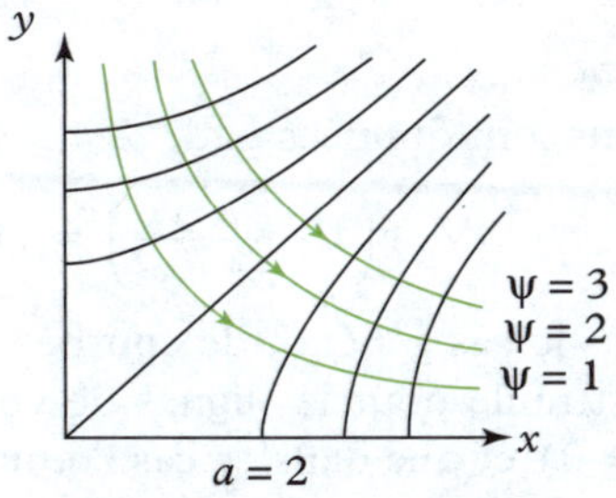

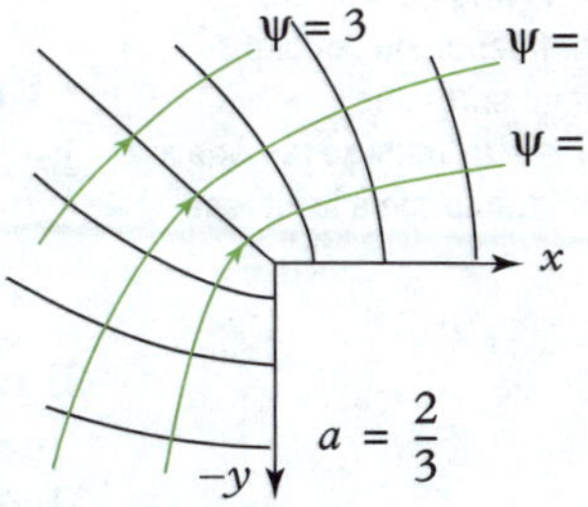

L'écoulement est étudié dans un domaine limité par deux demi-droites polaires d'arguments 0 et $\dfrac{\pi}{a}$ qui sont les lignes de courant à ψ = cte = 0. Si $\dfrac{\pi}{a} < \pi$ $(a > 1)$, on étudie l'écoulement dans un coin ; si $\dfrac{\pi}{a} > \pi$ $(a < 1)$, autour d'un dièdre. Dans le cas d'un coin, l'origine est un point d'arrêt ($\vec{V} = 0$) pour un dièdre, la vitesse y est singulière (son module tend vers l'infini.)

C.2. Exemple de superposition d'écoulements élémentaires à potentiel : l'écoulement autour d'un cylindre

En vertu des principes de superposition et de matérialisation, il est possible, en combinant des écoulements élémentaires à potentiel, d'accéder à une grande variété d'écoulements nouveaux et de les identifier. L'écoulement de fluide parfait autour d'un cylindre circulaire plongé dans un courant uniforme à l'infini en fait partie. L'étude de cet écoulement nous permettra d'aborder la question des efforts appliqués par un fluide en mouvement sur un corps solide avec deux résultats importants connus sous les noms de paradoxe de d'Alembert et d'effet Magnus.

C.2.1 - L'écoulement sans circulation de fluide parfait autour d'un cylindre et le paradoxe de d'Alembert

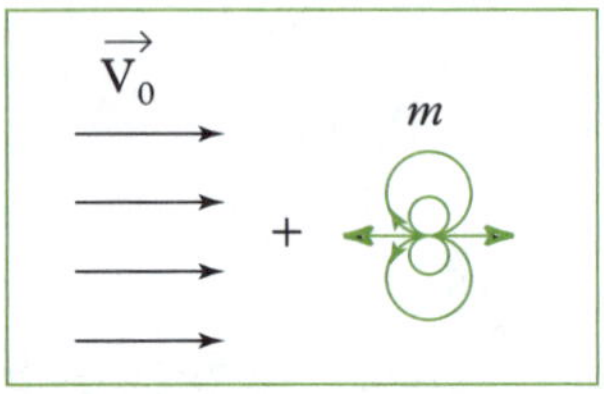

Fig. 10 - Écoulement élémentaires dont la superposition produit l'écoulement autour d'un cylindre sans circulation.

Cet écoulement est obtenu par superposition d'un écoulement uniforme à la vitesse $V_0\vec{e}_x$ et d'un doublet de moment positif $m = V_0 a^2$ placé à l'origine (fig. 10). Les expressions du potentiel et de la fonction courant pour l'écoulement résultant s'obtiennent par addition de ces fonctions pour chacun des deux écoulements élémentaires, soit :

$$\begin{cases} \phi = V_0 x + \dfrac{V_0 a^2 x}{x^2 + y^2} \\ \psi = V_0 y - \dfrac{V_0 a^2 y}{x^2 + y^2} \end{cases}$$

• **Champ de vitesse**

L'expression des composantes de la vitesse est :

$$\begin{cases} U = V_0\left(1 + \dfrac{a^2(y^2 - x^2)}{(x^2 + y^2)^2}\right) \\ V = -\dfrac{2V_0 a^2 xy}{(x^2 + y^2)^2} \end{cases}$$

• **Point d'arrêt**

Les expressions ci-dessus montrent[1] qu'il existe deux points d'arrêt :

$$A_1 = (-a, 0) \text{ et } A_2 = (a, 0).$$

• **Lignes de courant**

Les lignes de courant sont données par :

$$V_0 y\left(1 - \frac{a^2 y}{x^2 + y^2}\right) = \text{cte}.$$

Il ne s'agit pas, dans le cas général, de courbes simples. On note cependant que la constante est nulle pour les lignes de courant passant par les points d'arrêt ($y_{A1} = y_{A2} = 0$) et que dans ce cas l'équation devient :

$$\frac{V_0 y}{x^2 + y^2}[x^2 + y^2 - a^2] = 0 \Leftrightarrow \begin{cases} y = 0 \\ \text{ou} \\ x^2 + y^2 = a^2 \end{cases}$$

Les lignes de courant passant par les points d'arrêt sont donc (fig. 11)[2] :

– l'axe Ox ;

– le cercle $\mathscr{C}(O, a)$.

1. On note de plus que, lorsque la distance à l'origine tend vers l'infini, l'influence du doublet disparaît de sorte que l'écoulement à l'infini se ramène à un courant uniforme à la vitesse $V_0\vec{e}_x$.

2. On a tracé des lignes de courant à l'extérieur et à l'intérieur du cercle. Après matérialisation, seules les premières nous intéressent ici.

Partant de cette constatation, on pourra appliquer le principe de matérialisation au cercle et considérer qu'on se trouve bien devant *l'écoulement d'un fluide autour d'un cylindre circulaire de rayon* R = *a plongé dans un courant uniforme à l'infini.*

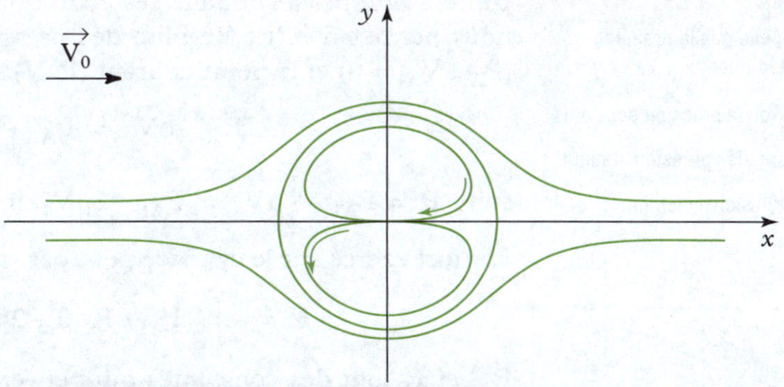

Fig. 11 - Tracé des lignes de courant de l'écoulement autour d'un cylindre sans circulation.

• Vitesse sur le cercle

L'évolution du module de la vitesse sur le cercle est obtenue à partir des expressions des deux composantes de vitesse, en considérant que chaque point du cercle vérifie $x^2 + y^2 = a^2$, soit :

$$\begin{cases} U = V_0 + \dfrac{V_0 a^2 (y^2 - x^2)}{(x^2+y^2)^2} = V_0 + \dfrac{V_0 a^2 (y^2 - x^2)}{a^2(x^2+y^2)} = \dfrac{2V_0 y^2}{x^2+y^2} \\ V = -\dfrac{2V_0 a^2 xy}{(x^2+y^2)^2} = -\dfrac{2V_0 a^2 xy}{a^2(x^2+y^2)} = -\dfrac{2V_0 xy}{x^2+y^2} \end{cases}$$

puis : $\left\|\vec{V}\right\|^2 = U^2 + V^2 = \dfrac{4V_0^2 y^2}{(x^2+y^2)^2}$, d'où en coordonnées polaires :

$$\left\|\vec{V}\right\| = 2V_0|\sin\theta|.$$

Rappelons que, le cercle étant ligne de courant, cette vitesse est tangente à la paroi. On voit que son module varie en azimut (il est maximal au maître-couple[1] du cylindre où il atteint la valeur $2V_0$). Il ressort de ceci que la condition d'imperméabilité est bien vérifiée (composante normale de la vitesse nulle à la paroi), mais pas la condition d'adhérence (composante tangentielle de la vitesse non constante en azimut). On considérera donc que l'écoulement étudié est celui d'un fluide parfait glissant sans frottement sur l'obstacle.

1. On appelle maître-couple *e* d'un obstacle plongé dans un écoulement, l'épaisseur maximale de cet obstacle dans la direction transversale.

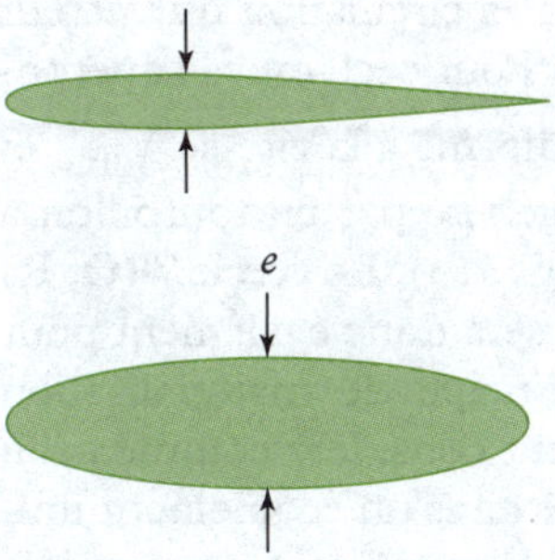

• Le calcul des efforts et le paradoxe de d'Alembert

L'intérêt pratique de disposer d'une description complète du mouvement dans l'écoulement à étudier est de pouvoir très rapidement accéder à l'effort global exercé par le fluide sur l'obstacle. En écoulement de fluide parfait, les seules forces de surface à l'œuvre sont les forces de pression et leur résultante sur le cylindre s'obtient par intégration sur son contour sous la forme :

$$\vec{F} = -\iint_S P\vec{n}\,d\sigma.$$

On considère un effort par unité de longueur en z et la surface S est donc constituée par une tranche de cylindre de longueur unité. L'élément de surface est noté $d\sigma$. La normale extérieure est notée $\vec{n}$ d'où le signe négatif devant l'intégrale puisque l'effort recherché est l'effort exercé *par* le fluide *sur* le cylindre (à l'opposé de la normale). L'effort peut alors être récrit sous la forme :

$$\vec{F} = -\int_0^{2\pi} P\vec{n}(R\,d\theta \times 1).$$

On accède à la pression à partir de la donnée, connue, du champ de vitesse, en utilisant le théorème de Bernoulli. Ici, on considérera que le fluide n'est soumis à aucune force de volume (en particulier, le fluide est considéré comme non pesant). Dans ces conditions, le second théorème de Bernoulli nous permet d'écrire l'égalité des pressions totales[1] entre un point d'arrêt (P_{A1}, $V_{A1} = 0$) et le point courant (P, V) sous la forme :

$$P + \frac{1}{2}\rho\vec{V}^2 = P_{A1} + \frac{1}{2}\rho\vec{V}_{A1}^2 = P_{A1}$$

soit : $P = P_{A1} - \frac{1}{2}\rho\vec{V}^2 = P_{A1} - 2\rho V_0^2\sin^2\theta$.

1. On rappelle que la pression totale est la quantité : $P + \rho\frac{V^2}{2}$, où la pression est souvent appelée pression statique et $\rho\frac{V^2}{2}$ pression dynamique.

L'effort exercé sur le cylindre peut par suite s'écrire :

$$\vec{F} = -\int_0^{2\pi} P_{A1}\vec{n}Rd\theta + 2\rho V_0^2\int_0^{2\pi}\sin^2\theta\vec{n}Rd\theta.$$

P_{A1} et R sont des constantes qui peuvent être extraites de la première intégrale. Celle-ci apparaît alors comme proportionnelle à la somme de la normale sur un contour fermé, elle est nulle. Il est facile d'intégrer la seconde somme pour trouver qu'elle est également nulle. Sur la figure 12, on a porté les efforts de pression (en module et direction) tels qu'ils s'appliquent localement sur la paroi du cylindre : on constate immédiatement que leur résultante est nulle du fait des propriétés de symétrie par rapport à Ox et Oy de l'expression obtenue pour la pression.

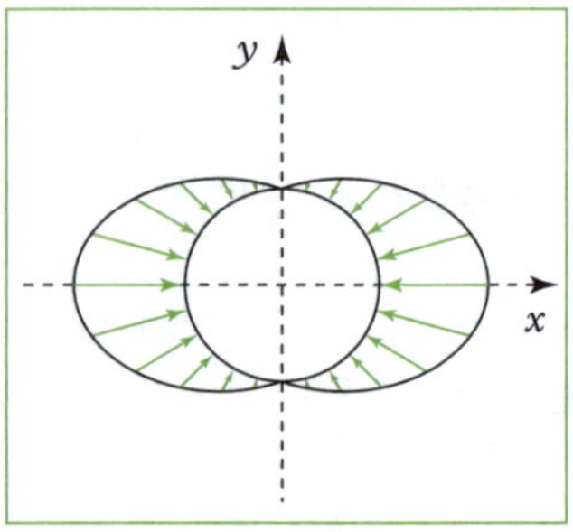

Fig. 12 - Efforts de pression exercés par le fluide sur le cylindre dans l'écoulement sans circulation.

Ce résultat est paradoxal dans la mesure où, s'il fait peu de doute que l'effort de portance F_y soit nul (symétrie par rapport à l'axe des x), l'expérience de tous les jours montre que l'on devrait obtenir un effort de traînée F_x. Cette contradiction provient des effets visqueux qui sont absents du modèle fluide parfait mais bien présents dans la réalité. Elle se traduit par la proposition connue sous le nom de paradoxe de d'Alembert que nous énonçons ici sans démonstration.

Paradoxe de d'Alembert

L'effort de traînée exercé sur un obstacle placé dans un courant uniforme à l'infini est nul si le fluide est un fluide parfait incompressible et le mouvement bidimensionnel plan, permanent et irrotationnel.

Si, de plus[2], la circulation du vecteur vitesse sur le contour de l'obstacle est nulle, alors **l'effort de portance est également nul**.

2. Dans le cas du cylindre tel qu'il est étudié ici, cette dernière condition est bien évidemment vérifiée (symétrie du champ de vitesse par rapport à l'axe des x) et les deux composante de l'effort sont donc nulles.

C.2.2 - L'écoulement avec circulation de fluide parfait autour d'un cylindre et l'effet Magnus

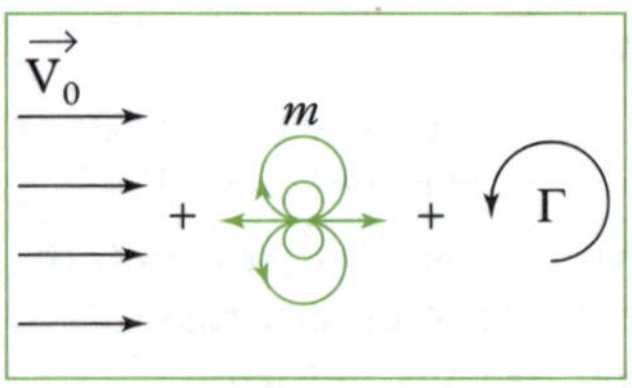

Fig. 13 - Écoulements élémentaires dont la superposition produit l'écoulement autour d'un cylindre avec circulation.

On s'intéresse maintenant au cas où la condition sur la circulation du vecteur vitesse du paradoxe de d'Alembert n'est pas vérifiée. Pour ceci, on va superposer à l'écoulement précédemment étudié (champ uniforme à la vitesse $V_0\vec{e}_x$ et doublet centré à l'origine de moment V_0R^2), celui généré par un tourbillon à circulation constante Γ centré à l'origine du repère (fig. 13). Le cercle $\mathscr{C}(O, R)$ est ligne de courant pour les deux écoulements, il le sera donc également pour l'écoulement résultant de la superposition. Le principe de matérialisation pourra donc toujours lui être appliqué et l'écoulement considéré comme celui se développant autour d'un cylindre circulaire plongé dans un écoulement uniforme à l'infini en présence d'une circulation, ce qui lui confère des propriétés spécifiques que nous allons voir maintenant.

Le potentiel de l'écoulement prend maintenant la forme :

$$\phi = V_0 x\left(1 + \frac{R}{x^2+y^2}\right) + \frac{\Gamma}{2\pi}\left(k\pi + \arctan\frac{y}{x}\right) \text{ avec } \begin{cases} k = 0 \text{ si } x > 0 \\ k = 1 \text{ si } x < 0 \end{cases}$$

et la fonction courant :

$$\psi = V_0 y\left(1 - \frac{R}{x^2 + y^2}\right) - \frac{\Gamma}{4\pi}\ln(x^2 + y^2).$$

On peut en déduire l'expression des composantes de vitesse :

$$U = V_0\left(1 + R^2\frac{y^2 - x^2}{(x^2 + y^2)^2}\right) - \frac{\Gamma}{2\pi}\frac{y}{x^2 + y^2}$$

$$V = -V_0\frac{2R^2xy}{(x^2 + y^2)^2} + \frac{\Gamma}{2\pi}\frac{x}{x^2 + y^2}$$

• **Points d'arrêt**

Les points d'arrêt sont obtenus pour $U = 0$ et $V = 0$. La condition sur V montre que ceux-ci relèvent nécessairement de l'un des deux cas suivants :

$$x = 0 \text{ (cas 1) ou } \frac{y}{x^2 + y^2} = \frac{\Gamma}{4\pi V_0 R^2} \text{ (cas 2).}$$

On va poser $\Gamma_0 = 4\pi V_0 R$ et examiner successivement les deux cas.

– *Cas* 1 : La condition $U = 0$ conduit alors à $V_0\left(1 + \frac{R^2}{y^2}\right) - \frac{\Gamma}{2\pi y} = 0$, soit :

$$\left(\frac{y}{R}\right)^2 - \frac{\Gamma}{2\pi V_0 R}\left(\frac{y}{R}\right) + 1 = 0, \text{ c.à.d. } \left(\frac{y}{R}\right)^2 - 2\frac{\Gamma}{\Gamma_0}\left(\frac{y}{R}\right) + 1 = 0.$$

Il s'agit d'une équation du second degré en $\frac{y}{R}$ dont le discriminant réduit $\Delta' = \left(\frac{\Gamma}{\Gamma_0}\right)^2 - 1$ est positif ou nul si et seulement si $\Gamma \geqslant \Gamma_0$. Il existe alors une ou deux solutions de la forme :

$$\begin{cases} x_{1,2} = 0 \\ \dfrac{y_{1,2}}{R} = \dfrac{\Gamma}{\Gamma_0} \pm \sqrt{\left(\dfrac{\Gamma}{\Gamma_0}\right)^2 - 1} \end{cases}.$$

Les points d'arrêt sont tous les deux sur l'axe des y. On vérifie que $y_1 y_2 = R^2$, et donc que l'un des deux points est à l'intérieur du cylindre et l'autre à l'extérieur. Si $\Gamma = \Gamma_0$, les deux points sont confondus sur le cercle.

– *Cas* 2 : La condition $U = 0$ conduit à présent à :

$$V_0\left[1 + R^2\left(\frac{y}{x^2 + y^2}\right)^2 - R^2\left(\frac{x}{x^2 + y^2}\right)^2\right] = \frac{\Gamma}{2\pi}\left(\frac{y}{x^2 + y^2}\right).$$

En tenant compte de la relation :

$$\frac{y}{x^2 + y^2} = \frac{\Gamma}{4\pi V_0 R^2} = \frac{\Gamma}{\Gamma_0 R},$$

on obtient :

$$V_0\left[1 + R^2\left(\frac{\Gamma}{\Gamma_0 R}\right)^2 - R^2\left(\frac{x}{x^2 + y^2}\right)^2\right] = \frac{\Gamma}{2\pi}\left(\frac{\Gamma}{\Gamma_0 R}\right)$$

puis, tous calculs faits :

$$\left(\frac{x}{x^2 + y^2}\right)^2 = \frac{1}{R^2}\left(1 - \frac{\Gamma^2}{\Gamma_0^2}\right).$$

À ce stade, on peut poursuivre en passant en coordonnées polaires :

$$\begin{cases} \left(\dfrac{y}{x^2 + y^2}\right) = \dfrac{\Gamma}{\Gamma_0 R} \\ \left(\dfrac{x}{x^2 + y^2}\right)^2 = \dfrac{1}{R^2}\left(1 - \dfrac{\Gamma^2}{\Gamma_0^2}\right) \end{cases} \Leftrightarrow \begin{cases} \sin\theta = \dfrac{r}{R} \times \dfrac{\Gamma}{\Gamma_0} \\ \cos^2\theta = \dfrac{r^2}{R^2} \times \left(1 - \dfrac{\Gamma^2}{\Gamma_0^2}\right) \end{cases}$$

En appliquant la relation $\sin^2\theta + \cos^2\theta = 1$, on obtient le résultat remarquable $\frac{r}{R} = 1$: les points d'arrêt sont situés sur le cylindre. Puis :

$$\begin{cases} \sin\theta = \dfrac{\Gamma}{\Gamma_0} \\ \cos\theta = \pm\sqrt{1-\left(\dfrac{\Gamma}{\Gamma_0}\right)^2} \end{cases}.$$

– Si $\Gamma < \Gamma_0$:

Deux points d'arrêt sur le cylindre, symétriques par rapport à l'axe Oy :

$$\begin{cases} x_2^1 = \pm R\sqrt{1-\left(\dfrac{\Gamma}{\Gamma_0}\right)^2} \\ y_2^1 = R\dfrac{\Gamma}{\Gamma_0} \end{cases}$$

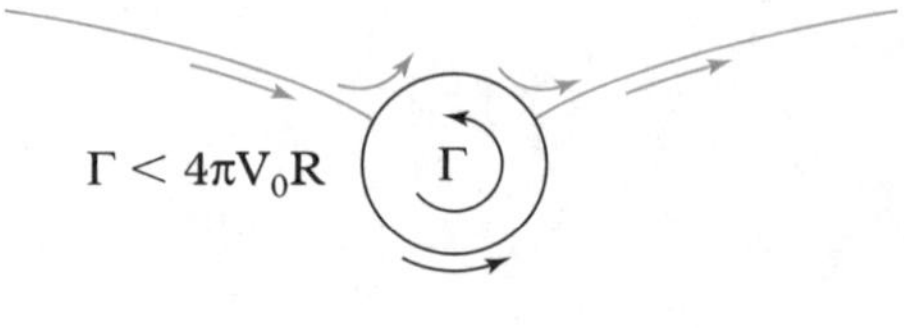

– Si $\Gamma = \Gamma_0$:

Un point d'arrêt double sur le cylindre :

$$\begin{cases} x_1 = 0 \\ y_1 = R \end{cases}$$

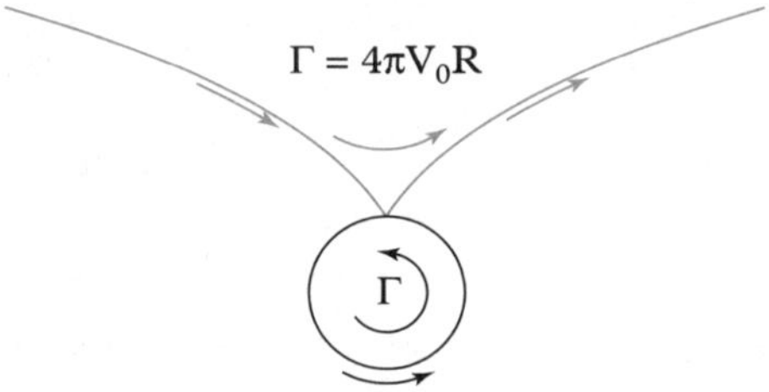

– Si $\Gamma > \Gamma_0$:

Deux points d'arrêt sur l'axe Oy dont l'un à l'intérieur du cylindre et un autre à l'extérieur[1] :

$$\begin{cases} x_2^1 = 0 \\ y_2^1 = \dfrac{R\Gamma}{\Gamma_0} \pm R\sqrt{\left(\dfrac{\Gamma}{\Gamma_0}\right)^2 - 1}. \end{cases}$$

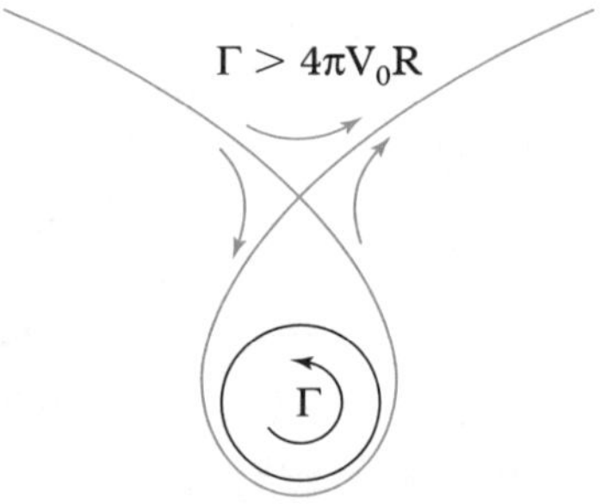

1. Noter la position du point d'arrêt extérieur au cylindre à l'endroit où la ligne de courant se recoupe.

• Calcul des efforts : effet Magnus et théorème de Joukovski

Comme précédemment, on va chercher à calculer l'effort de pression exercé par le fluide sur une tranche de cylindre de longueur unité :

$$\vec{F} = -\int_0^{2\pi} P\vec{n}\,R\,d\theta.$$

La pression s'écrit toujours $P = P_{A_1} - \frac{1}{2}\rho\vec{V}^2$, où A_1 est l'un des points d'arrêt, et l'expression recherchée devient :

$$\vec{F} = \frac{1}{2}\rho\int_0^{2\pi}\vec{V}^2 R\vec{n}\,d\theta.$$

Le module du vecteur vitesse est à prendre au contact du cylindre, soit en posant $x = R\cos\theta$ et $y = R\sin\theta$ dans les expressions générales des composantes :

$$\begin{cases} U = V_0\left(1 - \cos 2\theta - 2\dfrac{\Gamma}{\Gamma_0}\sin\theta\right) \\ V = -V_0\left(\sin 2\theta - 2\dfrac{\Gamma}{\Gamma_0}\cos\theta\right) \end{cases}$$

puis : $\vec{V}^2 = U^2 + V^2 = 2V_0^2\left(1 + 2\left(\frac{\Gamma}{\Gamma_0}\right)^2 - \cos 2\theta - 4\frac{\Gamma}{\Gamma_0}\sin\theta\right).$

En considérant que la normale extérieure s'écrit $\vec{n} = (\cos\theta, \sin\theta)$, on peut alors évaluer séparément les deux composantes de l'effort :

$$\begin{cases} F_x = \rho V_0^2 R \int_0^{2\pi}\left(1 + 2\left(\frac{\Gamma}{\Gamma_0}\right)^2 - \cos 2\theta - 4\frac{\Gamma}{\Gamma_0}\sin\theta\right)\cos\theta d\theta \\ F_y = \rho V_0^2 R \int_0^{2\pi}\left(1 + 2\left(\frac{\Gamma}{\Gamma_0}\right)^2 - \cos 2\theta - 4\frac{\Gamma}{\Gamma_0}\sin\theta\right)\sin\theta d\theta \end{cases}$$

pour obtenir, après intégration :

$$\begin{cases} F_x = 0 \\ F_y = -\rho V_0 \Gamma \end{cases}$$

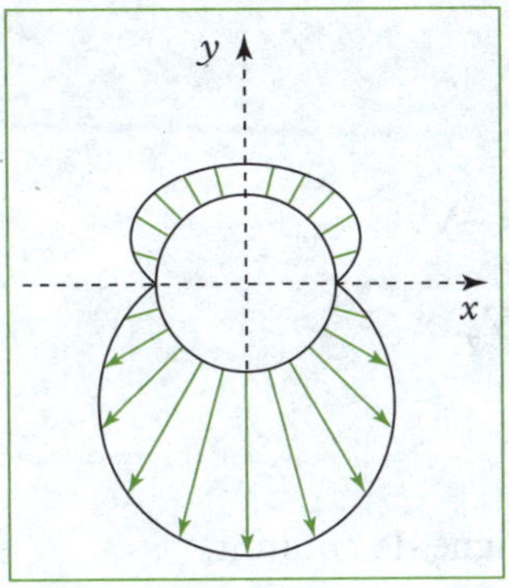

Fig. 14 - Efforts de pression exercés par le fluide sur le cylindre dans l'écoulement avec circulation dans le cas où $\frac{\Gamma}{\Gamma_0} = \frac{\sqrt{2}}{2}$.

Ce résultat qui traduit l'absence d'effort de traînée et la présence d'un effort de portance (négatif pour une circulation positive) est connu sous le nom d'effet Magnus. C'est cet effet qui explique la trajectoire incurvée d'une balle de tennis « brossée » ou « coupée ». Cet effet a également été mis à contribution pour la propulsion de certains voiliers très particuliers où la voile est remplacée par des cylindres verticaux en rotation.

La portance résulte d'une dissymétrie dans la répartition locale des forces de pression (fig. 14). Cette répartition reste symétrique par rapport à l'axe O*y* et n'engendre donc pas d'effort de traînée. Par contre, la dissymétrie du champ qui se manifeste par la présence de dépressions relatives dans la partie inférieure du cylindre est bien source d'un effort négatif de portance sur l'obstacle.

• Effet Magnus et paradoxe de d'Alembert

Le résultat obtenu est en accord avec le paradoxe de d'Alembert : dans notre cas, on a vu que Γ représentait la circulation du vecteur vitesse sur n'importe quel cercle centré à l'origine dans l'écoulement correspondant au tourbillon à circulation constante. On pourrait vérifier facilement que c'est également le cas dans l'écoulement étudié résultant de la superposition des trois écoulements élémentaires. Le fait que Γ soit non nul explique pourquoi le paradoxe de d'Alembert ne s'applique qu'à l'effort de traînée.

• Effet Magnus et théorème de Joukovski

L'effet Magnus est la manifestation d'un résultat plus général connu sous le nom de théorème de Joukovski, dont on donnera l'énoncé sans démonstration.

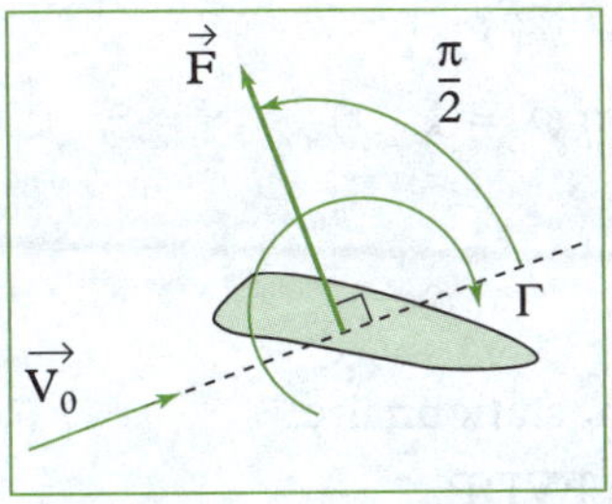

Fig. 15 - Orientation de l'effort résultant au sens du théorème de Joukovski.

Théorème de Joukovski

Dans le cas du mouvement d'un fluide parfait incompressible, de vitesse uniforme $\vec{V_0}$ à l'infini, de circulation Γ autour d'un obstacle et d'écoulement bidimensionnel plan, permanent et irrotationnel, l'effort exercé sur l'obstacle est (fig. 15) :
- orthogonal à $\vec{V_0}$;
- égal en module à $\rho V_0 |\Gamma|$;
- orienté par rotation de $\frac{\pi}{2}$ en sens inverse de Γ à partir du vecteur $\vec{V_0}$.

L'essentiel

✓ Le potentiel vecteur des vitesses $\vec{\psi}$

- **Condition d'existence :** mouvement isovolume ($\mathrm{div}\vec{V} = 0$).
- **Définition :** $\vec{V} = \overrightarrow{\mathrm{rot}}\vec{\psi}$.

✓ La fonction courant ψ

- **Conditions d'existence :** mouvement isovolume ($\mathrm{div}\vec{V} = 0$) ; bidimensionnel $\left(\frac{\partial \vec{V}}{\partial z} = 0\right)$; plan ($W = 0$).
- **Définition**
En coordonnées cartésiennes : $\frac{\partial \psi}{\partial y} = U$ et $\frac{\partial \psi}{\partial x} = -V$.
En coordonnées polaires : $\frac{\partial \psi}{\partial \theta} = rV_r$ et $\frac{\partial \psi}{\partial r} = -V_\theta$.
- **Propriétés**
– Le potentiel vecteur peut s'écrire $\vec{\psi} = \psi\vec{e_z}$.
– La fonction courant est constante le long d'une ligne de courant.

✓ Le potentiel de vitesse ϕ

- **Condition d'existence :** mouvement irrotationnel ($\overrightarrow{\mathrm{rot}}\vec{V} = \vec{0}$).
- **Définition :** $\vec{V} = \overrightarrow{\mathrm{grad}}\phi$.

✓ Expression instationnaire du théorème de Bernoulli (formulation forte)

- **Hypothèses**
– Mouvement : irrotationnel ($\overrightarrow{\mathrm{rot}}\vec{V} = \vec{0}$).
– Fluide : incompressible homogène ($\rho = \mathrm{cte}$), soumis à des FVDP ($\vec{F} = \overrightarrow{\mathrm{grad}}\,\wp$).
- **Résultat**

$$\forall(x, y, z, t), \quad P + \rho\frac{\partial \phi}{\partial t} + \frac{\rho}{2}[\overrightarrow{\mathrm{grad}}\phi]^2 + \rho\wp = P_0(t).$$

✓ Écoulements élémentaires à potentiel

- **Propriétés générales**
– Mouvement : irrotationnel, bidimensionnel, plan, stationnaire.
– Fluide : incompressible homogène, soumis à des FVDP.
- **Écoulements types**

Type	Potentiel	Fonction courant
Écoulement uniforme	$\phi = V_0 x$	$\psi = V_0 y$
Source/puits	$\phi = \frac{D}{2\pi}\ln(r)$	$\psi = \frac{D\theta}{2\pi}$

Tourbillon à circulation constante	$\phi = \dfrac{\Gamma\theta}{2\pi}$	$\psi = -\dfrac{\Gamma}{2\pi}\ln(r)$
Doublet	$\phi = \dfrac{mx}{x^2+y^2}$	$\psi = \dfrac{-my}{x^2+y^2}$
Coin/dièdre	$\phi = \mathrm{K}r^a\cos(a\theta)$	$\psi = \mathrm{K}r^a\sin(a\theta)$

- **Propriété remarquable :** toute combinaison linéaire de potentiels (resp. des fonctions courant) élémentaires conduit au potentiel (resp. à la fonction courant) d'un écoulement vérifiant les mêmes hypothèses que les écoulements d'origine.

✓ Écoulement autour d'un cylindre à section circulaire

- **Construction**

L'écoulement de fluide parfait incompressible homogène autour d'un cylindre infiniment long d'axe Oz, de section circulaire (rayon R), plongé dans un courant uniforme à l'infini ($\mathrm{V}_0\vec{e}_x$), est obtenu par la superposition de trois écoulements élémentaires à potentiel :
– un écoulement uniforme à la vitesse $\mathrm{V}_0\vec{e}_x$;
– un doublet de moment $m = \mathrm{V}_0\mathrm{R}^2$, localisé à l'origine du repère ;
– un tourbillon à circulation constante Γ, localisé à l'origine du repère.

- **Propriétés**

– Si $\Gamma = 0$, l'écoulement possède deux points d'arrêt situés sur le cylindre et l'axe Ox. Le fluide n'exerce aucun effort sur le cylindre.

– Si $0 < |\Gamma| \leqslant 4\pi\mathrm{V}_0\mathrm{R}$, l'écoulement possède deux points d'arrêt situés sur le cylindre et symétriques par rapport à l'axe Oy, les angles polaires des points d'arrêt sont donnés par $\sin\theta = 4\pi\mathrm{V}_0\mathrm{R}$. Le fluide exerce un effort de portance sur le cylindre.

– Si $|\Gamma| > 4\pi\mathrm{V}_0\mathrm{R}$, l'écoulement ne possède qu'un point d'arrêt, rejeté sur l'axe Oy au-delà de la paroi. Le fluide exerce un effort de portance sur le cylindre.

✓ Paradoxe de d'Alembert

- L'effort exercé par le fluide sur un obstacle placé dans un courant uniforme à l'infini se décompose en :
  – un **effort de traînée** aligné avec la direction du vecteur vitesse à l'infini ;
  – un **effort de portance** perpendiculaire à la direction du vecteur vitesse à l'infini.
- L'effort de **traînée** est nul si le mouvement est irrotationnel, bidimensionnel, plan, stationnaire, et le fluide incompressible homogène, parfait.
- L'effort de **portance** est également nul si, de plus, la circulation du vecteur vitesse sur le contour de l'obstacle est nulle.

✓ Théorème du Joukovski

- **Hypothèses**

– Mouvement : irrotationnel, bidimensionnel, plan, stationnaire.
– Fluide : incompressible homogène, parfait.

- **Résultat**

L'effort exercé par le fluide sur un obstacle placé dans un courant uniforme à l'infini ($\vec{\mathrm{V}}_0$) est :
– orthogonal à $\vec{\mathrm{V}}_0$;
– égal en module à $\rho\mathrm{V}_0|\Gamma|$, où Γ est la circulation du vecteur vitesse sur l'obstacle ;
– orienté par rotation de $\dfrac{\pi}{2}$ en sens inverse de Γ à partir du vecteur $\vec{\mathrm{V}}_0$.

Mise en œuvre

Méthode n° 1

Comment changer la localisation et l'orientation d'un potentiel élémentaire ?

On considère un écoulement élémentaire (source, tourbillon, doublet) que l'on souhaite localiser au point $O'(x_0, y_0)$ et faire tourner d'un angle α par rapport à l'axe Ox du repère (x, O, y).

→ Savoir faire

❶ Écrire les expressions standards du potentiel et de la fonction courant de l'écoulement dans le repère local (X, O', Y), translaté au point $O'(x_0, y_0)$ et ayant subi une rotation d'angle α par rapport au repère (x, O, y).

❷ Transférer ces expressions du potentiel et de la fonction courant dans le repère (x, O, y), en utilisant les formules de changement de repère :

$$\begin{cases} X = (x-x_0)\cos\alpha + (y-y_0)\sin\alpha \\ Y = -(x-x_0)\sin\alpha + (y-y_0)\cos\alpha \end{cases}$$

→ Application

Déterminer le potentiel et la fonction courant de l'écoulement créé par un doublet de moment m positionné en $x = 1$ et $y = 2$, et orienté de $\frac{\pi}{4}$ par rapport à l'axe des x.

Solution

❶ On définit le repère (X, O', Y), translaté au point $O'(1, 2)$ et ayant subi une rotation d'angle $\frac{\pi}{4}$ par rapport au repère initial. Dans le nouveau repère, le potentiel de vitesse et la fonction courant d'un doublet placé à l'origine O′ et dirigé selon l'axe des X s'écrivent respectivement :

$$\phi = \frac{mX}{X^2+Y^2} \quad \text{et} \quad \psi = \frac{-mY}{X^2+Y^2}.$$

❷ En appliquant les formules de changement de repère :

$$X = \frac{x-1+y-2}{\sqrt{2}} \quad \text{et} \quad Y = \frac{-x+1+y-2}{\sqrt{2}},$$

on obtient les expressions dans le repère initial :

$$\phi = \frac{\sqrt{2}m(x+y-3)}{(x+y-3)^2+(x-y+1)^2} \quad \text{et} \quad \psi = \frac{\sqrt{2}m(x-y+1)}{(x+y-3)^2+(x-y+1)^2}.$$

Méthode n° 2

Comment obtenir les champs de vitesse et de pression en connaissant le potentiel de vitesse ?

On donne le potentiel de vitesse ϕ, fonction de l'espace et du temps, associé à l'écoulement irrotationnel d'un fluide incompressible homogène de masse volumique ρ, soumis à des FVDP $\wp$.

→ Savoir faire

❶ Vérifier que la fonction ϕ correspond à un potentiel de vitesse. Pour ce faire, il existe deux possibilités :

– par dérivations partielles de la fonction ϕ, montrer que $\Delta\phi = 0$ (condition nécessaire et suffisante) ;

– le cas échéant, observer que la fonction ϕ est la combinaison linéaire de potentiels de vitesse correspondant à des écoulements élémentaires.

❷ Déterminer le champ de vitesse par dérivations partielles du potentiel de vitesse :

$$\vec{V} = \overrightarrow{\text{grad}}\phi \Leftrightarrow \begin{cases} U = \dfrac{\partial\phi}{\partial x} \\ V = \dfrac{\partial\phi}{\partial y} \\ W = \dfrac{\partial\phi}{\partial z} \end{cases} \Leftrightarrow \begin{cases} V_r = \dfrac{\partial\phi}{\partial r} \\ V_\theta = \dfrac{1}{r}\dfrac{\partial\phi}{\partial\theta} \\ V_z = \dfrac{\partial\phi}{\partial z} \end{cases}$$

❸ Déterminer le champ de pression par application de la forme instationnaire du théorème de Bernoulli :

$$P = P_0(t) - \left(\rho\frac{\partial\phi}{\partial t} + \frac{\rho}{2}\left[\overrightarrow{\text{grad}}\phi\right]^2 + \rho\wp\right).$$

Afin de préciser $P_0(t)$, il faudra disposer d'une condition à la limite pour la pression.

→ Application

On donne la fonction $\phi(x, y, z, t)$ définie par :

$$\phi(x, y, z, t) = \frac{\Gamma}{2\pi}\left[k\pi + \arctan\left(\frac{y}{x - V_0 t}\right)\right], \quad \text{avec} \quad \begin{cases} k = 0 \text{ si } x - V_0 t > 0 \\ k = 1 \text{ si } x - V_0 t < 0 \end{cases}$$

Montrer qu'elle correspond au potentiel de vitesse d'un écoulement irrotationnel de fluide incompressible homogène soumis à des FVDP. En déduire les champs de vitesse et de pression correspondants pour un fluide de masse volumique ρ, soumis à l'action de la pesanteur terrestre (g) orientée vers les z négatifs.

Solution

❶ On vérifie que ϕ est un potentiel de vitesse en calculant son laplacien :

$$\frac{\partial\phi}{\partial x} = \frac{\Gamma}{2\pi} \times \frac{-y}{(x - V_0 t)^2} \times \frac{1}{1 + \left(\dfrac{y}{x - V_0 t}\right)^2} = -\frac{\Gamma}{2\pi} \times \frac{y}{(x - V_0 t)^2 + y^2}$$

$$\Rightarrow \frac{\partial^2\phi}{\partial x^2} = -\frac{\Gamma}{2\pi} \times y \times \frac{-2(x - V_0 t)}{[(x - V_0 t)^2 + y^2]^2} = \frac{\Gamma}{2\pi} \times \frac{2y(x - V_0 t)}{[(x - V_0 t)^2 + y^2]^2}$$

$$\frac{\partial\phi}{\partial y} = \frac{\Gamma}{2\pi} \times \frac{1}{x - V_0 t} \times \frac{1}{1 + \left(\dfrac{y}{x - V_0 t}\right)^2} = \frac{\Gamma}{2\pi} \times \frac{(x - V_0 t)}{(x - V_0 t)^2 + y^2}$$

$$\Rightarrow \frac{\partial^2\phi}{\partial y^2} = \frac{\Gamma}{2\pi} \times (x - V_0 t) \times \frac{-2y}{[(x - V_0 t)^2 + y^2]^2} = \frac{\Gamma}{2\pi} \times \frac{-2y(x - V_0 t)}{[(x - V_0 t)^2 + y^2]^2}.$$

On obtient bien $\Delta\phi = 0$, et la fonction ϕ représente donc un potentiel de vitesse.

❷ Les calculs effectués ci-dessus nous donnent directement le détail du champ de vitesse :

$$U = \frac{\partial \phi}{\partial x} = -\frac{\Gamma}{2\pi} \times \frac{y}{(x - V_0 t)^2 + y^2}, \quad V = \frac{\partial \phi}{\partial y} = \frac{\Gamma}{2\pi} \times \frac{(x - V_0 t)}{(x - V_0 t)^2 + y^2} \quad \text{et} \quad W = \frac{\partial \phi}{\partial z} = 0.$$

❸ Dans le cas où les forces de volume se limitent à la pesanteur, on peut écrire que $\wp = gz$. Les autres termes intervenant dans l'énoncé du théorème de Bernoulli se calculent aisément :

$$\frac{\partial \phi}{\partial t} = \frac{\Gamma}{2\pi} \times \frac{y V_0}{(x - V_0 t)^2} \times \frac{1}{1 + \left(\dfrac{y}{x - V_0 t}\right)^2} = \frac{\Gamma}{2\pi} \times \frac{y V_0}{(x - V_0 t)^2 + y^2}$$

$$[\overrightarrow{\text{grad}}\phi]^2 = U^2 + V^2 = \frac{\Gamma^2}{4\pi^2} \times \frac{1}{(x - V_0 t)^2 + y^2}.$$

On en déduit l'expression de la pression sous la forme :

$$P(x, y, z, t) = P_0(t) - \frac{\rho \Gamma}{2\pi} \times \frac{y V_0}{(x - V_0 t)^2 + y^2} - \frac{\rho \Gamma^2}{4\pi^2} \times \frac{1}{(x - V_0 t)^2 + y^2} - \rho g z.$$

Il manque une fonction à la limite pour déterminer la fonction $P_0(t)$. Ici, on pourra considérer la condition suivante :

$$\forall (x, t) \quad \lim_{|y| \to \infty} P(x, y, 0, t) = P_a.$$

En calculant la limite de l'expression obtenue pour la pression et en tenant compte de cette condition, on obtient $\mathbf{P_0(t) = P_a}$.

Méthode n° 3

Comment obtenir les champs de vitesse et de pression en connaissant la fonction courant ?

On considère la fonction courant ψ, fonction du plan, associée à l'écoulement bidimensionnel plan, stationnaire, d'un fluide incompressible homogène de masse volumique ρ, soumis à des FVDP $\wp$.

→ Savoir faire

❶ Vérifier que la fonction ψ correspond à une fonction courant. Pour ce faire, il existe deux possibilités :

– par dérivations partielles de la fonction ψ, montrer que $\Delta\psi = 0$;

– le cas échéant, observer que la fonction ψ est la combinaison linéaire de fonctions courant correspondant à des écoulements à potentiels élémentaires.

❷ Déterminer le champ de vitesse par dérivations partielles de la fonction courant :

$$\begin{cases} U = \dfrac{\partial \psi}{\partial y} \\ V = -\dfrac{\partial \psi}{\partial x} \end{cases} \Leftrightarrow \begin{cases} V_r = \dfrac{1}{r}\dfrac{\partial \psi}{\partial \theta} \\ V_0 = -\dfrac{\partial \psi}{\partial r} \end{cases}$$

❸ Déterminer le champ de pression par application du second théorème de Bernoulli :

$$P = P_0 - \left(\frac{\rho}{2}[\overrightarrow{\text{grad}}\psi]^2 + \rho \wp\right).$$

Afin de préciser P_0, il faudra disposer d'une condition à la limite pour la pression.

→ Application

Soit la fonction ψ définie en coordonnées cartésiennes par :

$$\psi(x, y) = V_0 y + \frac{D}{2\pi}\left(k\pi + \arctan\frac{y}{x+a} - \arctan\frac{y}{x-a}\right), \text{ avec } \begin{cases} k = 0 \text{ si } |x| > a \\ k = 1 \text{ si } |x| < a \end{cases}$$

où D est un réel positif. Montrer qu'elle correspond à la fonction courant associée à l'écoulement bidimensionnel plan, stationnaire, d'un fluide incompressible homogène de masse volumique ρ en l'absence de force de volume.

Solution

❶ On remarque que cette fonction peut s'écrire comme la somme de trois termes :

$$\psi_1 = V_0 y,\ \psi_2 = \frac{D}{2\pi}\left(k_1 + \arctan\frac{y}{x+a}\right) \text{ et } \psi_3 = -\frac{D}{2\pi}\left(k_2 + \arctan\frac{y}{x-a}\right)$$

$$\text{avec } \begin{cases} k_1 = 0 \text{ si } x > -a \\ k_1 = 1 \text{ si } x < -a \end{cases} \text{ et } \begin{cases} k_2 = 0 \text{ si } x > a \\ k_2 = 1 \text{ si } x < a \end{cases}$$

– Le premier terme ψ_1 correspond à la fonction courant d'un écoulement uniforme à la vitesse V_0 orientée suivant l'axe Ox.

– Le second terme ψ_2 correspond à la fonction courant d'une source de débit D placée au point $x = -a$ et $y = 0$ (*cf.* Méthode n° 1).

– De même, le troisième terme ψ_3 correspond à la fonction courant d'un puits de débit D placé au point $x = a$ et $y = 0$.

La fonction ψ est donc la combinaison linéaire de fonctions courant correspondant à trois écoulements à potentiel élémentaires, c'est bien la fonction courant d'un écoulement irrotationnel de fluide incompressible homogène.

❷ On obtient les composantes de vitesse par dérivations partielles de la fonction courant :

$$U = \frac{\partial\psi}{\partial y} = V_0 + \frac{D}{2\pi}\left[\frac{1}{1+\left(\frac{y}{x+a}\right)^2} \times \frac{1}{x+a} - \frac{1}{1+\left(\frac{y}{x-a}\right)^2} \times \frac{1}{x-a}\right]$$

$$= V_0 + \frac{D}{2\pi}\left[\frac{x+a}{(x+a)^2+y^2} - \frac{x-a}{(x-a)^2+y^2}\right]$$

$$= V_0 - \frac{D}{\pi} \times \frac{a(x^2-y^2-a^2)}{(x^2+y^2+a^2)^2 - 4a^2x^2}$$

$$V = -\frac{\partial\psi}{\partial x} = \frac{D}{2\pi}\left[\frac{1}{1+\left(\frac{y}{x+a}\right)^2} \times \frac{-y}{(x+a)^2} - \frac{1}{1+\left(\frac{y}{x-a}\right)^2} \times \frac{-y}{(x-a)^2}\right]$$

$$= -\frac{Dy}{2\pi}\left[\frac{1}{(x+a)^2+y^2} - \frac{1}{(x-a)^2+y^2}\right]$$

$$= \frac{D}{\pi} \times \frac{2axy}{(x^2+y^2+a^2)^2 - 4a^2x^2}.$$

❸ En l'absence de forces de volume, on a $\wp = 0$. L'application du second théorème de Bernoulli nous donne :

$$P = P_0 - \frac{\rho}{2}[\overrightarrow{\text{grad}}\psi]^2 = P_0 - \frac{\rho}{2}[U^2 + V^2].$$

On calcule le second terme à partir des composantes du champ de vitesse obtenues précédemment :

$$U^2 + V^2 = V_0^2 - \frac{2V_0 D}{\pi} \times \frac{a(x^2-y^2-a^2)}{(x^2+y^2+a^2)^2 - 4a^2x^2} + \frac{D^2a^2}{\pi^2} \times \frac{1}{(x^2+y^2+a^2)^2 - 4a^2x^2}.$$

Il reste à fixer la valeur de P_0. Pour ceci, on remarque qu'à l'infini (c.à.d. quand x et y tendent tous deux vers l'infini) la vitesse tend vers V_0. On peut donc écrire $P_\infty = P_0 - \frac{1}{2}\rho V_0^2$. La pression est donc constante à l'infini. On choisira d'exprimer P_0 à partir de cette valeur, c.à.d. :

$$P_0 = P_\infty + \frac{1}{2}\rho V_0^2,$$

pour obtenir finalement :

$$\mathbf{P} = \mathbf{P}_\infty + \frac{\rho \mathbf{D} a}{2\pi^2} \times \frac{2\pi \mathbf{V}_0(x^2 - y^2 - a^2) + \mathbf{D}a}{(x^2 + y^2 + a^2)^2 - 4a^2x^2}.$$

Méthode n° 4

Comment étudier l'écoulement résultant de la superposition de plusieurs écoulements à potentiels élémentaires ?

On considère l'écoulement dont le potentiel de vitesse est défini par combinaison linéaire de potentiels élémentaires $\phi = \Sigma_{i=1}^{n} a_i \phi_i$.

→ Savoir faire

❶ Construire la fonction courant sous la forme $\psi = \Sigma_{i=1}^{n} a_i \psi_i$, où ψ_i est la fonction courant correspondant au potentiel de vitesse ϕ_i.

❷ Calculer les champs de vitesse et de pression en tout point du plan en utilisant la Méthode n° 2 ou la Méthode n° 3.

❸ Déterminer l'existence et la position des points d'arrêt.

❹ Déterminer, si possible, la forme générale des lignes de courant, et en particulier celles qui passent par les points d'arrêt.

→ Application

On considère l'écoulement issu de la superposition :

– d'un écoulement uniforme à la vitesse V_0 alignée avec l'axe des x :

– d'une source de débit D placée au point $(-a, 0)$;

– d'un puits de débit –D placé au point $(a, 0)$ où a et D sont positifs.

1) Écrire la fonction potentiel de l'écoulement.

2) Étudier et préciser les éléments caractéristiques du champ de cet écoulement.

Solution

1) Le potentiel de vitesse de l'écoulement est égal à la somme des trois potentiels élémentaires :

- $\phi_1 = V_0 x$
- $\phi_2 = \frac{D}{2\pi}\ln(\sqrt{(x+a)^2 + y^2})$
- $\phi_3 = \frac{-D}{2\pi}\ln(\sqrt{(x-a)^2 + y^2})$

soit :

$$\phi = \mathbf{V}_0 x + \frac{\mathbf{D}}{4\pi}\ln\frac{(x+a)^2 + y^2}{(x-a)^2 + y^2}.$$

2) ❶ Les fonctions courant correspondant aux potentiels élémentaires ϕ_i s'écrivent :

• $\psi_1 = V_0 y$

• $\psi_2 = \dfrac{D}{2\pi}\left(k_1 + \arctan\dfrac{y}{x+a}\right)$ avec $\begin{cases} k_1 = 0 \text{ si } x > -a \\ k_1 = 1 \text{ si } x < -a \end{cases}$

• $\psi_3 = \dfrac{-D}{2\pi}\left(k_2 + \arctan\dfrac{y}{x-a}\right)$ avec $\begin{cases} k_2 = 0 \text{ si } x > a \\ k_2 = 1 \text{ si } x < a \end{cases}$

soit, pour la fonction courant de l'écoulement complet :

$$\psi = V_0 y + \frac{D}{2\pi}\left(k\pi + \arctan\frac{y}{x+a} - \arctan\frac{y}{x-a}\right) \text{ avec } \begin{cases} k = 0 \text{ si } |x| > a \\ k = 1 \text{ si } |x| < a \end{cases}$$

On reconnaît la fonction courant étudiée en exemple d'application de la Méthode n° 3.

❷ On pourra ici se reporter aux résultats obtenus plus haut et se contenter de les rappeler :

$$U = V_0 - \frac{D}{\pi} \times \frac{a(x^2 - y^2 - a^2)}{(x^2 + y^2 + a^2)^2 - 4a^2x^2}$$

$$V = \frac{D}{\pi} \times \frac{2axy}{(x^2 + y^2 + a^2)^2 - 4a^2x^2}$$

$$P = P_\infty + \frac{\rho D a}{2\pi^2} \times \frac{2\pi V_0(x^2 - y^2 - a^2) + Da}{(x^2 + y^2 + a^2)^2 - 4a^2x^2}$$

❸ Les points d'arrêt sont obtenus pour $U = 0$ et $V = 0$. La deuxième condition montre que ceux-ci, s'ils existent, sont obtenus pour $x = 0$ ou $y = 0$. Nous allons examiner ces deux cas.

• *Cas* $x = 0$

Dans ce cas, la condition $U = 0$ donne :

$$0 = V_0 + \frac{D}{\pi} \times \frac{a}{(y^2 + a^2)}.$$

Le second membre est toujours strictement positif et cette condition est impossible à satisfaire.

• *Cas* $y = 0$

Dans ce cas, la condition $U = 0$ donne :

$$0 = V_0 - \frac{D}{\pi} \times \frac{a(x^2 - a^2)}{(x^2 + a^2)^2 - 4a^2x^2} = V_0 - \frac{D}{\pi} \times \frac{a(x^2 - a^2)}{(x^2 - a^2)^2}.$$

Cette expression se simplifie pour donner :

$$x^2 = a^2 + \frac{Da}{\pi V_0}.$$

Le second membre est toujours positif, on peut donc en conclure que l'écoulement possède deux points d'arrêt situés sur l'axe Ox, symétriques par rapport à l'origine, et placés à une distance $\sqrt{a^2 + \dfrac{Da}{\pi V_0}}$ de celle-ci.

❹ L'équation d'une ligne de courant est obtenue en écrivant que la fonction courant est constante sur toute ligne de courant, soit :

$$V_0 y + \frac{D}{2\pi}\left(k\pi + \arctan\frac{y}{x+a} - \arctan\frac{y}{x-a}\right) = \text{cte}.$$

Cette équation est valable pour toute ligne de courant : c'est le choix de la constante du second membre qui permet de sélectionner une ligne de courant particulière. Dans le cas général, l'équation ci-dessus ne représente pas une courbe simple. On pourra cependant préciser quelque peu les choses en ce qui concerne les lignes de courant passant par les points d'arrêt. Si on appelle K la constante relative à ces lignes de courant particulières et (x_A, y_A) les coordonnées de l'un quelconque de ces points d'arrêt, on peut écrire ($|x_A| > a$) :

$$V_0 y_A + \frac{D}{2\pi}\left(\arctan\frac{y_A}{x_A + a} - \arctan\frac{y_A}{x_A - a}\right) = K.$$

On en déduit que K est nulle puisque y_A est nul quel que soit le point d'arrêt considéré. Les lignes de courant passant par un point d'arrêt sont donc toujours données, dans cet écoulement, par l'équation :

$$V_0 y + \frac{D}{2\pi}\left(k\pi + \arctan\frac{y}{x + a} - \arctan\frac{y}{x - a}\right) = 0.$$

Il y a une ligne de courant évidente constituée par la partie de l'axe Ox telle que $x \in\ ]-\infty\ ;\ -a[\ \cup\ ]a\ ;\ \infty[$, mais ça n'est manifestement pas la seule. Pour aller plus loin, on introduit pour chaque point (x, y) les angles θ_1 et θ_2 définis dans la figure ci-dessous.

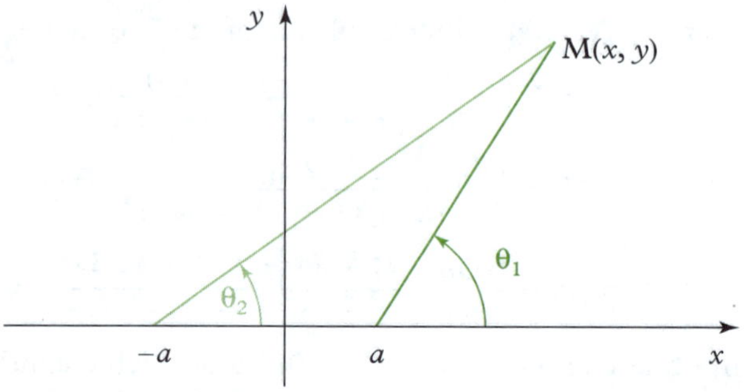

On peut alors écrire :

$$\tan\theta_1 = \frac{y}{x - a} \quad \text{et} \quad \tan\theta_2 = \frac{y}{x + a}.$$

L'équation de la ligne de courant devient alors :

$$V_0 y + \frac{D}{2\pi}(\theta_2 - \theta_1) = 0,$$

puis, en prenant la tangente de cette expression :

$$\tan Ay + \tan(\theta_2 - \theta_1) = 0, \quad \text{avec} \quad A = \frac{2\pi V_0}{D}.$$

En tenant compte de la relation :

$$\tan(\theta_2 - \theta_1) = \frac{\tan\theta_2 - \tan\theta_1}{1 - \tan\theta_2\tan\theta_1} = \frac{-2ay}{x^2 + y^2 - a^2},$$

l'équation de la ligne de courant peut être récrite sous la forme :

$$x^2 + y^2 - \frac{2ay}{\tan Ay} = a^2.$$

Cette équation (bien qu'elle ressemble à celle d'un cercle) ne représente pas une figure classique. On l'appelle l'ovale de Rankine et la figure ci-dessous en donne l'allure :

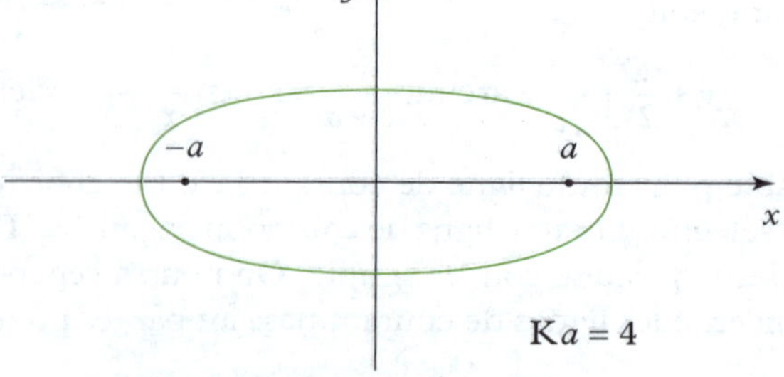

Interprétation

Le champ de vitesse loin de l'origine peut être assimilé à un courant plan, uniforme à la vitesse $V_0\vec{e_x}$. L'ovale de Rankine est une ligne de courant fermée qui, en vertu du principe de matérialisation, peut être considérée comme la frontière d'un corps solide. L'écoulement étudié peut dès lors être considéré comme l'écoulement, uniforme à l'infini, d'un fluide parfait autour d'un obstacle bidimensionnel de section ovoïde comme le montre la figure ci-dessous où ont été tracées les lignes de courant proches de l'obstacle.

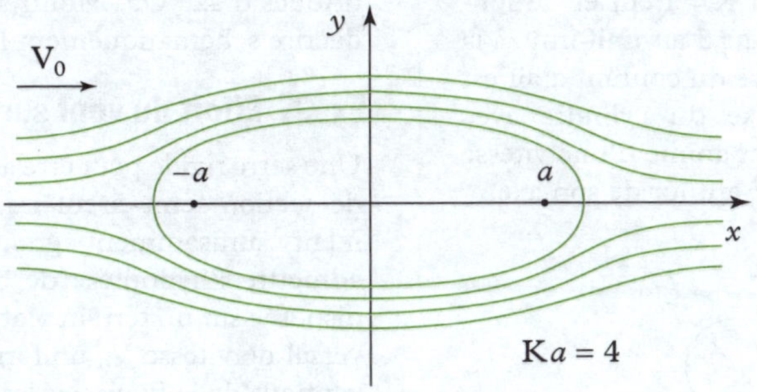

On voit ici l'intérêt de considérer la ligne de courant du point d'arrêt, puisque la plupart du temps un obstacle plongé dans un courant plan possède un point d'arrêt sur sa surface.

Exercices

Niveau 1

Ex. 1 Effort sur un cylindre en rotation

On place un cylindre de rayon $R = 1$ cm et de longueur $L = 10$ cm dans un courant d'air uniforme à la vitesse $V_0 = 20\ \text{m} \cdot \text{s}^{-1}$. La vitesse du courant d'air est alignée avec l'axe Ox, et l'axe du cylindre avec l'axe Oy. De plus, le cylindre est animé d'une vitesse de rotation $N = 2\,000\ \text{tr} \cdot \text{min}^{-1}$ autour de son axe.

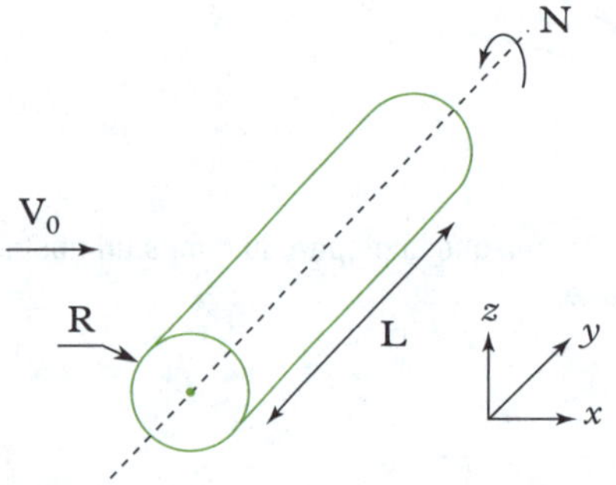

1) L'air est un fluide visqueux newtonien. Que peut-on en déduire en ce qui concerne sa vitesse au contact de la paroi du cylindre ? Déterminer la valeur de la circulation du vecteur vitesse sur le contour du cylindre.

2) En supposant que le théorème de Joukovski s'applique dans cet écoulement, déterminer la force de portance $\vec{F}$ exercée sur le cylindre.

3) On définit le coefficient de portance C_z du cylindre par $F = \frac{1}{2}\rho S V_0^2 C_z$, où S est une surface de référence.

En prenant $S = 2R \times L$, calculer le coefficient de portance du cylindre. De quel paramètre simple dépend ce coefficient ?

Niveau 2

Ex. 2 Identification d'un écoulement à partir d'un champ de vecteur

On considère, dans un repère cartésien orthonormé, un champ de vecteur $\vec{V} = (U, V, W)$ tel que :

$$U = kx, \quad V = ky \quad \text{et} \quad W = -2kz.$$

1) Calculer la divergence et le rotationnel de ce champ de vecteur. Peut-on en déduire qu'il correspond au champ de vitesse d'un écoulement de fluide ?

2) Déterminer le champ de pression de cet écoulement.

3) Déterminer le potentiel de vitesse de cet écoulement. Peut-on associer à cet écoulement une fonction courant ? Pourquoi ?

4) Récrire le champ de vitesse en coordonnées cylindriques d'axe Oz. Montrer qu'il est axisymétrique et décrire schématiquement l'écoulement.

Ex. 3 Effort du vent sur une serre

Une serre rigide peut être assimilée à une construction de section semi-circulaire, de rayon R et d'allongement suffisamment grand pour que l'on puisse admettre l'hypothèse de bidimensionnalité. Elle est disposée sur un terrain plat et soumise à un vent transversal de vitesse V_0 uniforme à l'infini, avec les conventions de la figure ci-dessous.

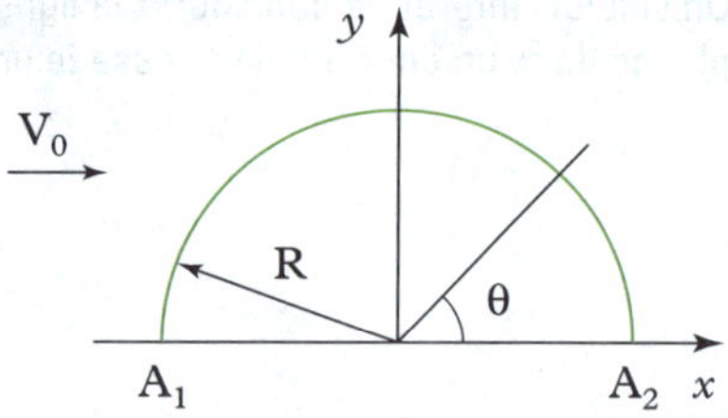

1) À quel écoulement constitué d'une superposition d'écoulements élémentaires à potentiel peut-on rattacher l'écoulement autour de la serre ?

Rappeler l'expression de la pression qui en découle sur la périphérie de la serre.

2) En notant P_I la pression qui règne à l'intérieur de la serre, déterminer la résultante des efforts exercés par le fluide sur l'enveloppe de la serre.

3) En pratiquant une ouverture de petite dimension en un point donné de l'enveloppe, on équilibre la pression interne avec la pression régnant dans l'écoulement au point où l'ouverture a été pratiquée.

Déterminer l'effort exercé sur l'enveloppe :

– quand l'ouverture est placée au niveau du sol et face au vent ;

– quand l'ouverture est placée au sommet de la serre.

4) Existe-t-il une position de cette ouverture qui permet d'annuler l'effort exercé sur l'enveloppe ?

Niveau 3

Ex. 4 Interprétation du potentiel d'un doublet

On considère l'écoulement produit par la superposition d'une source de débit D placée au point $(-a, 0)$, et d'un puits de même débit placé au point $(a, 0)$.

1) Écrire le potentiel de vitesse et la fonction courant de cet écoulement.

2) On fait maintenant tendre la distance a vers zéro tout en maintenant le produit aD constant. Par un développement limité au premier ordre en a du potentiel de vitesse, déterminer la forme du potentiel de vitesse lorsque a tend vers zéro. À quoi correspond le potentiel obtenu ?

3) Même question avec la fonction courant.

Ex. 5 Interaction entre un tourbillon et une paroi

On considère l'écoulement résultant de la superposition de deux écoulements à potentiels élémentaires :
– un tourbillon à circulation constante Γ localisé au point (0, a) du plan xOy ;
– un tourbillon à circulation constante $-\Gamma$ localisé au point $(0, -a)$.

1) Écrire la fonction courant de cet écoulement.

2) Déterminer la forme générale des lignes de courant. En particulier, quelle est la forme de la ligne de courant passant par l'origine ? Pouvait-on s'y attendre ?

3) On applique le principe de matérialisation à la ligne de courant passant par l'origine. Déterminer l'expression de la vitesse sur cette « paroi ».

4) Calculer l'effort exercé sur la paroi par le fluide contenu dans le demi-espace $y > 0$. On note P_∞ la valeur de la pression dans le demi-espace $y > 0$ quand la distance à l'origine tend vers l'infini, et on suppose que le demi-espace $y < 0$ contient un fluide au repos à la pression P_∞.

Ex. 6 Superposition d'écoulements élémentaires à potentiel

On considère l'écoulement produit par le potentiel de vitesse constitué de la superposition d'une source de débit D placée à l'origine du plan et d'un courant uniforme à l'infini de vitesse $V_0\vec{e}_x$.

1) Déterminer le potentiel et la fonction courant de l'écoulement.

2) Montrer qu'il existe un point d'arrêt dans l'écoulement.

3) Décrire la forme des lignes de courant passant par le point d'arrêt.

4) À qu'elle situation pratique peut-on rattacher cet écoulement ?

Indications

Ex. 1 **3)** Faire apparaître la vitesse de la paroi V_p dans l'expression de C_z.

Ex. 4 **2)** Mettre le logarithme sous la forme $\ln(1 + \varepsilon)$, où ε tend vers zéro.

3) Considérer la fonction courant, à (x, y) fixé, comme une fonction de a (la noter $\psi_{xy}(a)$ par exemple).

Ex. 5 **4)** On rappelle que $\int_{-\infty}^{+\infty} \frac{dt}{(t^2+1)^2} = \frac{\pi}{2}$.

Ex. 6 **1)** Utiliser les coordonnées polaires.

Solutions des exercices

Exercice de niveau 1

Exercice 1

1) En fluide visqueux, la condition à la limite qui s'applique au contact d'une paroi solide est la condition d'adhérence : il y a identité entre la vitesse du fluide et celle de la paroi au point coïncident.

Ici, le cylindre est en rotation et un point de la paroi se déplace à la vitesse $\overrightarrow{V_p} = NR\overrightarrow{e_\theta}$ avec les conventions de la figure ci-dessous.

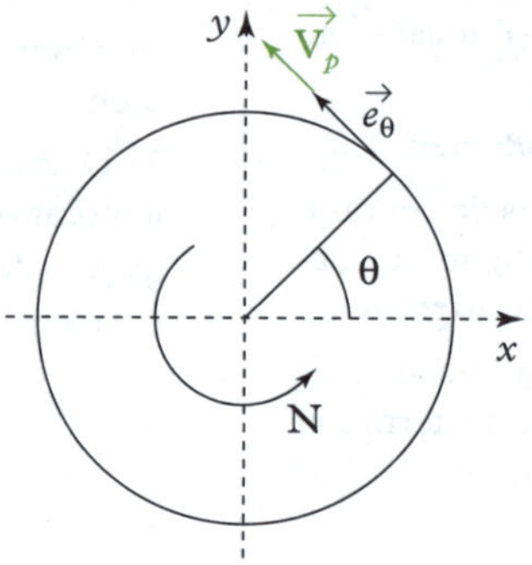

La circulation du vecteur vitesse sur le contour du cylindre est donc égale à :

$$\mathbf{\Gamma = 2\pi R \times NR}$$

A.N. $\Gamma = 2\pi \times 10^{-2} \times 2\,000\dfrac{2\pi}{60} \times 10^{-2} \approx \mathbf{0{,}132\ m^2 \cdot s^{-1}}$.

2) Si le théorème de Joukovski s'applique dans cet écoulement, on peut dire que la force de portance a pour module :

$$F = \rho V_0 \Gamma \times L = \mathbf{2\pi \rho V_0 NR^2 L}.$$

A.N. $\mathbf{F} = 2\pi \times 1{,}2 \times 20 \times 2\,000\dfrac{2\pi}{60} \times 10^{-4} \times 0{,}1 \approx \mathbf{0{,}316\ N}$.

Sa direction est obtenue en faisant tourner le vecteur vitesse de $\dfrac{\pi}{2}$ en sens inverse de la circulation. L'effort est donc dirigé vers les y négatifs.

3) Par définition :

$$C_z = \frac{2F}{\rho S V_0^2} = 2\pi \times \frac{NR}{V_0} = 2\pi \times \frac{V_p}{V_0}.$$

On voit que la valeur du coefficient de portance ne dépend que du rapport de la vitesse périphérique à la vitesse de l'écoulement. Elle ne dépend pas, entre autre, de la masse volumique du fluide ou de la longueur du cylindre.

A.N. $\mathbf{C_z} = 4\pi \times \dfrac{NR}{V_0} = 4\pi \times 2\,000\dfrac{2\pi}{60} \times 10^{-2} \times \dfrac{1}{20} \approx \mathbf{1{,}32}$.

Noter que les hypothèses du théorème de Joukovski ne sont pas vérifiées pour cet écoulement de fluide visqueux, probablement rotationnel. Le résultat établi constitue cependant une bonne approximation **pour l'effort de portance**. Il en va tout autrement pour l'effort de traînée qui devrait être nul, ce qui est loin d'être le cas dans la réalité.

Exercices de niveau 2

Exercice 2

1) Il est immédiat de vérifier que ce champ de vecteur est solénoïdal et irrotationnel :

$$\text{div}\vec{V} = \frac{\partial U}{\partial x} + \frac{\partial V}{\partial y} + \frac{\partial W}{\partial z} = k + k - 2k = 0 \quad \text{et} \quad \overrightarrow{\text{rot}}\vec{V} = \begin{bmatrix} \frac{\partial W}{\partial y} - \frac{\partial V}{\partial z} \\ \frac{\partial U}{\partial z} - \frac{\partial W}{\partial x} \\ \frac{\partial V}{\partial x} - \frac{\partial U}{\partial y} \end{bmatrix} = \begin{bmatrix} 0 \\ 0 \\ 0 \end{bmatrix}.$$

Or le mouvement d'un fluide incompressible homogène (évolution isovolume) est régi par le système d'équations :

$$\begin{cases} \text{div}\vec{V} = 0 \\ \frac{\partial \vec{V}}{\partial t} + \overrightarrow{\text{grad}}\left(\frac{V^2}{2}\right) + \overrightarrow{\text{rot}}\,\vec{V} \wedge \vec{V} = -\overrightarrow{\text{grad}}\,\wp - \overrightarrow{\text{grad}}\,\frac{P}{\rho} - \nu\,\overrightarrow{\text{rot}}\,(\overrightarrow{\text{rot}}\vec{V}) \end{cases}$$

Comme $\text{div}\vec{V} = 0$ et $\overrightarrow{\text{rot}}\vec{V} = \vec{0}$, le champ de vecteur proposé satisfait ces équations en tant que champ de vitesse d'un écoulement dont la pression vérifie :

$$\frac{\mathbf{P}}{\rho} + \frac{\mathbf{V}^2}{2} + \wp = \mathbf{cte}.$$

2) On déduit de la question précédente que :

$$\mathbf{P} = \mathbf{P}_0 - \frac{\rho \boldsymbol{k}^2}{2}(\boldsymbol{x}^2 + \boldsymbol{y}^2 + 4\boldsymbol{z}^2) - \rho\,\wp,$$

où P_0 est une constante arbitraire.

Ce résultat montre que, quelle que soit la valeur de P_0, celle de la pression tend vers $-\infty$ à l'infini. Cette conclusion est surprenante car on n'imagine pas qu'une pression puisse devenir négative. Il faut noter cependant qu'en fluide **incompressible**, l'équation d'état thermodynamique est remplacée par l'équation $\rho = $ cte. **La pression perd toute signification thermodynamique, elle est définie à une constante additive près.** Ainsi, formellement, rien ne s'oppose à ce qu'elle prenne des valeurs négatives. Il va de soi qu'en fluide réel, une telle caractéristique n'est pas acceptable. D'ailleurs dans l'écoulement qui nous occupe, ces pressions négatives sont associées à des vitesses qui tendent vers l'infini. En fluide réel, ceci correspondrait à des nombres de Mach élevés pour lesquels l'approximation incompressible n'est pas valide. **La solution obtenue n'est donc applicable que localement, au voisinage du point d'arrêt** (voir question 4).

3) Écrivons la différentielle de ϕ :

$$\begin{aligned} d\phi &= \frac{\partial \phi}{\partial x}dx + \frac{\partial \phi}{\partial x}dy + \frac{\partial \phi}{\partial x}dz = U dx + V dy + W dz \\ &= kx\,dx + ky\,dy - 2kz\,dz \\ &= kd\left[\frac{x^2}{2}\right] + kd\left[\frac{y^2}{2}\right] - kd[z^2] = kd\left[\frac{x^2}{2} + \frac{y^2}{2} - z^2\right] \end{aligned}$$

d'où :

$$\boldsymbol{\phi} = \boldsymbol{k}\left[\frac{\boldsymbol{x}^2}{2} + \frac{\boldsymbol{y}^2}{2} - \boldsymbol{z}^2\right] + \mathbf{cte}.$$

L'écoulement considéré vérifiant la condition isovolume, il possède *un potentiel vecteur de vitesse* $\vec{\psi}$. Cependant, comme il est tridimensionnel, *la fonction courant scalaire* ψ introduite dans le cas bidimensionnel plan ne pourra pas être utilisée ici.

4) En coordonnées cylindriques d'axe Oz, le point sera repéré par les variables (r, θ, z), telles que :

$$x = r\cos\theta \quad \text{et} \quad y = r\sin\theta.$$

La vitesse sera définie par ses composantes radiale, tangentielle et axiale :

$$V_r = U\cos\theta + V\sin\theta, \quad V_\theta = -U\sin\theta + V\cos\theta \quad \text{et} \quad W.$$

On en déduit :

$$\mathbf{V_r = kr, \quad V_\theta = 0 \quad \text{et} \quad W = -2kz.}$$

On voit que le champ de vitesse est invariant en θ, l'écoulement est *axisymétrique*. Pour préciser la géométrie de cet écoulement, on pourra ajouter que :

– l'origine est un point d'arrêt ;

– l'axe Oz est une ligne de courant, puisqu'en tout point de cet axe, le vecteur vitesse lui est colinéaire ($\vec{V}(0, 0, z) = -2kz\vec{e_z}$) ;

– le plan xOy est une surface de courant, puisqu'en tout point de ce plan, le vecteur vitesse est contenu dans celui-ci ($\vec{V}(x, y, 0) = kx\vec{e_x} + ky\vec{e_y}$).

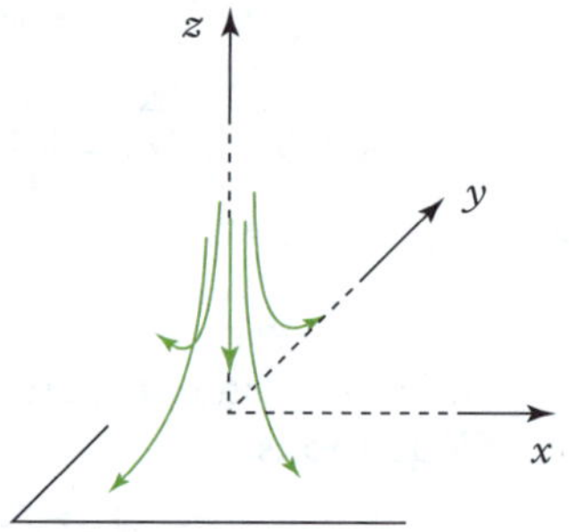

On peut donc, localement, assimiler cet écoulement à celui qui se produit à l'impact normal d'un jet circulaire sur une paroi (voir figure).

Exercice 3

1) On peut rattacher cet écoulement à celui qui se développe autour d'un cylindre sans circulation (superposition d'un potentiel d'écoulement uniforme aligné sur l'axe Ox et d'un doublet localisé à l'origine). Le principe de matérialisation est appliqué au contour du cylindre, et à l'axe Ox afin de représenter le sol.

En désignant par A_1 le point d'arrêt situé face au vent, la pression exercée sur le contour du cylindre s'exprime par :

$$\mathbf{P = P_{A_1} - 2\rho V_0^2 \sin^2\theta.}$$

2) L'effort exercé sur l'enveloppe résulte de :

– la pression P_I exercée dans le sens de la normale extérieure $\vec{n}$;

– la pression P exercée en sens inverse de $\vec{n}$.

On en déduit l'expression suivante :

$$\vec{F} = \int_0^\pi P_I\vec{n} \times R d\theta - \int_0^\pi P\vec{n} \times R d\theta.$$

Pour d'évidentes raisons de symétrie, la résultante est alignée sur l'axe Oy, sa projection sur cet axe prend la forme :

$$F_y = \int_0^\pi (P_I - P_{A_1} + 2\rho V_0^2 \sin^2\theta)\sin\theta \times R d\theta,$$

soit :

$$\mathbf{F_y} = \int_0^\pi (P_I - P_{A_1} + \rho V_0^2 - \rho V_0^2 \cos 2\theta)\sin\theta \times R d\theta$$

$$= [-(P_I - P_{A_1} + \rho V_0^2)R\cos\theta]_0^\pi - \frac{1}{2}\rho R V_0^2 \int_0^\pi 2\cos 2\theta \sin\theta d\theta$$

$$= 2R(P_I - P_{A_1} + \rho V_0^2) - \frac{1}{2}\rho R V_0^2 \int_0^\pi (\sin 3\theta - \sin\theta) d\theta$$

$$= 2R(P_I - P_{A_1} + \rho V_0^2) + \frac{1}{2}\rho R V_0^2 \left[\frac{\cos 3\theta}{3} - \cos\theta\right]_0^\pi$$

$$= \mathbf{2R\left(P_I - P_{A_1} + \frac{4}{3}\rho V_0^2\right)}.$$

3) • Si l'ouverture est placée en A_1, on a $P_I = P_{A_1}$, et la résultante devient :

$$F_y = \frac{8}{3}\rho R V_0^2.$$

Elle est dirigée vers le haut, et la serre pourrait être arrachée.

• Si l'ouverture est placée au sommet de la sphère, on a $P_I = P_{A_1} - 2\rho V_0^2$, et la résultante devient :

$$F_y = -\frac{4}{3}\rho R V_0^2.$$

Elle est maintenant dirigée vers le bas, et la serre risque de s'effondrer.

4) Si l'on veut que la résultante soit nulle, il faut pratiquer l'ouverture de telle sorte que la pression au droit de cette ouverture soit égale à :

$$P_{A_1} - \frac{4}{3}\rho V_0^2, \quad \text{c.à.d.} \quad P = P_{A_1} - 2\rho V_0^2 \sin^2\theta = P_{A_1} - \frac{4}{3}\rho V_0^2,$$

donc $\sin^2\theta = \frac{2}{3}$, soit $\boldsymbol{\theta \approx 55°}$ ou $\boldsymbol{\theta \approx 125°}$.

Noter que ces valeurs ne dépendent d'aucune donnée du problème. Elles ne dépendent pas, en particulier, de la vitesse du vent.

Exercices de niveau 3

Exercice 4

1) Le potentiel de vitesse et la fonction courant de cet écoulement s'écrivent :

$$\phi = \frac{D}{4\pi}\ln\frac{(x+a)^2+y^2}{(x-a)^2+y^2}$$

$$\psi = \frac{D}{2\pi}\left(k\pi + \arctan\frac{y}{x+a} - \arctan\frac{y}{x-a}\right) \text{ avec } \begin{cases} k = 0 \text{ si } |x| > a \\ k = 1 \text{ si } |x| < a \end{cases}$$

2) On peut écrire :

$$\phi = \frac{D}{4\pi}\ln\left[\frac{(x-a)^2+y^2}{(x-a)^2+y^2} + \frac{(x+a)^2-(x-a)^2}{(x-a)^2+y^2}\right]$$

$$= \frac{D}{4\pi}\ln\left[1 + \frac{4ax}{(x-a)^2+y^2}\right]$$

$$\phi \underset{a\to 0}{\sim} \frac{D}{4\pi}\ln\left[1+\frac{4ax}{x^2+y^2}\right] \underset{a\to 0}{\sim} \frac{D}{4\pi}\times\frac{4ax}{x^2+y^2} \underset{a\to 0}{\sim} \frac{\left(\frac{aD}{\pi}\right)x}{x^2+y^2}.$$

On reconnaît le potentiel d'un **doublet de moment** $\boldsymbol{m = \frac{aD}{\pi}}$ **localisé à l'origine.**

3) À (x, y) fixé, on pose $\psi = \psi_{xy}(a)$ et on écrit que :

$$\psi \underset{a\to 0}{\sim} \psi_{xy}(0) + a\psi'(0).$$

On a :

$$\psi_{xy}(0) = \frac{D}{2\pi}\left(\arctan\frac{y}{x} - \arctan\frac{y}{x}\right), \text{ soit : } \psi_{xy}(0) = 0.$$

On en déduit :

$$\psi'_{xy}(a) = \frac{D}{2\pi}\left[\frac{1}{1+\dfrac{y^2}{(x+a)^2}}\times\frac{-y}{(x+a)^2}-\frac{1}{1+\dfrac{y^2}{(x-a)^2}}\times\frac{y}{(x-a)^2}\right]$$

$$= -\frac{Dy}{2\pi}\left[\frac{1}{(x+a)^2+y^2}+\frac{1}{(x+a)^2+y^2}\right]$$

soit :

$$\psi'_{xy}(0) = -\frac{D}{\pi}\times\frac{y}{x^2+y^2},\ \text{d'où : } \psi \underset{a\to 0}{\sim} 0 - a\times\frac{D}{\pi}\times\frac{y}{x^2+y^2} = \frac{-\left(\dfrac{aD}{\pi}\right)y}{x^2+y^2}.$$

On a la fonction courant correspondant à **un doublet de moment $m = \frac{aD}{\pi}$ localisé à l'origine.**

Exercice 5

1) La fonction courant de cet écoulement s'écrit :

$$\psi = -\frac{\Gamma}{4\pi}\ln[x^2+(y-a)^2]+\frac{\Gamma}{4\pi}\ln[x^2+(y+a)^2] = \boldsymbol{\frac{\Gamma}{4\pi}\ln\frac{x^2+(y+a)^2}{x^2+(y-a)^2}}.$$

2) Les lignes de courant sont données par $\psi = \text{cte}$, soit : $\frac{x^2+(y+a)^2}{x^2+(y-a)^2} = K$, avec $K > 0$, ou encore :

$$x^2+\left(y-a\frac{1+K}{K-1}\right)^2 = \frac{4Ka^2}{(1-K)^2}.$$

Il s'agit de cercles centrés en $\left[0\ ;\ \frac{a(1+K)}{K-1}\right]$, de rayon $R_K = 2\sqrt{K}\frac{a}{|1-K|}$.

La constante de la ligne de courant passant par l'origine est obtenue en écrivant que :

$$\frac{x^2+(y+a)^2}{x^2+(y-a)^2} = K_0 \quad \text{pour } x=0 \text{ et } y=0.$$

On trouve $K_0 = 1$ et la droite $y = 0$ est la ligne de courant cherchée. On pouvait s'attendre à ce résultat car l'axe Ox est un axe de symétrie pour l'écoulement.

Utiliser cette propriété de symétrie pour étudier l'écoulement autour d'un obstacle au voisinage du sol (*effet de sol* sur les aéronefs, véhicules automobiles...) est une pratique courante connue sous le nom de *méthode des images.*

3) Les expressions des composantes de vitesse sont obtenues par dérivations partielles de la fonction courant :

$$U = \frac{\partial\psi}{\partial y} \quad \text{et} \quad V = -\frac{\partial\psi}{\partial x}.$$

On ne calculera pas V car on vient de voir que l'axe Ox est une ligne de courant ; par conséquent $V(x, 0) = 0$. S'agissant de la composante U, on obtient :

$$U = \frac{a\Gamma}{\pi}\times\frac{x^2-y^2+a^2}{(x^2+y^2+a^2)^2-4ay^2},\ \text{soit : } \mathbf{U(x, 0)} = \boldsymbol{\frac{a\Gamma}{\pi}\times\frac{1}{x^2+a^2}}.$$

4) Pour obtenir l'expression de la pression à la paroi, on applique le second théorème de Bernoulli sous la forme :

$$P_\infty+\frac{1}{2}\rho V_\infty^2 = P(x, 0)+\frac{\rho}{2}\times\frac{a^2\Gamma^2}{\pi^2(x^2+a^2)^2}.$$

Il est immédiat de vérifier que $V_\infty = 0$; on en déduit :

$$P(x, 0) = P_\infty - \frac{\rho}{2} \times \frac{a^2\Gamma^2}{\pi^2(x^2+a^2)^2}.$$

La résultante des efforts sur la paroi provient :
– de l'application de la pression $P(x, 0)$ depuis le fluide contenu dans le demi-espace $y > 0$ vers la paroi, c.à.d. dans le sens $-\vec{e_y}$;
– de l'application de la pression P_∞ depuis le fluide contenu dans le demi-espace $y < 0$ vers la paroi, c.à.d. dans le sens $\vec{e_y}$.
Elle s'écrit donc :

$$\vec{F} = \int_{-\infty}^{+\infty} P(x, 0) \times (-\vec{e_y})(dx \times 1) + \int_{-\infty}^{+\infty} P_\infty \times \vec{e_y}(dx \times 1)$$

pour une unité d'envergure. On obtient donc :

$$\vec{\mathbf{F}} = \vec{e_y} \times \frac{\rho a^2\Gamma^2}{2\pi^2} \times \int_{-\infty}^{+\infty} \frac{dx}{(x^2+a^2)^2} = \vec{e_y} \times \frac{\rho a^2\Gamma^2}{2\pi^2} \times \frac{1}{a^3}\int_{-\infty}^{+\infty} \frac{dX}{(X^2+1)^2} = \left[\frac{\boldsymbol{\rho\Gamma^2}}{\boldsymbol{4\pi a}}\right]\vec{\boldsymbol{e_y}}.$$

On constate que la plaque est « attirée » par le tourbillon.

Exercice 6

1) Le potentiel et la fonction courant de l'écoulement sont respectivement :

$$\boldsymbol{\phi = V_0 r\cos\theta + \frac{D}{2\pi}\ln r} \quad \text{et} \quad \boldsymbol{\psi = V_0 r\sin\theta + \frac{D\theta}{2\pi}}.$$

2) On calcule les composantes de vitesse par dérivations partielles du potentiel :

$$V_r = \frac{\partial\phi}{\partial r} = V_0\cos\theta + \frac{D}{2\pi r} \quad \text{et} \quad V_\theta = \frac{1}{r}\frac{\partial\phi}{\partial\theta} = -V_0\sin\theta.$$

Au point d'arrêt, s'il existe, on a nécessairement $V_\theta = 0$, soit $\theta = 0$ ou $\theta = \pi$. En reportant ces valeurs dans l'expression de V_r, on obtient :

$$V_r(r, 0) = V_0 + \frac{D}{2\pi r} \quad \text{et} \quad V_r(r, \theta) = -V_0 + \frac{D}{2\pi r}.$$

Seule l'expression obtenue pour $\theta = \pi$ donne un rayon positif quand on l'annule. L'écoulement possède donc un et un seul point d'arrêt donné par :

$$\boldsymbol{(r_A, \theta_A) = \left(\frac{D}{2\pi V_0}, \pi\right)} \quad \text{ou} \quad \boldsymbol{(x_A, y_A) = \left(-\frac{D}{2\pi V_0}, 0\right)}.$$

3) L'équation générale des lignes de courant est donnée par $\psi(r, \theta) = \text{cte}$, soit ici :

$$V_0 r\sin\theta + \frac{D\theta}{2\pi} = \text{cte}.$$

Sur les lignes de courant passant par le point d'arrêt, on peut donc écrire :

$$V_0 r\sin\theta + \frac{D\theta}{2\pi} = V_0 r_A\sin\theta_A + \frac{D\theta_A}{2\pi} = \frac{D}{2}.$$

La demi-droite $\theta = \pi$ vérifie cette équation et fait donc partie de ces lignes de courant. Les autres peuvent être obtenues en écrivant :

$$V_0 r\sin\theta + \frac{D}{2\pi}(\theta - \pi) = 0 \Leftrightarrow r = r_A\frac{\pi - \theta}{\sin\theta}.$$

Il s'agit d'une courbe polaire relativement simple, on notera que :

– $y = r\sin\theta$ tend vers une valeur finie égale à $\pi r_A = \dfrac{D}{2V_0}$ quand θ tend vers zéro, on obtient une première asymptote horizontale ;

– $y = r\sin\theta$ tend vers une valeur finie égale à $-\pi r_A = -\dfrac{D}{2V_0}$ quand θ tend vers 2π, on obtient une seconde asymptote horizontale.

La courbe représentative est tracée sur la figure. Pour information, on y a également porté une ligne de courant relative à l'écoulement s'effectuant de part et d'autre de celle-ci.

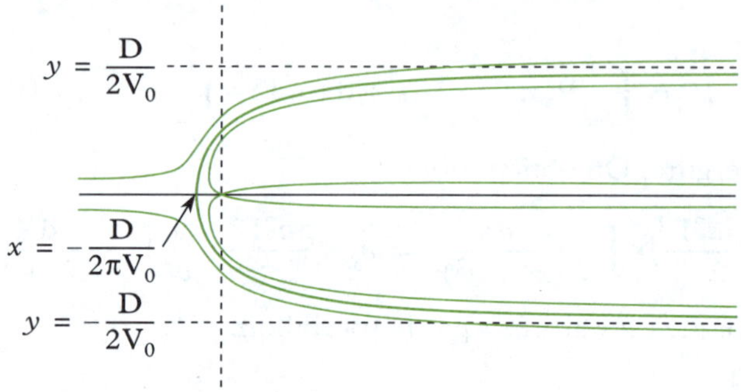

4) On peut appliquer le principe de matérialisation à la ligne de courant du point d'arrêt pour considérer que l'on a affaire à un obstacle assimilable à une plaque plane à bord d'attaque arrondi, placée dans un écoulement uniforme à l'infini, de direction parallèle à la plaque.

CHAPITRE

6 Écoulements compressibles monodimentionnels

Introduction

Nous nous intéressons ici à des écoulements pour lesquels la masse volumique est, *a priori*, une fonction non constante du champ de l'écoulement, au même titre que vitesse, pression et température. Le fluide est toujours supposé homogène en composition. Dans le cadre du programme, on s'en tient à des écoulements internes, *i.e.* s'effectuant dans des conduits quasi rectilignes et de section droite pas ou peu variable. On se limite au seul cas du fluide parfait, milieu pour lequel tous les effets diffusifs d'agitation moléculaire sont nuls, et qui sera donc, en particulier, non visqueux et non conducteur de la chaleur. Enfin, l'écoulement sera pris permanent.

Après avoir rappelé les hypothèses générales de l'étude (§ A), on procédera à la mise en équations par application des bilans généraux adaptés à la situation étudiée (§ B), avant d'aborder quelques illustrations classiques (§ C) : écoulement avec apport/extraction de chaleur et onde de choc normale. On termine par une extension aux écoulements à faible variation de section (quasi monodimensionnel) illustrant l'exemple de la tuyère convergente-divergente. Bien que traitées dans la partie « cours », les deux dernières sections sont plutôt à considérer, au sens du programme, comme des exemples détaillés d'applications pouvant donner lieu à de nombreux sujets d'exercices et de problèmes.

Plan du chapitre 6

A. Hypothèses générales de l'étude

Nous nous intéresserons, dans ce chapitre, à l'étude des écoulements compressibles monodimensionnels sous les hypothèses suivantes :

• Le fluide est un gaz que nous assimilerons à **un gaz parfait**. On pourra ainsi écrire la loi d'état :

$$P = \rho RT,$$

où P est la pression, ρ la masse volumique, T la température et R la constante des gaz par unité de masse ; pour de l'air pris dans les conditions standards, $R = 287\ J \cdot kg^{-1} \cdot K^{-1}$.

• Tous les **effets diffusifs** par agitation moléculaire seront **négligés**. Cela conduit à considérer, en particulier, que la viscosité et la conductivité thermique du milieu sont nulles. C'est la notion de **fluide parfait**[1].

• L'**écoulement** sera supposé être **monodimensionnel**[2], simplification consistant à supposer que (fig. 1) :

– le vecteur vitesse se réduit à une seule composante U ;

– dans chaque section droite, les fonctions du champ de l'écoulement, U, P, T, ρ, sont uniformes et ne dépendent que de la seule abscisse curviligne $c \equiv x$ et du temps.

Cette hypothèse pratique peut être envisagée lorsque les conditions suivantes sont réalisées :

– lentes variations de la section :

$$\frac{dS}{S} \ll 1\,;$$

– fort rayon de courbure :

$$\frac{S}{R^2} \ll 1.$$

• Le **mouvement** sera considéré comme **permanent** (ou **stationnaire**), *i.e.* les variations temporelles seront négligées dans les équations.

• Les **forces extérieures de volume**, réduites aux seules forces de gravité, seront considérées comme **négligeables**.

1. On se gardera de confondre les notions de **fluide** parfait (ou « idéal ») et de **gaz** parfait.

2. Il s'agit d'une simplification intéressante utilisée généralement au stade d'un premier calcul d'avant projet.

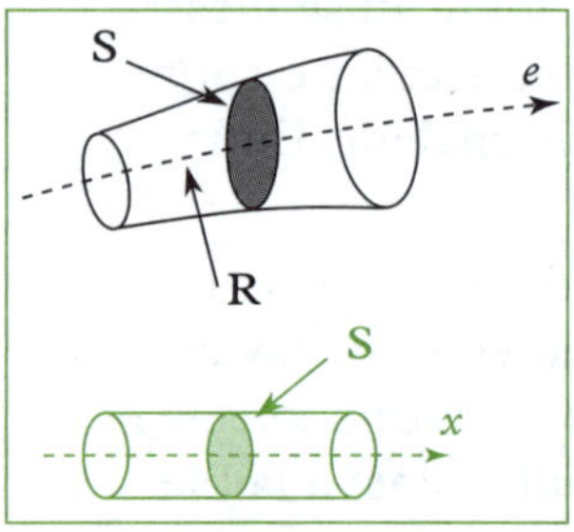

Fig. 1 - Schématisation d'un écoulement monodimentionnel.

B. Mise en équation

B.1. Les équations générales de bilan

Soit un écoulement monodimensionnel traversant une « section courante » telle que celle de la figure 2. Le mouvement est supposé s'effectuer dans le sens des x positifs. À gauche de cette section (fluide entrant), la vitesse, la pression, la température, la masse volumique et l'énergie interne sont respectivement représentées par U_1, P_1, T_1, ρ_1 et e_1. Identiquement, sur la partie à droite (fluide sortant), ces mêmes quantités seront représentées par U_2, P_2, T_2, ρ_2 et e_2.

Afin de calculer les variations de ces quantités au passage de la section courante, nous utiliserons la formulation intégrale des équations de bilans (masse, quantité de mouvement et énergie) appliquée au volume de contrôle défini par les sections en lignes pointillées (fig. 2). Les sections seront supposées assez voisines pour négliger la variation d'aire de l'une à l'autre[3]. Sous les hypothèses de l'étude, l'expression des différents bilans se traduit par les équations de conservation qui suivent.

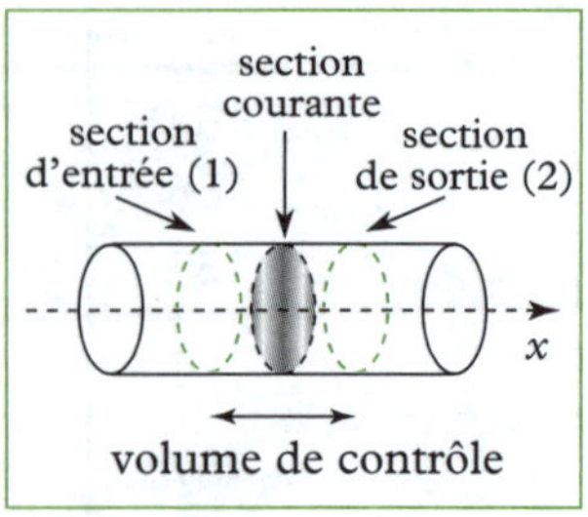

Fig. 2 - Schéma de définition du volume de contrôle.

3. La prise en compte de (légères) variations d'aire fera l'objet du paragraphe D.

B.1.1 - Équation de continuité

La formulation intégrale du bilan de masse s'écrit :

$$\iint_S \rho \vec{V} \cdot \overrightarrow{ds} = 0.$$ [1]

1. On pose ici, et dans la suite : $\overrightarrow{ds} = \vec{n}\, d\sigma$, $\vec{n}$ étant la normale unitaire toujours dirigée vers l'extérieur du domaine et $d\sigma$ l'élément d'aire.

Le calcul de l'intégrale de surface du côté entrant, où $\vec{V}$ et $\overrightarrow{ds}$ sont parallèles mais de signe contraire, donne $-\rho_1 U_1 S$. Du côté sortant, où $\vec{V}$ et $\overrightarrow{ds}$ sont parallèles mais de même signe, on obtient $\rho_2 U_2 S$. Les surfaces latérales n'entrent pas en compte dans ce calcul car $\vec{V}$ et $\overrightarrow{ds}$ y sont perpendiculaires.

Finalement, l'*équation de continuité appliquée aux écoulements stationnaires monodimensionnels* s'écrit :

$$-\rho_1 U_1 S + \rho_2 U_2 S = 0, \text{ soit : } \boldsymbol{\rho_1 U_1 = \rho_2 U_2} \quad (1)$$

B.1.2 - Conservation de la quantité de mouvement

En formulation intégrale sur le domaine de contrôle, le bilan de quantité de mouvement s'écrit :

$$\iint_S \rho \vec{V} [\vec{V} \cdot \overrightarrow{ds}] = -\iint_S P \overrightarrow{ds}.$$

Cette équation est vectorielle mais l'hypothèse de monodimentionnalité permet de se limiter à sa projection suivant $\vec{e_x}$, ce qui conduit à considérer uniquement l'équation scalaire :

$$\iint_S \rho U [\vec{V} \cdot \overrightarrow{ds}] = -\iint_S P \overrightarrow{ds} \cdot \vec{e_x}.$$

Sous les hypothèses de l'étude, la conservation de quantité de mouvement se traduit donc par :

$$\mathbf{P_1 + \rho_1 U_1 = P_2 + \rho_2 U_2} \quad (2)$$

B.1.3 - Bilan d'énergie interne

La conservation d'énergie (énergie cinétique + énergie interne) en formulation intégrale sur le domaine de contrôle s'exprime par :

$$\iint_S \rho \left[e + \frac{V^2}{2} \right] \vec{V} \cdot \overrightarrow{ds} = -\iint_S \rho \vec{V} \cdot \overrightarrow{ds} + \iiint_V r\, dv$$

où e désigne l'énergie interne par unité de masse et r représente la quantité de chaleur reçue ou cédée par le fluide par unité de volume et unité de temps en tout point du domaine. Afin d'alléger l'écriture nous noterons cet échange[2], homogène à une *énergie* par *unité de temps*.

2. L'échange avec l'extérieur, s'il a lieu, ne peut se faire que par un transfert en volume (radiatif). Le fluide n'étant pas conducteur, aucun transfert n'est possible par échange thermique à travers la surface.

En explicitant les différents termes, il vient :

$$\frac{Q}{S} + P_1 U_1 + \rho_1 \left(e_1 + \frac{U_1^2}{2} \right) U_1 = P_2 U_2 + \rho_2 \left(e_2 + \frac{U_2^2}{2} \right) U_2.$$

En tenant compte de l'équation de continuité, on en déduit :

$$\frac{Q}{\rho_1 U_1 S} + \frac{P_1}{\rho_1} + e_1 + \frac{U_1^2}{2} = \frac{P_2}{\rho_2} + e_2 + \frac{U_2^2}{2}$$

où $\rho_1 U_1 S$ n'est autre que le débit massique homogène à une *masse par unité de temps*. Le rapport $\frac{Q}{\rho_1 U_1 S}$ n'est rien d'autre que la quantité de chaleur q reçue ou cédée par le fluide par unité de masse.

En introduisant l'enthalpie par unité de masse (ou spécifique) $h = e + Pv$, l'équation de l'énergie sous les hypothèses de l'étude peut s'écrire :

$$h_1 + \frac{U_1^2}{2} + q = h_2 + \frac{U_2^2}{2} \quad (3)$$

Remarque :

Le système est établi sur les trois équations gouvernant les bilans fondamentaux d'un fluide en mouvement sous les hypothèses principales d'**écoulement monodimentionnel et permanent**. Les inconnues sont au nombre de quatre : U, P, ρ et *e* ou *h*. La relation manquante provient d'une hypothèse relative au comportement thermodynamique du gaz. Dans la suite, nous allons utiliser celle de gaz parfait, au sens des **lois de Joule** pour l'**énergie interne** et l'**enthalpie**.

B.2. Équation de l'énergie pour un gaz parfait

B.2.1 - Formulation enthalpique

L'enthalpie spécifique $h = e + Pv$ peut également s'écrire pour un gaz parfait $h = C_p T$, où C_p est la chaleur spécifique à pression constante. On rappelle que dans ce cas :

$$C_p = \frac{\gamma R}{\gamma - 1}$$

où R est la constante de la loi d'état du gaz parfait[1] considéré. Dans ces conditions, l'équation de l'énergie (3) se met sous la forme :

$$C_p T_1 + \frac{U_1^2}{2} = C_p T_2 + \frac{U_2^2}{2}.$$

1. Pour l'air, $R = 278\ J \cdot kg^{-1} \cdot K^{-1}$ et $\gamma = 1{,}4$. Donc : $C_p = 1004{,}5\ J \cdot kg^{-1} \cdot K^{-1}$. Ce coefficient sera supposé constant dans la suite.

Remarque : Cette forme de l'équation de l'énergie n'exige en rien que l'écoulement se fasse de façon isentropique, comme cela va être le cas dans la suite !

B.2.2 - Grandeurs totales et arrêt isentropique

On désigne par grandeur totale la valeur que prend toute fonction du champ de l'écoulement en un point où la vitesse s'annule de façon adiabatique et réversible (isentropique). On parle alors de *condition d'arrêt isentropique*[2] et l'on désigne par P_t, ρ_t, T_t la **pression totale, masse volumique totale et température totale** respectivement.

2. Ces conditions peuvent correspondre à une section **réelle** que rencontre l'écoulement, ou à une section **fictive** si la vitesse ne s'annule jamais dans la région d'étude du mouvement. On parle également de conditions « génératrices » ou « de référence ».

Dans le cas d'un écoulement isentropique, ces variables sont constantes sur une ligne de courant mais peuvent varier d'une ligne de courant à l'autre. Si toutes les lignes de courant sont issues d'une région d'écoulement uniforme (par exemple un grand réservoir où le gaz est au repos), elles correspondent toutes au même niveau d'entropie, on parle alors d'écoulement **homentropique**. *Un écoulement monodimensionnel isentropique est donc aussi homentropique.*

B.2.3 - Équation de l'énergie en enthalpie/température totale

Pour un écoulement isentropique, l'équation de l'énergie écrite entre des conditions d'arrêt ($U = 0$ et $T = T_t$) et un point quelconque (U, T) devient :

$$C_p T + \frac{U^2}{2} = C_p T_t.$$

1. **Rappel** : la célérité de propagation du son (a) pour un gaz parfait est telle que :

$$a^2 = \gamma \frac{P}{\rho}.$$

En introduisant la définition de C_P et de la vitesse du son[1], il vient :

$$\frac{T_t}{T} = 1 + \frac{\gamma - 1}{2} M^2 \quad (4.1)$$

Cette équation donne l'évolution locale du rapport de la température totale à la température statique fonction du nombre de Mach $M = \frac{U}{a}$ dans la section courante où la vitesse de l'écoulement est U.

B.3. Relations de l'écoulement isentropique

B.3.1 - Écoulement isentropique

Par définition, il s'agit d'un écoulement où :

$$\frac{P}{\rho^\gamma} = \text{cte} \text{ sur une ligne de courant.}$$

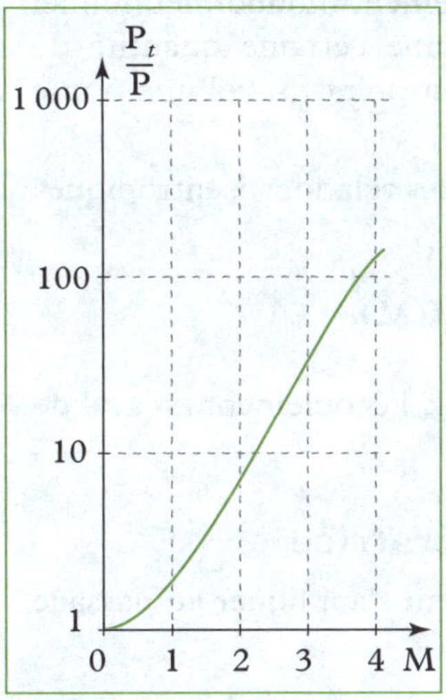

Fig. 3 - Représentation graphique de la relation :

$$\frac{P_t}{P} = f(M)$$

de l'écoulement isentropique.

L'hypothèse d'écoulement isentropique autorise l'écriture de la relation suivante reliant pression, température et masse volumique du fluide prises entre un état (1) et un état (2) :

$$\frac{P_2}{P_1} = \left[\frac{\rho_2}{\rho_1}\right]^\gamma = \left[\frac{T_2}{T_1}\right]^{\frac{\gamma}{\gamma-1}},$$

soit en particulier :

$$\frac{P_t}{P} = \left[\frac{\rho_t}{\rho}\right]^\gamma = \left[\frac{T_t}{T}\right]^{\frac{\gamma}{\gamma-1}}.$$

B.3.2 - Relations en écoulement isentropique

Sous la condition d'écoulement isentropique, il est possible d'expliciter également la pression et la masse volumique dans une section courante en fonction des grandeurs d'arrêt et du nombre de Mach. En combinant la dernière relation à l'équation (4.1), on obtient en effet :

$$\frac{P_t}{P} = \left(1 + \frac{\gamma - 1}{2} M^2\right)^{\frac{\gamma}{\gamma-1}} \quad (4.2)$$

$$\frac{\rho_t}{\rho} = \left(1 + \frac{\gamma - 1}{2} M^2\right)^{\frac{1}{\gamma-1}} \quad (4.3)$$

Les formules ci-dessus sont connues sous le nom de relations isentropiques[2]. À titre d'exemple et pour fixer les ordres de grandeurs, la relation (4.2) est tracée en figure 3.

2. Les relations isentropiques sont fondamentales car elles permettent le calcul des propriétés des écoulements isentropiques de façon explicite. Elles sont généralement tabulées afin de pouvoir rapidement accéder à un premier résultat par des calculs simples. Pour plus de précision, les expressions littérales, ou leurs inverses, seront préférées.

B.3.3 - Condition critique ou sonique

Dans certaines applications, l'utilisation des grandeurs totales peut s'avérer incommode. Dans ce cas, il est fréquent de leur substituer des grandeurs dites **critiques** (ou *soniques*), correspondant, par définition, à une section de l'écoulement[3] où $\mathbf{M = 1}$.

Les relations précédentes montrent que les grandeurs critiques et totales sont liées par :

$$\frac{T_t}{T_{crit}} = \frac{\gamma+1}{2}; \quad \frac{P_t}{P_{crit}} = \left(\frac{\gamma+1}{2}\right)^{\frac{\gamma}{\gamma-1}}; \quad \frac{\rho_t}{\rho_{crit}} = \left(\frac{\gamma+1}{2}\right)^{\frac{1}{\gamma-1}}.$$

3. Comme pour les conditions d'arrêt isentropique, l'**état critique** peut être réel (le fluide traversant effectivement une section où M = 1), ou bien fictif, si une telle section n'appartient pas au domaine étudié.

C. Applications

Nous traitons dans cette section deux exemples d'écoulement monodimentionnel dont la nature isentropique cesse d'être vérifiée sur une portion limitée de l'écoulement. De part et d'autre de cette « perturbation », l'écoulement restera isentropique, mais sous des conditions d'arrêt pouvant être différentes, conduisant donc à distinguer les états isentropique « amont » et isentropique « aval » (fig. 4).

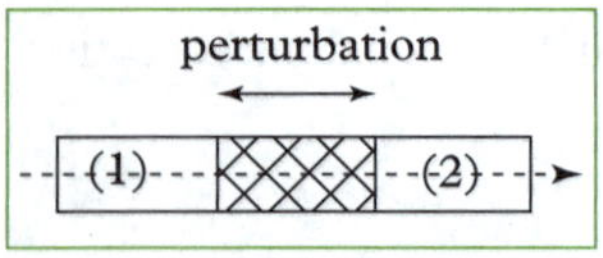

Fig. 4 - Schéma de « perturbation » de la condition isentropique en amont (1) et aval (2) dans un écoulement monodimensionnel.

C.1. Écoulement avec apport/extraction localisé de chaleur

Ce premier exemple est celui d'un fluide en écoulement monodimentionnel isentropique auquel on apporte algébriquement une certaine quantité de chaleur q (> 0 ou < 0) par unité de masse, en tout point du volume d'une portion (tranche) donnée de l'écoulement.

De part et d'autre de la zone d'apport de chaleur, les relations isentropiques s'appliquent :

$$\frac{P}{P_t} = f(M), \quad \frac{T}{T_t} = f(M), \quad \frac{\rho}{\rho_t} = f(M).$$

La question consiste à relier les valeurs du champ de l'écoulement en aval de la perturbation (2) à celles en amont (1).

C.1.1 - Variation de température génératrice

Sous sa forme générale, l'équation de l'énergie (3) peut s'appliquer au passage de la perturbation, ce qui donne :

$$q = \left(C_p T_2 + \frac{U_2^2}{2}\right) - \left(C_p T_1 + \frac{U_1^2}{2}\right).$$

De la définition de la température totale, sous les conditions d'arrêt isentropiques propres à chaque zone de l'écoulement, on déduit :

$$\boldsymbol{q = C_p(T_{t_2} - T_{t_1})}.$$

Cette relation montre que l'apport/extraction de chaleur a un effet direct sur la température totale de l'écoulement. Si de la chaleur est ajoutée, la température d'arrêt aval T_{t_2} augmente, et inversement.

C.1.2 - Rapport des grandeurs locales amont/aval

Nous allons maintenant établir les relations permettant de calculer les variations des propriétés locales de l'écoulement (U, P, ρ, T) à la traversée de la perturbation, en fonction du nombre du Mach.

En partant de l'équation de continuité (1) et en tenant compte de l'équation d'état du gaz parfait, on peut écrire :

$$\frac{T_2}{T_1} = \frac{P_2 \rho_1}{P_1 \rho_2} = \frac{P_2 u_2}{P_1 u_1}.$$

La définition du nombre de Mach donne :

$$\frac{U_2}{U_1} = \frac{M_2 a_2}{M_1 a_1} = \frac{M_2}{M_1}\sqrt{\frac{T_2}{T_1}}.$$

On obtient ainsi le rapport des températures :

$$\frac{\mathbf{T}_2}{\mathbf{T}_1} = \left(\frac{\mathbf{1+\gamma M_1^2}}{\mathbf{1+\gamma M_2^2}}\right)^2\left(\frac{\mathbf{M}_2}{\mathbf{M}_1}\right)^2 \qquad (5.\ 1)$$

L'équation de la dynamique (2) s'applique au passage de la perturbation[1]. On peut donc écrire, en introduisant la célérité du son et en tenant compte de la loi du gaz parfait :

1. L'hypothèse d'écoulement isentropique n'est pas utilisée pour établir cette équation.

$$\rho U^2 = \rho a^2 M^2 = \rho\frac{\gamma P}{\rho}M^2 = \gamma P M^2, \text{ d'où : } P_2 - P_1 = \gamma P_1 M_1^2 - \gamma P_2 M_2^2.$$

On obtient alors le rapport des pressions :

$$\frac{\mathbf{P}_2}{\mathbf{P}_1} = \frac{\mathbf{1+\gamma M_1^2}}{\mathbf{1+\gamma M_2^2}} \qquad (5.\ 2)$$

Les rapports $\frac{\rho_2}{\rho_1}$ et $\frac{U_2}{U_1}$ se déduisent par simple combinaison des relations précédentes en utilisant l'équation d'état.

C.1.3 - Rapport des grandeurs totales amont/aval

Les rapports de grandeurs totales sont obtenus en utilisant directement les relations isentropiques dans chacune des deux zones :

$$\frac{\mathbf{P}_{t_2}}{\mathbf{P}_{t_1}} = \frac{\mathbf{1+\gamma M_1^2}}{\mathbf{1+\gamma M_2^2}}\left(\frac{\mathbf{1+\frac{\gamma-1}{2}M_2^2}}{\mathbf{1+\frac{\gamma-1}{2}M_1^2}}\right)^{\frac{\gamma}{\gamma-1}} \qquad (5.\ 3)$$

$$\frac{\mathbf{T}_{t_2}}{\mathbf{T}_{t_1}} = \left(\frac{\mathbf{1+\gamma M_1^2}}{\mathbf{1+\gamma M_2^2}}\right)^2\left(\frac{\mathbf{M}_2}{\mathbf{M}_1}\right)^2\left(\frac{\mathbf{1+\frac{\gamma-1}{2}M_2^2}}{\mathbf{1+\frac{\gamma-1}{2}M_1^2}}\right) \qquad (5.\ 4)$$

C.1.4 - Conclusions pratiques

• Connaissant, par exemple, la température d'arrêt amont et la valeur de l'apport de chaleur massique *q*, l'équation de l'énergie permet de déterminer la température d'arrêt aval.

• La relation (5. 4) permet d'obtenir la valeur du nombre de Mach aval si celle-ci est connue en amont.

• L'ensemble des autres relations, exprimant des rapports entre valeurs amont et aval en fonction des nombres de Mach, fournit toute valeur aval si la valeur amont correspondante est donnée.

• Une synthèse qualitative des sens de variation des différentes fonctions est donnée dans les tableaux suivants :

	$q > 0$	$q < 0$
$M > 1$	$M_2 < M_1$ $P_2 > P_1$ $T_2 > T_1$ $T_{t_2} > T_{t_1}$ $P_{t_2} < P_{t_1}$ $U_2 < U_1$	$M_2 > M_1$ $P_2 < P_1$ $T_2 < T_1$ $T_{t_2} < T_{t_1}$ $P_{t_2} > P_{t_1}$ $U_2 > U_1$
$M < 1$	$M_2 > M_1$ $P_2 < P_1$ $T_2 > T_1 \text{ si } M_1 < \gamma^{-\frac{1}{2}}$ $T_2 < T_1 \text{ si } M_1 > \gamma^{-\frac{1}{2}}$ $T_{t_2} > T_{t_1}$ $P_{t_2} < P_{t_1}$ $U_2 > U_1$	$M_2 < M_1$ $P_2 > P_1$ $T_2 < T_1 \text{ si } M_1 < \gamma^{-\frac{1}{2}}$ $T_2 > T_1 \text{ si } M_1 > \gamma^{-\frac{1}{2}}$ $T_{t_2} < T_{t_1}$ $P_{t_2} > P_{t_1}$ $U_2 < U_1$

C.2. Écoulement traversant un choc normal

C.2.1 - Notion élémentaire d'onde de choc

L'expérience montre que l'arrêt d'un fluide en écoulement supersonique ($M > 1$) ne peut se faire de façon isentropique. Les mécanismes irréversibles qui apparaissent alors restent cependant localisés dans une région de faible épaisseur[1].

1. Pour de l'air pris sous conditions standards, l'épaisseur caractéristique en question est de l'ordre de 10^{-7} m.

Par définition, l'onde de choc est dite « droite » ou « normale » si sa surface, assimilable localement à un plan, est orthogonale à la direction principale de l'écoulement. Ce phénomène peut alors se schématiser selon l'approche en « perturbation » d'un écoulement supposé par ailleurs isentropique (fig. 5). Du point de vue macroscopique, l'onde de choc est assimilée à une zone de discontinuité au travers de laquelle les propriétés de l'écoulement changent subitement de valeurs. Compte tenu de sa faible épaisseur, on supposera qu'à la traversée de l'onde de choc, il n'y a pas d'apport ou d'extraction de chaleur ($q = 0$) : l'onde de choc est donc une perturbation qui fait perdre le caractère **réversible** ; mais conserve le caractère **adiabatique** de l'écoulement.

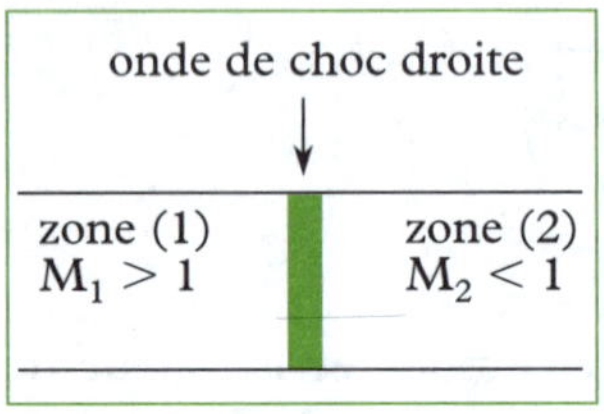

Fig. 5 - Onde de choc droite.

C.2.2 - Relation entre nombres de Mach amont/aval

En raison du caractère adiabatique du choc, l'équation de l'énergie donne :

$$T_{t_2} = T_{t_1}.$$

L'équation (5. 4) permet alors de calculer le nombre de Mach M_2 en fonction de M_1. Une solution s'obtient pour $M_2 = M_1$ et une autre pour :

$$M_2^2 = \frac{M_1^2 + \dfrac{2}{\gamma - 1}}{\dfrac{2\gamma M_1^2}{\gamma - 1} - 1} \qquad (6)$$

La première solution est physiquement non réaliste, car elle conduit au maintien pur et simple de l'écoulement isentropique amont.

La seconde solution correspond à une onde de choc droite (fig. 6).

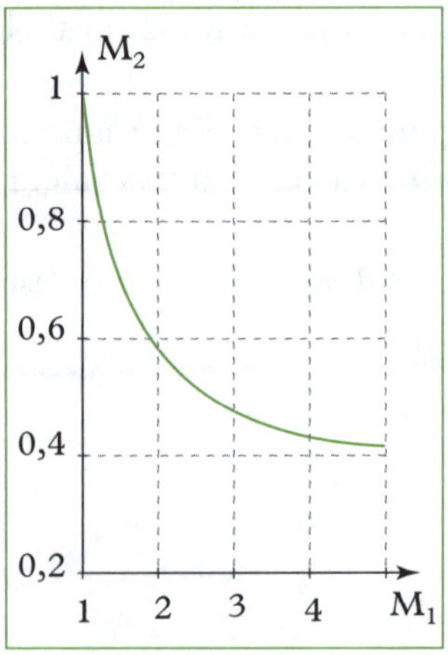

Fig. 6 - Relation entre M_1 et M_2 de part et d'autre d'une onde de choc droite ($\gamma = 1{,}4$).

L'écoulement en aval du choc devient toujours subsonique, la valeur du nombre de Mach aval M_2 étant d'autant plus faible que M_1 est grand.

D. Écoulements quasi monodimensionnels

D.1. Configuration de l'écoulement

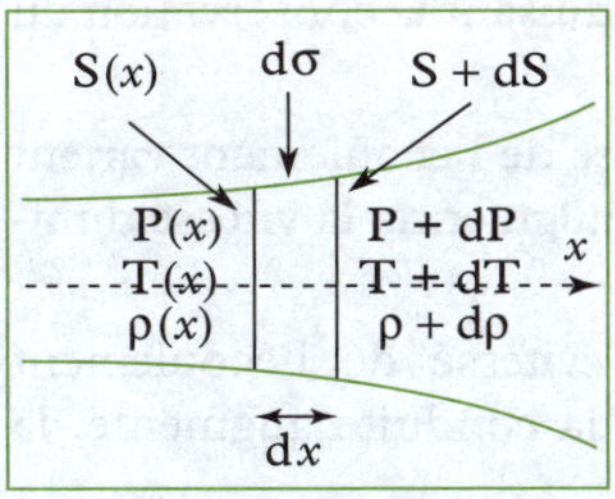

Fig. 7 - Schéma de l'écoulement quasi monodimensionnel.

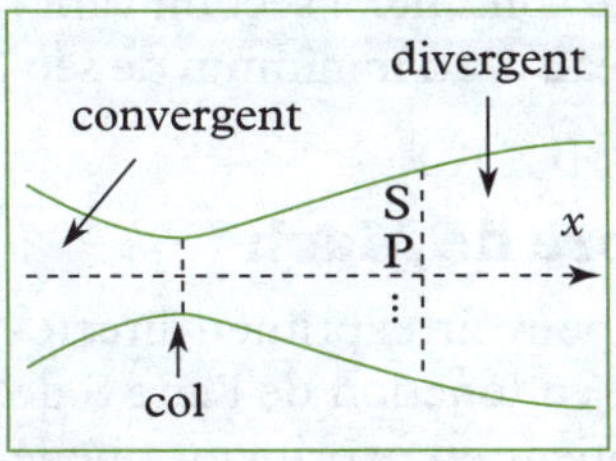

Fig. 8 - Tuyère convergente-divergente.

Dans cette section, on s'intéresse à des écoulements vérifiant toutes les hypothèses définies en début de chapitre, mais pour lesquels de faibles variations de section (S) sont tolérées (fig. 7). On considérera donc que $S = S(x)$, avec bien évidemment $U = U(x)$, $P = P(x)$, $T = T(x)$ et $\rho = \rho(x)$.

Avec cette hypothèse, il devient possible d'étudier, en première analyse, des écoulements internes dans des conduites à section évolutives, telles que des tuyères à section « convergente-divergente » (fig. 8).

D.2. Mise en équations

D.2.1 - Équation de continuité

$\rho_1 U_1 S_1 = \rho_2 U_2 S_2$, soit : $d(\rho U S) = 0$ et sous forme différentielle :

$$\frac{\mathbf{d\rho}}{\boldsymbol{\rho}} + \frac{\mathbf{dU}}{\mathbf{U}} + \frac{\mathbf{dS}}{\mathbf{S}} = \mathbf{0} \quad (7)$$

D.2.2 - Équation de la dynamique

Le bilan de quantité de mouvement sur le domaine de contrôle correspondant à une tranche élémentaire de l'écoulement schématisé sur la figure 7 donne, en projection suivant x :

$$P_1 S_1 + \rho_1 U_1^2 S_1 + \int_1^2 P\,d\sigma\big|_x = P_2 S_2 + \rho_2 U_2^2 S_2.$$

En prenant la pression constante et égale à P sur la surface latérale et en introduisant les notations $S_1 = S$, $S_2 = S + dS$, ..., il vient :

$$PS + \rho U^2 S + P\,dS = (P + dP)(S + dS) + (\rho + d\rho)(U + dU)^2 (S + dS).$$

Le produit du développement de la relation $d(\rho U S) = 0$ par U donne :

$$\rho U^2 dS + \rho U S\,dU + S U^2 d\rho = 0.$$

Par différence des deux dernières équations, on aboutit à :

$$\frac{\mathbf{dP}}{\boldsymbol{\rho}} + \mathbf{U\,dU} = \mathbf{0}.$$

D.3. Évolution de la vitesse en fonction de la section

D.3.1 - Équation d'évolution

L'écoulement étant par hypothèse isentropique, on peut introduire la célérité du son sous la forme :

$$\frac{dP}{d\rho} = \left(\frac{\partial P}{\partial \rho}\right)_S = a^2.$$

L'équation de bilan de quantité de mouvement donne alors :

$$\frac{d\rho}{\rho} = -\frac{U\,dU}{a^2} = -M^2 \frac{dU}{U},$$

en introduisant le nombre de Mach local $M = \frac{U}{a}$. En combinant avec l'équation (7), on aboutit à :

$$\frac{\mathbf{dS}}{\mathbf{S}} = (\mathbf{M}^2 - 1)\frac{\mathbf{dU}}{\mathbf{U}}.$$

D.3.2 - Interprétation physique

• $M \to 0$: c'est la limite qui correspond aux *écoulements incompressibles*. On retrouve alors un résultat bien connu US = cte traduisant la conservation du débit volumique.

• $M < 1$ (régime subsonique) : la section et la vitesse de l'écoulement varient en sens opposés : lorsque la section de la conduite augmente, la vitesse diminue et inversement (fig. 9, en haut).

• $M > 1$ (régime supersonique) : la section et la vitesse de l'écoulement varient dans le même sens : lorsque la section de la conduite augmente, la vitesse augmente et inversement (fig. 9, en bas).

• $M = 1$ (régime sonique) : l'évolution de section passe par un *extremum*. Seul le cas où cet *extremum* est un minimum est une solution physiquement réaliste. On conclut alors que, pour un écoulement dans une conduite à section variable, la condition $M = 1$ ne peut intervenir qu'au niveau d'un minimum de section, que l'on appelle le *col*.

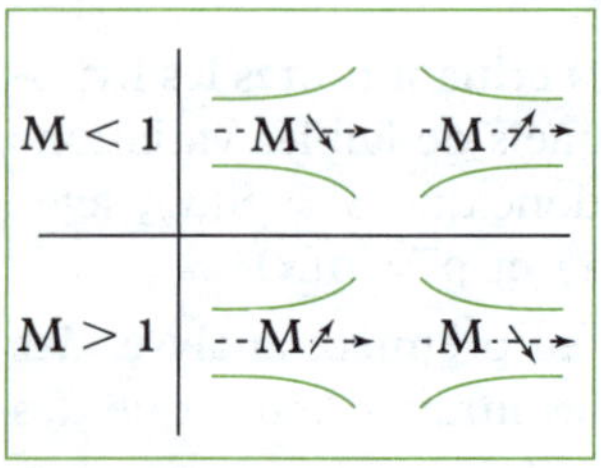

Fig. 9 - Sens de variation du nombre de Mach avec la section selon le régime subsonique ou supersonique.

D.3.3 - Relation entre section et nombre de Mach

En pratique, il est particulièrement commode de pouvoir exprimer directement le nombre de Mach dans une section donnée en fonction de l'aire S de cette section. Une telle relation $f(M, S) = 0$ s'obtient en exprimant que le débit massique ($\dot{m}$) se conserve tout le long de la conduite[1], soit :

$$\dot{m} = \rho US = \text{cte}.$$

1. La conservation du débit s'applique même si une onde de choc apparaît dans une section de la conduite.

En introduisant l'expression du nombre de Mach où l'on tiendra compte de l'équation d'état, on peut réecrire la dernière relation sous la forme :

$$\dot{m} = SMP\frac{\sqrt{\gamma}}{\sqrt{RT}} = SM\frac{P_t}{\sqrt{T_t}}\frac{P}{P_t}\frac{\sqrt{\gamma}}{\sqrt{R\frac{T}{T_t}}}$$

soit, en explicitant les rapports $\frac{P}{P_t}$ et $\frac{T}{T_t}$ en fonction de M :

$$\dot{m} = S\frac{\sqrt{\gamma}}{\sqrt{R}}\frac{P_t}{\sqrt{T_t}}\frac{M}{\left(1+\frac{\gamma-1}{2}M^2\right)^{\frac{\gamma+1}{2(\gamma-1)}}} = \text{cte}.$$

En exprimant la valeur de la constante en référence à la section critique S_{crit}, **réelle** ou **fictive**, pour laquelle, par définition, $M = 1$, on obtient :

$$\dot{m} = S_{crit}\frac{\sqrt{\gamma}}{\sqrt{R}}\frac{P_t}{\sqrt{T_t}}\left(\frac{\gamma+1}{2}\right)^{\frac{-(\gamma+1)}{2(\gamma-1)}}.$$

Le rapport des deux dernières expressions du débit massique conduit à :

$$\frac{\mathbf{S}}{\mathbf{S_{crit}}} = \frac{\mathbf{1}}{\mathbf{M}}\left(\frac{\mathbf{2}}{\boldsymbol{\gamma}+\mathbf{1}}\left(\mathbf{1}+\frac{\boldsymbol{\gamma}-\mathbf{1}}{\mathbf{2}}\mathbf{M}^2\right)\right)^{\frac{\gamma+1}{2(\gamma-1)}}.$$

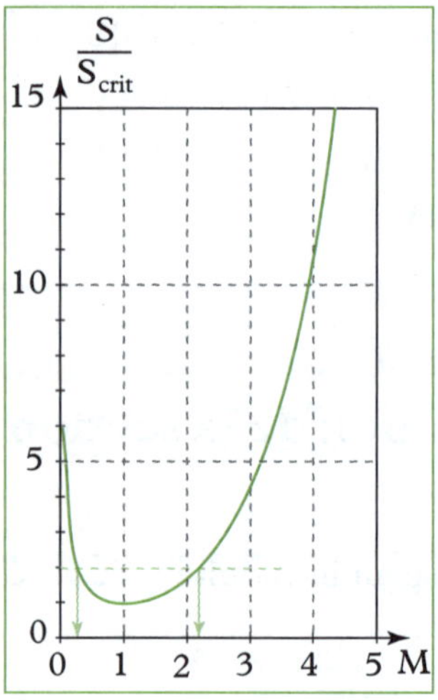

Fig. 10 - Rapport de sections $\frac{S}{S_{crit}}$ en fonction du nombre de Mach.

La représentation graphique de cette fonction (fig. 10) montre que, pour un rapport de section donné, il existe deux solutions en nombre de Mach, l'une en régime supersonique et l'autre en régime subsonique.

L'essentiel

✓ Écoulement monodimensionnel

Section constante, une seule composante de vitesse, tous profils uniformes.

✓ Équations locales de l'écoulement monodimensionnel permanent du fluide parfait non pesant

- Équation de continuité :

$$\rho_1 U_1 = \rho_2 U_2.$$

- Équation de conservation de la quantité de mouvement :

$$P_1 + \rho_1 U_1^2 = P_2 + \rho_2 U_2^2.$$

- Équation de l'énergie :

$$h_1 + \frac{U_1^2}{2} + q = h_2 + \frac{U_2^2}{2}.$$

Pour un gaz parfait : $C_p T_1 + \frac{U_1^2}{2} + q = C_p T_2 + \frac{U_2^2}{2}.$

✓ Grandeur totale

Valeur prise par toute fonction de l'écoulement sous condition, réelle ou fictive, d'arrêt isentropique (U = 0) du fluide.

✓ Relations isentropiques ($\frac{P}{\rho^\gamma}$ = cte)

$$\frac{T_t}{T} = 1 + \frac{\gamma - 1}{2} M^2 ; \quad \frac{P_t}{P} = \left(1 + \frac{\gamma - 1}{2} M^2\right)^{\frac{\gamma}{\gamma - 1}} ; \quad \frac{\rho_t}{\rho} = \left(1 + \frac{\gamma - 1}{2} M^2\right)^{\frac{1}{\gamma - 1}}.$$

✓ Relations de passage d'un côté à l'autre d'une zone non isentropique

$$\frac{P_2}{P_1} = \frac{1 + \gamma M_1^2}{1 + \gamma M_2^2} \quad \text{et} \quad \frac{T_2}{T_1} = \left(\frac{1 + \gamma M_1^2}{1 + \gamma M_2^2}\right)^2 \left(\frac{M_2}{M_1}\right)^2$$

avec, pour la température totale :

– en écoulement adiabatique :

$$T_{t_2} = T_{t_1} \quad \text{et} \quad M_2^2 = \frac{M_1^2 + \frac{2}{\gamma - 1}}{\frac{2\gamma M_1^2}{\gamma - 1} - 1} ;$$

– en écoulement non-adiabatique :

$$q = C_p (T_{t_2} - T_{t_1}).$$

✓ Écoulement quasi monodimensionnel

$$S = S(x), \; P = P(x), \; T = T(x), \; \rho = \rho(x).$$

✓ Évolution de la section en fonction du nombre de Mach

$$\frac{dS}{S} = (M^2 - 1)\frac{dU}{U} ; \quad \frac{S}{S_{crit}} = \frac{1}{M}\left(\frac{2}{\gamma + 1}\left(1 + \frac{\gamma - 1}{2} M^2\right)\right)^{\frac{\gamma + 1}{2(\gamma - 1)}}.$$

Mise en œuvre

Méthode n° 1

Comment se rapporter à des conditions d'arrêt fictives ?

Ce cas de figure intervient lorsque, connaissant les différentes variables aérothermodynamiques en un point particulier de l'écoulement, on souhaite les calculer en un point différent.

→ Savoir faire

❶ Faire apparaître, dans le calcul, des produits de rapports de la variable cherchée (exprimée en certains points choisis) à la variable totale associée, l'objectif étant d'utiliser les relations isentropiques.

❷ Calculer chacun des produits en exploitant les propriétés isentropique ou adiabatique de l'écoulement.

→ Application

Soit un écoulement supersonique dans une conduite divergente. Le nombre de Mach et la pression statique dans la section d'entrée sont respectivement :

$$M_1 = 2 \text{ et } P_1 = 2 \cdot 10^5 \text{ Pa}.$$

Quelle est la pression statique P_2 à imposer dans la section de sortie si le nombre de Mach souhaité est $M_2 = 3$? L'écoulement est supposé isentropique.

Solution

❶ Exprimons P_2 en produit de rapports simples :

$$P_2 = \frac{P_2 P_{t_2} P_{t_1}}{P_{t_2} P_{t_1} P_1} P_1.$$

❷ Connaissant M_1 et M_2, les rapports $\frac{P_1}{P_{t_1}}$ et $\frac{P_2}{P_{t_2}}$ s'obtiennent immédiatement. De plus, l'écoulement est isentropique, donc $P_{t_1} = P_{t_2}$. Il vient :

$$\mathbf{P_2} = \frac{\left(1 + \frac{\gamma - 1}{2}\mathbf{M}_1^2\right)^{\frac{\gamma}{\gamma - 1}}}{\left(1 + \frac{\gamma - 1}{2}\mathbf{M}_2^2\right)^{\frac{\gamma}{\gamma - 1}}} \mathbf{P_1}.$$

A.N. $P_2 = \frac{7{,}824}{36{,}73} \times 2 \cdot 10^5 = 0{,}426 \cdot 10^5 \text{ Pa}.$

Méthode n° 2

Comment se rapporter à des conditions soniques fictives ?

Généralement cette méthode est appliquée dans les conduites à section variable. On trouvera toutefois, dans l'exercice 4, une illustration de son utilisation en conduite à section constante avec apport de chaleur.

→ Savoir faire

❶ Vérifier si la section minimale (le col) est sonique ou pas en fonction des grandeurs données.

❷ L'utilisation d'une grandeur sonique de référence permet généralement de réduire certaines relations de 3 à 2 inconnues. Dans les écoulements étudiés, la plupart du temps, il n'existe qu'une seule section sonique potentielle : la section minimale. Si elle est sonique, elle servira de référence. Si elle ne l'est pas, on imagine qu'il en existe une (fictive) quelque part dans l'écoulement, qui pourra nous servir de référence.

→ Application

Une tuyère convergente-divergente est alimentée par un écoulement d'air dont la pression d'arrêt isentropique vaut $P_{t_1} = 2{,}2 \cdot 10^5$ Pa. Le diamètre au col vaut $D_c = 10$ mm et le diamètre de sortie $D_s = 12$ mm. Le nombre de Mach en sortie donne $M_s = 0{,}4$. Calculer la pression statique au col P_c. L'écoulement est supposé isentropique.

Solution

❶ En appliquant la relation :

$$\frac{S}{S_{crit}} = \frac{1}{M}\left(\frac{2}{\gamma+1}\left(1+\frac{\gamma-1}{2}M^2\right)\right)^{\frac{\gamma+1}{2(\gamma-1)}}$$

en sortie, on obtient :

$$\frac{S_s}{S_{crit}} = 1{,}59.$$

Ce calcul sous-entend bien sûr que la section du col est critique *i.e.* $M_{col} = 1$. Or, les données géométriques conduisent à :

$$\frac{S_s}{S_c} = 1{,}44.$$

On en déduit $S_c > S_{crit}$, donc le col n'est pas sonique.

❷ Le fait que le col ne soit pas sonique ne nous interdit pas de calculer :

$$\frac{S_c}{S_{crit}} = \frac{S_c}{S_s}\frac{S_s}{S_{crit}} = \frac{1{,}59}{1{,}44} = 1{,}104.$$

Ceci nous conduit à $M_c = 0{,}69$. L'écoulement étant isentropique, $P_{t_c} = P_{t_1}$. Finalement :

$$\mathbf{P_c} = \frac{\mathbf{P_{t_c}}}{\left(\mathbf{1}+\frac{\boldsymbol{\gamma}-\mathbf{1}}{\mathbf{2}}\mathbf{M_c^2}\right)^{\frac{\gamma}{\gamma-1}}} = \mathbf{1{,}6 \cdot 10^5\ Pa.}$$

Exercices

Niveau 1

Ex. 1 Écoulement compressible/incompressible

Un avion vole, au niveau de la mer, sous des conditions d'atmosphère standard à une vitesse constante de 160 km · h^{-1}. Au passage sur l'aile, l'air est progressivement accéléré pour atteindre une vitesse maximum de 240 km · h^{-1} sur la face supérieure (extrados) de l'aile.

1) Quel est l'écart relatif de pression résultant de l'accroissement de vitesse sur l'aile en supposant que l'écoulement est incompressible ?

2) Qu'en est-il si l'on suppose l'écoulement compressible isentropique ?

Données : conditions d'atmosphère standard au niveau de la mer : P_1 = 101 300 Pa, T_1 = 300 K, T_2 = 298,7 K, γ = 1,4, et R = 287 J · kg^{-1} · K^{-1}.

Niveau 2

Ex. 2 Échauffement de l'ogive d'un missile

Un missile à ogive sphérique vole au niveau de la mer à Mach 2 dans une atmosphère standard au repos. Dans ces conditions, on observe la présence d'une onde de choc courbe détachée en amont de l'ogive.

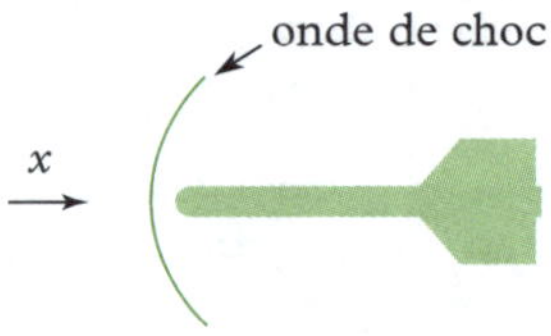

1) Calculer la température totale et la pression totale de l'écoulement en amont de l'onde de choc.

2) Calculer la température au point d'arrêt de l'écoulement sur l'ogive du missile.

3) Calculer la pression d'arrêt sur l'ogive du missile. On assimilera localement l'onde de choc à une perturbation plane.

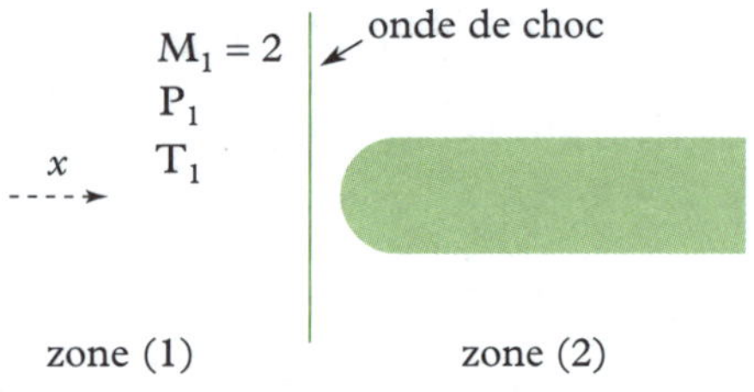

Ex. 3 Tube de Pitot en écoulement supersonique

Un tube de Pitot est placé dans un écoulement supersonique dont la pression vaut P_1 = 0,4 bar. L'arrêt du fluide se fait dans ce cas en présence d'une onde de choc détachée.

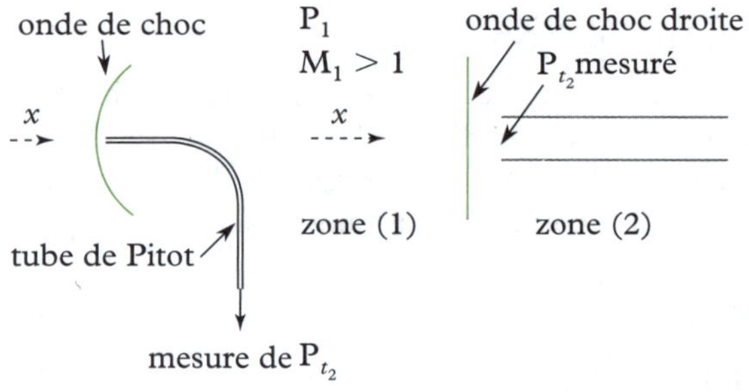

La pression totale mesurée par le tube de Pitot est donc la pression d'arrêt (P_{t_2}) à l'aval de cette onde assimilée à un choc normal pour un calcul monodimensionnel.

1) Montrer qu'il est possible d'exprimer le rapport de pressions $\frac{P_{t_2}}{P_1}$ en fonction du nombre de Mach M_1 en amont du choc.

2) En utilisant la représentation graphique de la relation $\frac{P_{t_2}}{P_1} = f(M_1)$, trouver la valeur du nombre de Mach de l'écoulement lorsque l'on mesure P_{t_2} = 3 bars.

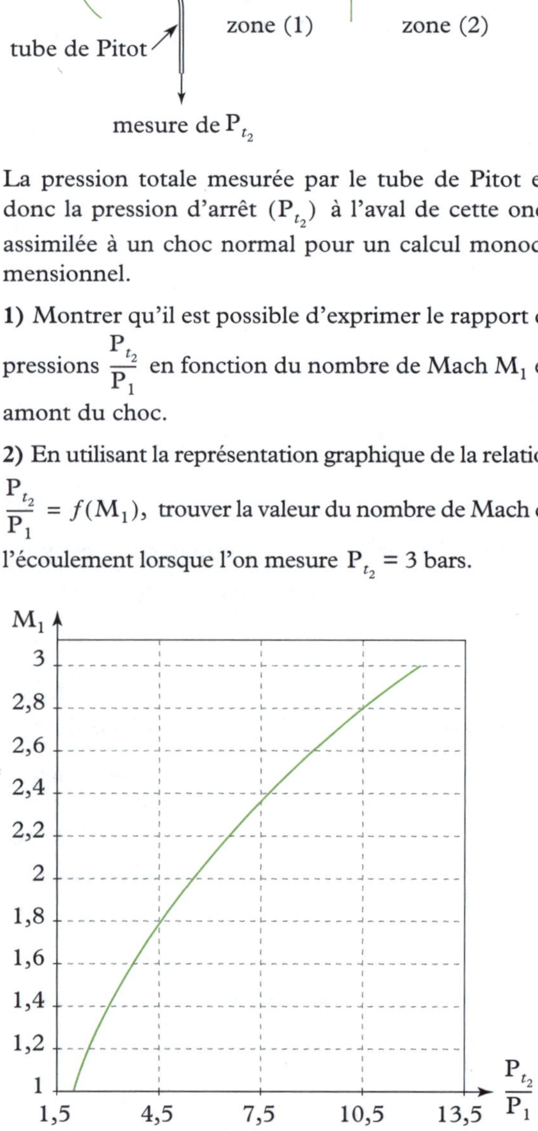

3) Calculer les propriétés de l'écoulement M_2, P_2, T_2, ρ_2, T_{t_2} et P_{t_2} en sortie de la conduite.

4) Quel est l'effet de l'apport de chaleur sur la vitesse du fluide ?

Niveau 3

Ex. 4 Effet d'un apport de chaleur

De l'air (gaz parfait) à une température $T_1 = 300$ K entre dans une conduite à section constante à Mach 4, sous une pression $P_1 = 2$ atm. À l'intérieur de la conduite, le gaz reçoit une quantité de chaleur par unité de masse égale à $q = 2 \cdot 10^5 \ \mathrm{J \cdot kg^{-1}}$.

1) Calculer la température d'arrêt en amont et en aval de la section d'apport de chaleur.

2) En introduisant une référence à une section critique (sonique) fictive, établir la relation donnant le rapport $\frac{T_t}{T_{t\text{crit}}}$ en fonction du nombre de Mach.

Ex. 5 Soufflerie supersonique

Une soufflerie supersonique est un conduit à section variable présentant, dans le sens de l'écoulement, un convergent suivi d'un divergent. La section minimum (col) vaut $S_c = 0{,}15 \ \mathrm{m^2}$ et la section de sortie $S_s = 0{,}253 \ \mathrm{m^2}$.

Elle est alimentée par de l'air dont les caractéristiques en amont du convergent sont : $M_1 \approx 0$, et $P_{t_1} = 8$ bars et $T_{t_1} = 300$ K. Sous ces conditions, cette soufflerie permet de délivrer en sortie (aval du divergent) un écoulement supersonique (nombre de Mach $M_2 > 1$).

1) Décrire qualitativement le régime d'écoulement dans le convergent et le divergent en précisant la valeur du nombre de Mach au col.

2) Calculer les valeurs de ρ, P, T, *a* et U au col.

3) Que vaut le débit massique d'air circulant dans la soufflerie ?

4) Quel est le nombre de Mach en sortie ?

5) Calculer les valeurs de ρ, P, T, *a* et U dans la section de sortie.

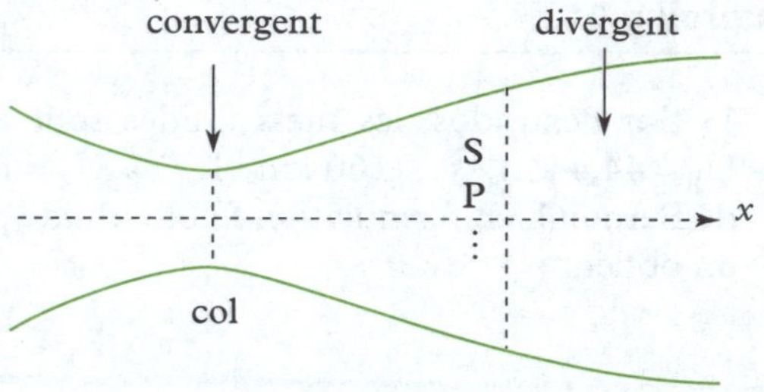

Ex. 6 Propulseur de moteur fusée

La chambre de combustion d'un moteur de fusée génère, en brûlant de l'hydrogène et de l'oxygène, un gaz à une pression de 25 bars et une température de 3 500 K. La masse molaire de ce gaz vaut 16 et $\gamma = 1{,}22$. Ce gaz passe ensuite dans le propulseur assimilable à une tuyère convergente-divergente d'où il est éjecté à une pression en sortie de $1{,}2 \cdot 10^{-2}$ bar. L'aire du col vaut $0{,}4 \ \mathrm{m^2}$.

On suppose que le gaz est parfait et que l'écoulement est isentropique dans la tuyère du propulseur. Calculer :

1) Le nombre de Mach en sortie.

2) La vitesse d'éjection des gaz.

3) Le débit massique à travers la tuyère.

4) L'aire de la section de sortie.

Indications

Ex. 1 Utiliser un théorème de Bernoulli (incompressible) et l'équation de l'énergie en compressible.

Ex. 2 De part et d'autre de l'onde de choc, l'écoulement est isentropique.

Ex. 3 On partira de $\frac{P_{t_2}}{P_1} = \frac{P_{t_2}}{P_2}\frac{P_2}{P_1}$ et l'on exprimera les rapports de pressions du second membre en fonction du nombre de Mach amont M_1 en utilisant les relations de l'écoulement isentropique et de saut à la traversée du choc.

Ex. 4 Écrire les relations entre grandeurs en amont et en aval de l'apport de chaleur en référence à une section critique **fictive** où M = 1.

Ex. 5 **1)** La valeur du nombre de Mach au col s'obtient par raisonnement physique (pas de calcul).
4) Le col est une section critique réelle.
5) Les relations isentropiques s'appliquent, que l'écoulement soit subsonique ou supersonique.

Ex. 6 Faire d'abord l'exercice n° 5. Recalculer la constante d'état R du gaz qui n'est pas de l'air !

Solutions des exercices

Exercice de niveau 1

Exercice 1

1) Sur l'extrados, les filets fluides sont accélérés, la vitesse de l'écoulement passant de la valeur $U_1 = 44{,}44\ \text{m} \cdot \text{s}^{-1}$ (160 km · h^{-1}) à $U_2 = 66{,}67\ \text{m} \cdot \text{s}^{-1}$ (240 km · h^{-1}). Par application de la relation de Bernoulli en formulation faible (fluide parfait) sur la ligne de courant passant par ces deux points, on obtient :

$$P_1 + \frac{1}{2}\rho_1 U_1^2 = P_2 + \frac{1}{2}\rho_2 U_2^2.$$

L'écoulement étant supposé incompressible, $\rho_1 = \rho_2 = \rho$ que l'on exprime en fonction des conditions amont :

$$P_2 - P_1 = \frac{1}{2}\rho(U_1^2 - U_2^2) = \frac{1}{2}\frac{P_1}{RT_1}(U_1^2 - U_2^2).$$

L'application numérique conduit à :

$$\mathbf{\frac{P_2 - P_1}{P_1} = -1{,}44\ \%.}$$

Le résultat est négatif car une mise en vitesse de l'écoulement conduit à une diminution de la pression statique.

2) Appliquons dans ce cas l'équation de l'énergie :

$$C_P T_1 + \frac{U_1^2}{2} = C_P T_2 + \frac{U_2^2}{2}.$$

Dans ce cas, l'accélération du fluide se traduit donc par une variation de température, avec :

$$T_2 = T_1 + \frac{U_1^2 - U_2^2}{2C_P}.$$

En supposant que l'écoulement est isentropique, cette modification de température conduit à une modification de la pression telle que :

$$\frac{P_2}{P_1} = \left(\frac{T_2}{T_1}\right)^{\frac{\gamma}{\gamma - 1}}.$$

On en déduit l'écart relatif de pression :

$$\frac{P_2 - P_1}{P_1} = \frac{P_2}{P_1} - 1 = \left(\frac{T_2}{T_1}\right)^{\frac{\gamma}{\gamma-1}} - 1.$$

A.N. $T_2 = 298{,}7$ K, d'où : $\dfrac{P_2}{P_1} = 0{,}98657$. On en déduit :

$$\mathbf{\frac{P_2 - P_1}{P_1} = -1{,}42\ \%.}$$

Le calcul selon les deux approches compressible et incompressible donne des résultats très proches. Si l'on calcule le nombre de Mach de vol : $M_1 = \dfrac{U_1}{\sqrt{\gamma R T_1}}$, on trouve $M_1 = 0{,}128$, valeur très faible qui valide l'hypothèse d'incompressibilité.

Exercices de niveau 2

Exercice 2

1) On connaît le nombre de Mach de l'écoulement en amont du choc ($M_1 = 2$), la pression P_1 et la température T_1 du fluide (atmosphère au repos sous condition standard). Les relations isentropiques conduisent donc directement aux valeurs totales, soit :

$$T_{t_1} = T_1\left\{1 + \frac{\gamma - 1}{2}M_1^2\right\} \quad \text{et} \quad P_{t_1} = P_1\left\{\left(1 + \frac{\gamma - 1}{2}M_2^2\right)^{\frac{\gamma}{\gamma - 1}}\right\}.$$

A.N. $M_1 = 2 \Rightarrow \frac{T_{t_1}}{T_1} = 1{,}8$ et $\frac{P_{t_1}}{P_1} = 7{,}824$, d'où : $T_{t_1} = 1{,}8 \times 300 = \mathbf{540\ K}$ et

$P_{t_1} = 7{,}824 \times 101\ 300 = \mathbf{7{,}92 \cdot 10^5\ Pa.}$

2) L'onde de choc reste un phénomène adiabatique (pas d'échange de chaleur pour l'écoulement à la traversée de l'onde de choc). La température totale de l'écoulement se conserve donc à travers le choc, d'où $\mathbf{T_{t_2} = T_{t_1} = 540\ K}$.

3) Contrairement à la température totale, la pression totale ne se conserve pas à la traversée du choc. On sait en effet que :

$$\frac{P_{t_2}}{P_{t_1}} = \frac{1 + \gamma M_1^2}{1 + \gamma M_2^2}\left(\frac{1 + \frac{\gamma - 1}{2}M_2^2}{1 + \frac{\gamma - 1}{2}M_1^2}\right)^{\frac{\gamma}{\gamma - 1}}$$

où le nombre de Mach à l'aval du choc est donné par :

$$M_2^2 = \frac{M_1^2 + \frac{2}{\gamma - 1}}{\frac{2\gamma M_1^2}{\gamma - 1} - 1}.$$

On écrit donc :

$$P_{t_2} = \frac{P_{t_2}}{P_{t_1}}\frac{P_{t_1}}{P_1}P_1$$

où tous les facteurs du second membre sont connus ou calculables.

A.N. $P_{t_2} = 0{,}721 \times 7{,}824 \times 101\ 300 = \mathbf{5{,}71 \cdot 10^5\ Pa}$, soit plus de cinq fois et demie la pression atmosphérique de référence.

Exercice 3

1) On part de $\frac{P_{t_2}}{P_1} = \underbrace{\frac{P_{t_2}}{P_2}}_{(a)} \times \underbrace{\frac{P_2}{P_1}}_{(b)}$.

• Le rapport (a) est connu par la relation isentropique de l'écoulement en aval du choc en fonction du nombre de Mach aval, soit :

$$\frac{P_{t_2}}{P_2} = \left(1 + \frac{\gamma - 1}{2}M_2^2\right)^{\frac{\gamma}{\gamma - 1}}.$$

On sait exprimer le nombre de Mach aval en fonction du nombre de Mach amont par la relation :

$$M_2^2 = \frac{M_1^2 + \dfrac{2}{\gamma - 1}}{\dfrac{2\gamma M_1^2}{\gamma - 1} - 1}.$$

Par substitution, il vient :

$$\frac{P_{t_2}}{P_2} = \left(1 + \frac{\gamma - 1}{2} \times \frac{M_1^2 + \dfrac{2}{\gamma - 1}}{\dfrac{2\gamma M_1^2}{\gamma - 1} - 1}\right)^{\frac{\gamma}{\gamma - 1}}, \text{ soit : } \frac{P_{t_2}}{P_2} = \left(\frac{M_1^2(\gamma + 1)^2}{2(2\gamma M_1^2 - \gamma + 1)}\right)^{\frac{\gamma}{\gamma - 1}}.$$

• Le rapport (b) s'obtient en utilisant la relation de saut de pression statique à la traversée du choc, soit :

$$\frac{P_2}{P_1} = \frac{1 + \gamma M_1^2}{1 + \gamma M_2^2}.$$

En substituant $M_2 = f(M_1)$, il vient :

$$\frac{P_2}{P_1} = \frac{1 + \gamma M_1^2}{1 + \gamma\left(\dfrac{M_1^2 + \dfrac{2}{\gamma - 1}}{\dfrac{2\gamma M_1^2}{\gamma - 1} - 1}\right)}, \text{ soit : } \frac{P_2}{P_1} = \frac{2\gamma M_1^2 - \gamma + 1}{\gamma + 1}.$$

• En effectuant le produit (a) × (b), on obtient finalement :

$$\frac{P_{t_2}}{P_1} = \frac{\gamma + 1}{2}\left(\frac{\dfrac{\gamma + 1}{2} M_1^2}{\dfrac{2\gamma}{\gamma + 1} M_1^2 - \dfrac{\gamma - 1}{\gamma + 1}}\right)^{\frac{1}{\gamma - 1}} \times M_1^2.$$

2) D'après la représentation graphique, pour une valeur $\frac{P_{t_2}}{P_1} = \frac{3}{0{,}4} = 7{,}5$, on obtient $\mathbf{M_1 \approx 2{,}335}$.

On vérifie bien que l'écoulement amont est supersonique, ce qui valide les calculs *a posteriori*.

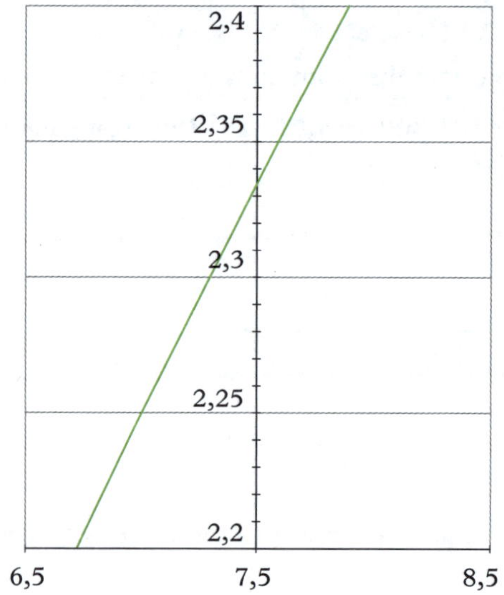

Une résolution numérique de la relation $\frac{P_{t_2}}{P_1} = f(M_1)$ est bien sûr également envisageable.

Exercices de niveau 3

Exercice 4

1) La relation isentropique amont donne :

$$T_{t_1} = T_1\left\{1 + \frac{\gamma - 1}{2}M_1^2\right\}.$$

Le bilan d'énergie avec apport de chaleur fournit ensuite :

$$T_{t_2} = \frac{q}{C_p} + T_{t_1}.$$

A.N. $M_1 = 4 \Rightarrow \frac{T_{t_1}}{T_1} = 4{,}2$, soit : $\mathbf{T_{t_1} = 1\,260\ K}$;

$$\mathbf{T_{t_2}} = \frac{2 \cdot 10^5}{1004{,}5} + 1\,260 = \mathbf{1\,459\ K}.$$

2) Nous savons que le rapport des températures d'arrêt de part et d'autre de la zone d'apport de chaleur s'exprime par :

$$\frac{T_{t_2}}{T_{t_1}} = \left(\frac{1 + \gamma M_1^2}{1 + \gamma M_2^2}\right)^2 \left(\frac{M_2}{M_1}\right)^2 \left(\frac{1 + \frac{\gamma - 1}{2}M_2^2}{1 + \frac{\gamma - 1}{2}M_1^2}\right).$$

Travail préalable : afin de faciliter la résolution, il est commode d'exprimer les relations établies au paragraphe C en fonction d'un état critique ($M = 1$). Il vient :

$$\frac{T_t}{T_{t\text{crit}}} = \frac{(1 + \gamma)M^2}{(1 + \gamma M^2)^2}(2 + (\gamma - 1)M^2). \text{ (courbe ci-après)}$$

3) Un travail analogue est effectué pour P, T et P_t, ce qui donne :

$$\frac{P}{P_{\text{crit}}} = \frac{1 + \gamma}{1 + \gamma M^2};\quad \frac{T}{T_{\text{crit}}} = M^2\left(\frac{1 + \gamma}{1 + \gamma M^2}\right)^2;\quad \frac{P_t}{P_{t\text{crit}}} = \frac{1 + \gamma}{1 + \gamma M^2}\left(\frac{2 + (\gamma - 1)M^2}{1 + \gamma}\right)^{\frac{\gamma}{\gamma - 1}}.$$

La clé du problème est la détermination de M_2, car connaissant M_1, tous les rapports seront alors accessibles.

$$M_1 = 4 \Rightarrow \begin{cases} \dfrac{P_1}{P_{\text{crit}}} = 0{,}1026 \\ \dfrac{T_1}{T_{\text{crit}}} = 0{,}1683 \\ \dfrac{T_{t_1}}{T_{t\text{crit}}} = 0{,}5891 \end{cases}$$

On peut alors écrire :

$$\frac{T_{t_2}}{T_{t\text{crit}}} = \frac{T_{t_2}}{T_{t_1}}\frac{T_{t_1}}{T_{t\text{crit}}} = 0{,}6821.$$

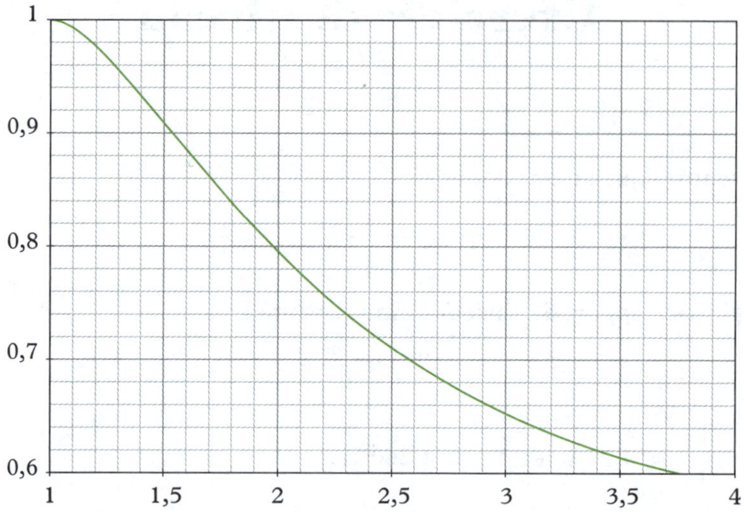

Cette valeur donne un nombre de Mach M_2 de 2,75 d'après le tracé ci-dessus. On en déduit :

$$M_2 = 2{,}75 \Rightarrow \begin{cases} \dfrac{P_2}{P_{crit}} = 0{,}2071 \\ \dfrac{T_2}{T_{crit}} = 0{,}3244 \end{cases}$$

Nous pouvons maintenant calculer P_2, T_2, ρ_2 :

$$P_2 = \frac{P_2}{P_{crit}} \cdot \frac{P_{crit}}{P_1} \cdot P_1 = 4{,}037 \cdot 10^5 \text{ Pa.}$$

$$T_2 = \frac{T_2}{T_{crit}} \cdot \frac{T_{crit}}{T_1} \cdot T_1 = 578 \text{ K.}$$

$$\rho_2 = \frac{P_2}{RT_2} = 2{,}43 \text{ kg} \cdot \text{m}^{-3}.$$

Pour terminer, calculons P_{t_2} :

$$P_{t_2} = \frac{P_{t_2}}{P_{tcrit}} \cdot \frac{P_{tcrit}}{P_{t_1}} \cdot \frac{P_{t_1}}{P_1} \cdot P_1.$$

Or : $M_1 = 4 \Rightarrow \dfrac{P_{t_1}}{P_{tcrit}} = 8{,}227$ et $\dfrac{P_{t_1}}{P_1} = 151{,}8$ et $M_2 = 2{,}75 \Rightarrow \dfrac{P_{t_2}}{P_{tcrit}} = 2{,}751$

donc $\mathbf{P_{t_2} = 102 \cdot 10^5}$ **Pa.**

4) La vitesse de l'écoulement est directement obtenue par la relation suivante :

$$\mathbf{U = M\sqrt{\gamma RT}.}$$

Donc $U_1 = 1\ 388$ m · s^{-1} et $U_2 = 1\ 325$ m · s^{-1}. La vitesse reste donc quasiment inchangée suite à un apport de chaleur.

Exercice 5

1) L'écoulement étant subsonique en entrée du convergent ($M_1 \approx 0$) est donc accéléré par celui-ci (S diminue $\Rightarrow$ M croît). L'existence d'une section de col (minimum) fait que dans cette section, le nombre de Mach est au maximum $M = 1$. Pour atteindre une valeur supersonique en sortie du divergent, l'écoulement doit donc être encore accéléré dans le divergent. Le régime est donc nécessairement supersonique après le col pour assurer que si S augmente, alors M augmente également.

2) Dans le convergent, l'écoulement est isentropique. On a, pour la pression et température d'arrêt dans la section de col, $P_{t_c} = P_{t_1}$ et $T_{t_c} = T_{t_1}$. Les relations isentropiques appliquées au col (section où M = 1) donnent alors directement :

$$P_c = P_{t_c}\left(\frac{\gamma+1}{2}\right)^{\frac{-\gamma}{\gamma-1}}; \quad T_c = T_{t_c}\left(\frac{\gamma+1}{2}\right)^{-1}; \quad \rho_c = \frac{P_c}{RT_c} \quad \text{et} \quad a_c = U_c = \sqrt{\gamma RT_c}.$$

A.N. $P_c = 4{,}22 \cdot 10^5$ Pa, $T_c = 250$ K, $\rho_c = 5{,}88$ kg · m^{-3} et $a_c = U_c = 317$ m · s^{-1}.

3) Le débit massique est constant dans toute la soufflerie. Il peut donc s'exprimer dans n'importe quelle section. Choisissant la section de col, on a :

$$\dot{m} = \rho_c U_c S_c.$$

A.N. $\dot{m} \approx 280$ kg · s^{-1}.

4) L'expression du rapport des sections $\frac{S}{S_{crit}}$ en fonction du nombre de Mach appliquée à la section de sortie donne :

$$\frac{S_s}{S_{crit}} = \frac{1}{M_2}\left(\frac{2}{\gamma+1}\left(1+\frac{\gamma-1}{2}M_2^2\right)\right)^{\frac{\gamma+1}{2(\gamma-1)}} \equiv \frac{S_s}{S_c}$$

puisque le col est une section critique réelle ($S_c \equiv S_{crit}$).

A.N $\frac{S_s}{S_c} = 1{,}687$ et $M_2 \sim 2$ par résolution graphique. (La seconde valeur subsonique est évidemment à exclure, puisque l'écoulement est supersonique en sortie !)

5) L'écoulement étant isentropique dans toute la tuyère, on peut conclure que pression et température d'arrêt se conservent, soit $P_{t_1} = P_{t_2}$ et $T_{t_1} = T_{t_2}$.

Pour calculer les propriétés de l'écoulement en sortie de tuyère (section où le nombre de Mach est $M_2 = 2$), il suffit donc d'appliquer les relations isentropiques avec cette valeur. On en déduit la célérité du son en se reportant à sa définition $a_2 = \sqrt{\gamma RT_2}$.

A.N. $P_2 = 1{,}02 \cdot 10^5$ Pa, $T_2 = 167$ K, $\rho_2 = 2{,}13$ kg · m^{-3}, $a_2 = 259$ m · s^{-1} et $U_2 = 2a_2 = 518$ m · s^{-1}.

On notera que la valeur de la pression de sortie de veine est pratiquement égale à la valeur standard de la pression atmosphérique, de sorte que si la soufflerie débouche à l'air libre, elle génère un jet supersonique qui se développe sans détente ni compression.

Exercice 6

1) L'écoulement étant isentropique dans le propulseur, on sait que :

$$\frac{P_{t_2}}{P_2} = \left(1+\frac{\gamma-1}{2}M_2^2\right)^{\frac{\gamma}{\gamma-1}},$$

avec $P_{t_2} = P_{t_1}$, pression en sortie de la chambre de combustion. Cette relation permet d'obtenir M_2, le rapport de pressions étant connu :

$$M_2^2 = \frac{2}{\gamma-1}\left(\left(\frac{P_{t_1}}{P_2}\right)^{\frac{\gamma-1}{\gamma}} - 1\right).$$

A.N. $\frac{P_{t_1}}{P_2} = 20{,}83 \cdot 10^2 \Rightarrow \mathbf{M_2 = 5{,}21}$.

2) La vitesse d'éjection du gaz est donnée par :

$$U_2 = M_2 a_2 = M_2\sqrt{\gamma R T_2}, \text{ avec } T_2 = \frac{T_2}{T_{t_2}} \cdot T_{t_2} = \frac{T_{t_1}}{1 + \frac{\gamma - 1}{2} M_2^2} \text{ et } R = \frac{r}{M}.$$

A.N. $R = \frac{8\,314}{16} = 519{,}6 \text{ J} \cdot \text{kg}^{-1} \cdot \text{K}^{-1}$ et $T_2 = 885{,}3$ K, d'où :

$$\mathbf{U_2 = 3\,903 \text{ m} \cdot \text{s}^{-1}}.$$

3) La seule donnée géométrique du problème est la section au col. Afin de calculer le débit massique, il faut donc tout d'abord calculer les propriétés de l'écoulement au col. L'écoulement est nécessairement sonique au col (*cf.* exercice n° 5). On a donc $M_c = M_{crit} = 1$. Enfin l'écoulement étant isentropique dans toute la tuyère, on peut écrire :

$$P_{t_1} = P_{t_c} \text{ et } T_{t_1} = T_{t_c}.$$

On a donc :

$$P_c = P_{t_c}\left(\frac{\gamma+1}{2}\right)^{\frac{-\gamma}{\gamma-1}}; \quad T_c = T_{t_c}\left(\frac{\gamma+1}{2}\right)^{-1}; \quad \rho_c = \frac{P_c}{RT_c} \text{ et } U_c = a_c = \sqrt{\gamma R T_c}.$$

Le débit massique s'en déduit par :

$$\dot{m} = \rho_c U_c S_c.$$

A.N. $P_c = 14{,}02 \cdot 10^5$ Pa ; $T_c = 3\,153$ K ; $\rho_c = 0{,}856 \text{ kg} \cdot \text{m}^{-3}$; $U_c = 1\,414 \text{ m} \cdot \text{s}^{-1}$. D'où :

$$\mathbf{\dot{m} \approx 484 \text{ kg} \cdot \text{s}^{-1}}.$$

4) Le débit massique se conservant :

$$\dot{m} = \rho_2 U_2 S_2 \Rightarrow S_2 = \frac{\dot{m}}{\rho_2 U_2} = \frac{\dot{m} R T_2}{P_2 U_2}.$$

A.N. $\mathbf{S_2 = 47{,}55 \text{ m}^2}$.

CHAPITRE

7 Mouvements de fluide visqueux incompressible

Introduction

On considère dans ce chapitre les écoulements incompressibles d'un fluide initialement homogène. De tels mouvements sont régis par les équations de Navier-Stokes sous la condition isovolume ($\text{div}\vec{V} = 0$). Dans certains cas, les champs de vitesse et de pression peuvent se calculer en résolvant directement ces équations (solution exacte en « variables premières » vitesse-pression). Dans l'autre cas, il peut être plus approprié de résoudre les équations pour le potentiel vecteur et le rotationnel. Ces différentes formulations sont reprises au paragraphe A et illustrées par trois applications (paragraphe C).

Un autre outil puissant d'étude de tels écoulements procède de la formulation adimensionnelle des équations. On expose ce traitement au paragraphe B, introduisant alors la notion de similitude de Reynolds dont on montre tout l'intérêt pour l'obtention de la solution générique d'un problème donné.

Plan du chapitre 7

A. Retour sur les équations locales

On s'intéresse ici aux écoulements incompressibles de fluides visqueux homogènes. Le cas particulier où le mouvement d'un tel fluide s'effectue de façon irrotationnelle a été traité au chapitre 5. Des exemples d'écoulements rotationnels ont également été traités dans ce même chapitre en solution de la fonction courant ψ en écoulement bidimensionnel plan. Nous nous focalisons ici sur l'étude de situations *a priori* rotationnelles[1] où cette fonction, et plus généralement le potentiel vecteur $\vec{\psi}$, ne sont pas connus.

1. Ces situations sont très fréquentes en pratique. En effet, la condition d'adhérence à la paroi solide en fluide visqueux impose le plus souvent un gradient de vitesse à rotationnel non nul.

En exprimant vitesse et pression en variables d'Euler, le système d'équations qui régit le mouvement d'un fluide réel (visqueux newtonien) en évolution isovolume s'écrit[2] :

2. Ces équations correspondent à la formulation en « variables premières » vitesse-pression.

$$\begin{cases} \text{Continuité : } \operatorname{div}\vec{V} = 0 \\ \text{Dynamique : } \dfrac{\partial \vec{V}}{\partial t} + \overrightarrow{\operatorname{grad}}\left(\dfrac{V^2}{2}\right) + \overrightarrow{\operatorname{rot}}\,\vec{V} \wedge \vec{V} = -\overrightarrow{\operatorname{grad}}\,\wp - \overrightarrow{\operatorname{grad}}\left(\dfrac{P}{\rho}\right) - \nu\,\overrightarrow{\operatorname{rot}}\,(\overrightarrow{\operatorname{rot}}\vec{V}). \end{cases}$$

A.1. L'équation de Laplace du potentiel vecteur

La relation de continuité assure l'existence d'un potentiel vecteur $\vec{\psi}$ tel que :

$$\vec{V} = \overrightarrow{\operatorname{rot}}\,\vec{\psi}.$$

Or, par identité, $\overrightarrow{\operatorname{rot}}(\overrightarrow{\operatorname{rot}}\,\vec{\psi}) = \overrightarrow{\operatorname{grad}}\,(\operatorname{div}\vec{\psi}) - \vec{\Delta}\,\vec{\psi}$, soit encore ici :

$$\vec{\Delta}\,\vec{\psi} = -\overrightarrow{\operatorname{rot}}\,\vec{V} + \overrightarrow{\operatorname{grad}}(\operatorname{div}\vec{\psi}).$$

Nous avons vu (chapitre 5) que le potentiel vecteur $\vec{\psi}$ était défini à l'addition près du gradient d'une fonction scalaire arbitraire. Ainsi, si $\vec{\psi_1}$ est un potentiel vecteur associé à un champ de vitesse par la relation ci-dessus, on peut toujours associer à ce même champ de vitesse un second potentiel vecteur $\vec{\psi_2}$ tel que $\operatorname{div}\vec{\psi_2} = 0$. Il suffit pour cela de poser :

$$\vec{\psi_2} = \vec{\psi_1} + \overrightarrow{\operatorname{grad}}\,f$$

et d'imposer au champ scalaire f d'être solution de l'équation :

$$\Delta f = -\operatorname{div}\vec{\psi_1}.$$

Dans ces conditions, on peut toujours ramener le problème de la résolution de l'équation $\operatorname{div}\vec{V} = 0$ à celui de la détermination d'un potentiel vecteur $\vec{\psi}$, solution de l'équation de Laplace :

$$\boxed{\vec{\Delta}\,\vec{\psi} = -\overrightarrow{\operatorname{rot}}\,\vec{V}} \quad \text{ou} \quad \boxed{\vec{\Delta}\,\vec{\psi} = -2\,\vec{\Omega}}$$

en introduisant le vecteur tourbillon $\vec{\Omega} = \dfrac{1}{2}\overrightarrow{\operatorname{rot}}\,\vec{V}$ (fig. 1 - *cf.* chapitre 3).

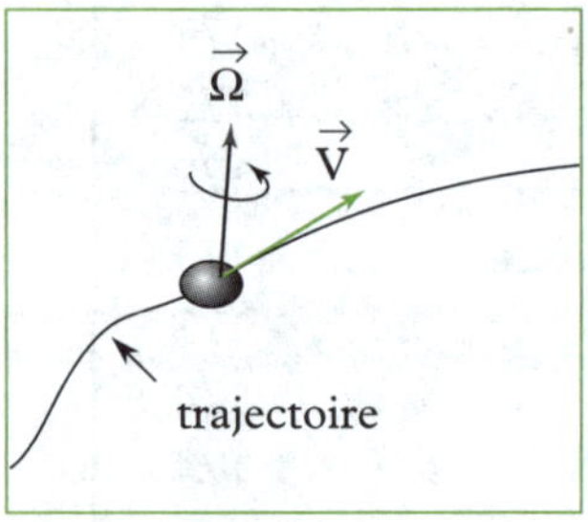

Fig. 1 - La rotation locale d'une particule fluide le long de sa trajectoire est mesurée par le vecteur tourbillon.

A.2. L'équation au rotationnel

Le vecteur tourbillon, présent au second membre de l'équation du potentiel vecteur, est régi par une équation qui se déduit de celle de Navier-Stokes. En effet, en introduisant le vecteur tourbillon, l'équation de la dynamique peut se récrire sous la forme :

$$\frac{\partial \vec{V}}{\partial t} + \overrightarrow{\operatorname{grad}}\left(\frac{V^2}{2}\right) + 2\vec{\Omega} \wedge \vec{V} = -\overrightarrow{\operatorname{grad}}\,\wp - \overrightarrow{\operatorname{grad}}\left(\frac{P}{\rho}\right) - 2\nu\,\overrightarrow{\operatorname{rot}}\vec{\Omega}.$$

1. On rappelle que, par identité, $\overrightarrow{\text{rot}}(\overrightarrow{\text{grad}} f) = \vec{0}$.

2. En situation isovolume, la condition $\text{div}\vec{V} = 0$ assure l'identité :

$$\overrightarrow{\text{rot}}(\overrightarrow{\text{rot}}\,\vec{\Omega}) = -\vec{\Delta}\vec{\Omega}.$$

3. Ces équations correspondent à la formulation « $\vec{\psi}, \vec{\Omega}$ » en potentiel vecteur et rotationnel.

Prenant alors le rotationnel membre à membre de cette équation, on obtient[1] :

$$\frac{\partial\, \overrightarrow{\text{rot}}\vec{V}}{\partial t} + 2\,\overrightarrow{\text{rot}}(\vec{\Omega} \wedge \vec{V}) = -2\nu\, \overrightarrow{\text{rot}}(\overrightarrow{\text{rot}}\,\vec{\Omega}),$$

soit en définitive[2] :

$$\frac{\partial\vec{\Omega}}{\partial t} + \overrightarrow{\text{rot}}(\vec{\Omega} \wedge \vec{V}) = \nu\vec{\Delta}\vec{\Omega}.$$

On observe que la pression ne figure plus dans cette équation. Ainsi, en définitive, le problème dynamique du calcul du champ de vitesse peut se ramener à la résolution des deux équations[3] pour les fonctions vectorielles $\vec{\psi}$ et $\vec{\Omega}$:

$$\begin{cases} \vec{\Delta}\vec{\psi} = -2\vec{\Omega} \\ \dfrac{\partial\vec{\Omega}}{\partial t} + \overrightarrow{\text{rot}}(\vec{\Omega} \wedge \overrightarrow{\text{rot}}\vec{\psi}) = \nu\vec{\Delta}\vec{\Omega} \end{cases}$$

La résolution analytique de ce système n'est en général pas possible. Nous allons voir dans la suite quelques exemples où, pour des conditions initiales et aux limites particulières, le champ de vitesse peut être obtenu par intégration analytique directe des équations de Navier-Stokes.

B. Les équations adimensionnelles : nombres caractéristiques, similitude

B.1. Forme adimensionnelle des équations locales

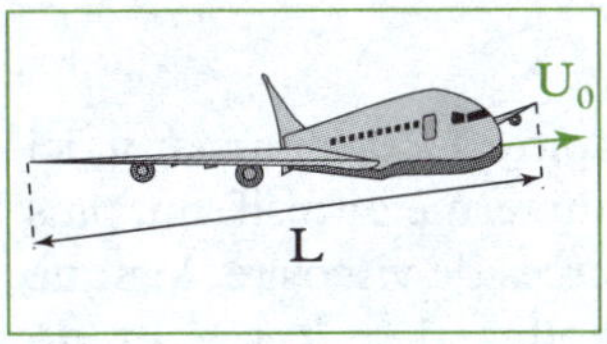

Fig. 2 - Exemple d'échelles caractéristiques de l'écoulement autour d'un avion : avec $\ell \equiv L$ et $U = U_0$.

B.1.1 - Variables adimensionnelles

De façon générale, à partir des conditions sous lesquelles s'effectue le mouvement du fluide, il est possible d'assigner à tout écoulement des échelles caractéristiques de longueur ℓ et de vitesse $\mathcal{U}$ (fig. 2). On peut combiner ces deux échelles pour former une échelle de temps $T = \frac{\ell}{\mathcal{U}}$. On va alors mesurer les distances, les vitesses et les temps comme fractions de ces échelles et introduire les variables adimensionnelles suivantes :

$$u' = \frac{U}{\mathcal{U}}, \quad x' = \frac{x}{\ell}, \quad t' = \frac{t}{T},$$

4. Dans un écoulement instationnaire, on peut envisager une échelle de temps autre que $\frac{\ell}{U}$.

où U et x représentent l'une quelconque des composantes du vecteur vitesse et du vecteur position.

Sous forme adimensionnelle, l'équation de continuité reste formellement inchangée, s'écrivant par exemple en repère cartésien orthonormé :

$$\frac{\mathcal{U}}{\ell}\left(\frac{\partial u'}{\partial x'} + \frac{\partial v'}{\partial y'} + \frac{\partial w'}{\partial z'}\right) = 0, \text{ soit symboliquement : } \text{div}'\vec{V}' = 0.$$

B.1.2 - Forme adimensionnelle de l'équation locale de la dynamique

Considérons pour simplifier la projection dans la direction x d'un repère cartésien orthonormé de l'équation de quantité de mouvement. Elle s'écrit, en l'absence de forces extérieures de volume (fluide « non pesant ») :

$$\frac{\partial U}{\partial t} + U\frac{\partial U}{\partial x} + V\frac{\partial U}{\partial y} + W\frac{\partial U}{\partial z} = -\frac{1}{\rho}\frac{\partial P}{\partial x} + \nu\left[\frac{\partial^2 U}{\partial x^2} + \frac{\partial^2 U}{\partial y^2} + \frac{\partial^2 U}{\partial z^2}\right].$$

1. Les échelles de référence sont des constantes.

Le changement de variables vers les nouvelles variables adimensionnelles donne[1] :

$$\frac{\mathcal{U}}{T}\frac{\partial u'}{\partial t'} + \mathcal{U}u'\frac{\partial u'}{\ell\,\partial x'} + \mathcal{U}v'\frac{\partial u'}{\ell\,\partial y'} + \mathcal{U}w'\frac{\mathcal{U}\,\partial u'}{\ell\,\partial z'}$$

$$= -\frac{\mathcal{U}^2}{\ell}\frac{\partial\left(\frac{P}{\rho\mathcal{U}^2}\right)}{\partial x'} + \frac{\nu\mathcal{U}}{\ell^2}\left[\frac{\partial^2 u'}{\partial x'^2} + \frac{\partial^2 u'}{\partial y'^2} + \frac{\partial^2 u'}{\partial z'^2}\right]$$

ou encore :

$$\frac{\mathcal{U}^2}{\ell}\left[\frac{\partial u'}{\partial t'} + u'\frac{\partial u'}{\partial x'} + v'\frac{\partial u'}{\partial y'} + w'\frac{\partial u'}{\partial z'}\right] = \frac{\mathcal{U}^2}{\ell}\left[-\frac{\partial P'}{\partial x'}\right] + \frac{\nu\,\mathcal{U}}{\ell^2}\left[\frac{\partial^2 u'}{\partial x'^2} + \frac{\partial^2 u'}{\partial y'^2} + \frac{\partial^2 u'}{\partial z'^2}\right]$$

où l'on a introduit la pression adimensionnelle $P' = \dfrac{P}{\rho\mathcal{U}^2}$.

Les projections sur y et z subissent le même traitement et finalement la forme adimensionnelle de l'équation vectorielle de quantité de mouvement s'écrit :

$$\frac{\partial\vec{V}'}{\partial t'} + \overrightarrow{\text{grad}}'\left(\frac{V'^2}{2}\right) + \overrightarrow{\text{rot}}'\,\vec{V}' \wedge \vec{V}' = -\,\overrightarrow{\text{grad}}'P' + \frac{\nu}{\mathcal{U}\ell}\vec{\Delta}'\,\vec{V}'$$

où les notations primées des opérateurs correspondent symboliquement aux formes adimensionnelles de ceux-ci.

B.2. Nombre de Reynolds

L'équation précédente fait directement émerger le groupement adimensionnel :

$$\mathbf{R_e} = \frac{\mathcal{U}\ell}{\nu}$$

2. Des interprétations plus « fines » du nombre de Reynolds ont été données selon que la comparaison advection/diffusion se fait à même échelle de longueur ou même échelle de temps.

Il s'agit du **nombre de Reynolds** déjà vu au chapitre 1. Il s'introduit ici comme le rapport du terme advectif (ou convectif) et du terme diffusif, ou, plus communément, du rapport entre forces d'inertie et forces de viscosité, lorsque ces termes sont évalués à travers **les mêmes échelles de vitesse et de longueur**. C'est pourquoi nous parlerons de nombre de Reynolds « **global** »[2] :

$$R_e = \frac{\text{Advection}}{\text{Diffusion}} = \frac{\text{Forces d'inertie}}{\text{Forces de viscosité}} = \frac{\rho\dfrac{\mathcal{U}^2}{\ell}}{\mu\dfrac{\mathcal{U}}{\ell^2}}.$$ [3]

3. • Quand le nombre de Reynolds est **petit**, l'écoulement est dominé par les forces de viscosité.

• Quand le nombre de Reynolds est **grand**, l'écoulement est **globalement** peu affecté par les forces de viscosité. Cette conclusion ne garantit pas que ces forces soient **localement** négligeables en tout point du champ. Au voisinage de parois solides sur lesquelles le fluide s'arrête, des régions à fort gradient de vitesse apparaissent où la viscosité joue un rôle déterminant : c'est la région de couche limite déjà mentionnée au chapitre 2.

Les équations adimensionnelles du mouvement d'un fluide non pesant en évolution isovolume sont :

$$\begin{cases} \text{div}'\vec{V}' = 0 \\ \dfrac{\partial\vec{V}'}{\partial t'} + \overrightarrow{\text{grad}}'\left(\dfrac{V'^2}{2}\right) + \overrightarrow{\text{rot}}'\vec{V}' \wedge \vec{V}' = \overrightarrow{\text{grad}}'P' + \dfrac{1}{R_e}\vec{\Delta}'\vec{V}' \end{cases}$$

où $R_e = \dfrac{\mathcal{U}\ell}{\nu}$ représente le nombre de Reynolds.

B.3. Similitude de Reynolds

Considérons deux écoulements d'échelles respectives $(\mathcal{U}_1, \ell_1)$ et $(\mathcal{U}_2, \ell_2)$ de deux fluides de viscosités cinématiques différentes (ν_1 et ν_2). Si les nombres de Reynolds sont les mêmes, alors les équations adimensionnelles régissant les deux écoulements sont identiques.

Théorème 1

Deux écoulements de même nombre de Reynolds et de conditions initiales et aux limites identiques sont dits similaires. Ils constituent deux solutions dimensionnées de la même équation générique adimensionnelle du mouvement d'un fluide visqueux incompressible non pesant.

Remarque :

Il est à noter que l'identité des conditions aux limites implique une similitude géométrique des obstacles solides en jeu dans le problème.

Exemple : Considérons deux écoulements, uniformes à l'infini, autour de deux sphères. La première, de rayon 1 mètre, est placée dans un écoulement dont la vitesse à l'infini amont est de $4 \text{ m} \cdot \text{s}^{-1}$. La seconde, de rayon 10 cm, est placée dans un écoulement du même fluide à $40 \text{ m} \cdot \text{s}^{-1}$. Ces valeurs fixant les échelles caractéristiques pour les deux écoulements, le nombre de Reynolds de l'écoulement dans ces deux situations est le même. Les conditions aux limites des deux écoulements sont similaires. Les équations du mouvement exprimées en variables adimensionnelles sont les mêmes pour ces deux écoulements. Elles sont aussi les mêmes pour tout mouvement autour d'une sphère pour lequel la combinaison de la vitesse de l'écoulement, du rayon et de la viscosité du fluide amène à la même valeur du nombre de Reynolds. La solution du problème adimensionnel est donc générique au sens où elle vaut pour toute situation dimensionnée à même nombre de Reynolds[1].

1. Cette notion est à la base des essais sur maquettes à échelle réduite. Soit $\lambda = \frac{\ell_m}{\ell}$ le facteur d'échelle qui donne la proportion de la maquette de taille ℓ_m à l'obstacle *grandeur nature* de taille ℓ.
Si on peut générer sur le modèle réduit un écoulement tel que : $R_{e_m} = R_e$, soit :

$$\frac{\mathcal{U}_m \ell_m}{\nu_m} = \frac{\mathcal{U}\ell}{\nu},$$

alors l'écoulement « à l'échelle 1 » peut être restitué par simple redimensionnement de la solution adimensionnelle obtenue sur le modèle réduit.

C. Exemples d'écoulements solutions exactes des équations locales

Dans cette section, nous allons traiter trois exemples d'écoulements dont on va calculer les champs en résolvant les équations du mouvement pour certaines conditions initiales et aux limites. Pour l'écoulement de Couette-Poiseuille (§ C. 1), la résolution sera celle des équations de Navier-Stokes en « variables premières » vitesse-pression. Dans le second (tourbillon de Lamb § C. 2), nous verrons que le champ de vitesse se déduit de la solution de l'équation du rotationnel. Le tourbillon de Rankine (§ C. 3) fournira enfin une illustration de la résolution de l'équation de Laplace pour le potentiel vecteur réduit à la fonction courant (situation bidimensionnelle).

Ces exemples se différencient donc de ceux présentés antérieurement[2] (chapitre 5) par le fait que les champs ne s'obtiennent pas à partir d'une fonction courant ou d'une fonction potentiel connue *a priori*.

2. Trois exemples de solutions exactes des équations locales du mouvement d'un fluide visqueux incompressible ont été vus : les écoulements de Couette, de Poiseuille entre deux plaques planes et celui dénommé second problème de Stokes consécutif à l'oscillation dans son plan d'une paroi solide plane.

C.1. Écoulement de Couette-Poiseuille

C.1.1 - Configuration de l'écoulement

On considère l'écoulement permanent d'un fluide incompressible, visqueux et non pesant entre deux plaques planes parallèles d'extension infinie et distantes de $2h$ (fig. 3). Le mouvement unidirectionnel (suivant $\vec{x}$) résulte[3] :

– de l'application d'un gradient de pression suivant $\vec{x}$ uniforme transversalement ;

– du déplacement relatif de l'une des deux plaques par translation dans son propre plan à la vitesse constante $V_0 \vec{x}$.

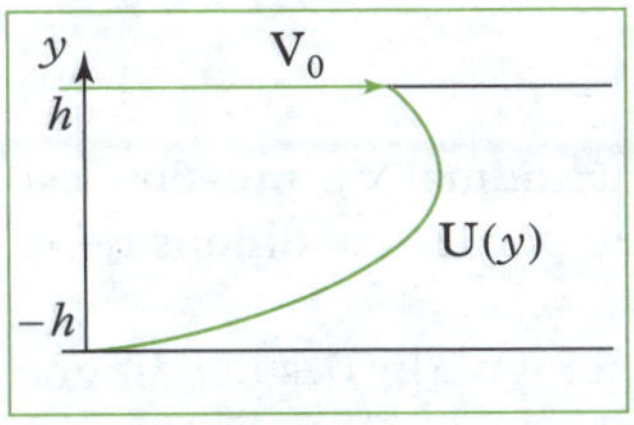

Fig. 3 - Schéma de l'écoulement de Couette-Poiseuille.

3. Ces conditions de mise en mouvement peuvent être perçues comme la « superposition » de celles d'un écoulement Poiseuille et d'un écoulement de Couette. Les équations du problème n'étant plus linéaires, la solution ne s'obtient pas par addition des solutions.

C.1.2 - Hypothèses complémentaires

L'écoulement sera pris bidimensionnel plan, les fonctions du champ étant invariantes suivant $\vec{z}$ et la composante de vitesse nulle suivant cette même direction (W = 0). On se limite en outre à la solution stationnaire $\left(\frac{\partial}{\partial t} = 0\right)$. Enfin, on suppose qu'en l'absence de conditions « d'entrée » et de « sortie » suivant $\vec{x}$ (plaques infinies), le champ de vitesse est invariant par toute translation suivant cette coordonnée[1].

Les inconnues du problème se réduisent donc aux trois fonctions scalaires $U(y)$, $V(y)$ et $P(x, y)$ pour la composante de vitesse suivant $\vec{x}$ et la pression.

1. Cette situation correspond en pratique à la région dite de « régime établi » qui se rencontre lorsque les parois sont de longueur suffisante pour amortir les effets d'entrée et de sortie.

C.1.3 - Mise en équations

Sous les hypothèses du problème, les équations régissant ces trois fonctions inconnues sont les équations de :

– continuité : $\frac{\partial V}{\partial y} = 0$;

– quantité de mouvement $/\vec{x}$: $V\frac{\partial U}{\partial y} = -\frac{1}{\rho}\frac{\partial P}{\partial x} + \nu\frac{\partial^2 U}{\partial y^2}$;

– quantité de mouvement $/\vec{y}$: $V\frac{\partial V}{\partial y} = -\frac{1}{\rho}\frac{\partial P}{\partial y} + \nu\frac{\partial^2 V}{\partial y^2}$.

C.1.4 - Résolution

• Il résulte de l'équation de continuité que : $V = \text{cte}$, $\forall y$ tel que $|y| \leqslant h$. Or par adhérence à la paroi (fluide visqueux), cette composante de vitesse est nulle pour $y = \pm h$. Elle donc nulle dans tout le champ.

• L'équation de la quantité de mouvement en projection suivant $\vec{y}$ permet de conclure que la pression ne varie pas dans une section $x = \text{cte}$. On dit que le profil de pression est uniforme et donc $P = P(x)$.

• Enfin, l'équation de la quantité de mouvement en projection suivant $\vec{x}$ montre que, dans ces conditions :

$$\frac{1}{\mu}\frac{\mathrm{d}P(x)}{\mathrm{d}x} = \frac{\mathrm{d}^2U(y)}{\mathrm{d}y^2} = A.$$

En dérivant cette équation par rapport à x (respectivement à y), on trouve que $\frac{\mathrm{d}A}{\mathrm{d}x} = 0$ (respectivement $\frac{\mathrm{d}A}{\mathrm{d}y} = 0$), donc A est une constante et l'intégration des équations donne :

$$P(x) = \mu A x + P_0 \quad \text{et} \quad \frac{\mathrm{d}U}{\mathrm{d}y} = Ay + B, \text{ soit : } U(y) = \frac{Ay^2}{2} + By + C,$$

où P_0 désigne une référence de pression prise en $x = 0$.

La première relation montre que le gradient longitudinal de pression est constant, la valeur de la constante A étant imposée par les conditions de la mise en mouvement.

Les deux autres constantes B et C sont à déterminer à partir des conditions aux limites pour le profil de vitesse en $y = \pm h$, soit :

$$\begin{cases} U(h) = V_0 \rightarrow \frac{Ah^2}{2} + Bh + C = V_0 \\ U(-h) = 0 \rightarrow \frac{Ah^2}{2} - Bh + C = 0 \end{cases}$$

Après calculs, le profil de vitesse peut se mettre sous la forme adimensionnelle :

$$\frac{U(y)}{V_0} = \Lambda\left[\left(\frac{y}{h}\right)^2 - 1\right] + \frac{1}{2}\left[\frac{y}{h} + 1\right], \text{ avec } \Lambda = \frac{Ah^2}{2V_0} \text{ pour } V_0 \neq 0.$$

C.1.5 - Discussion

La solution se présente sous forme d'une famille de courbes paramétrées par le facteur adimensionnel Λ (fig. 4).

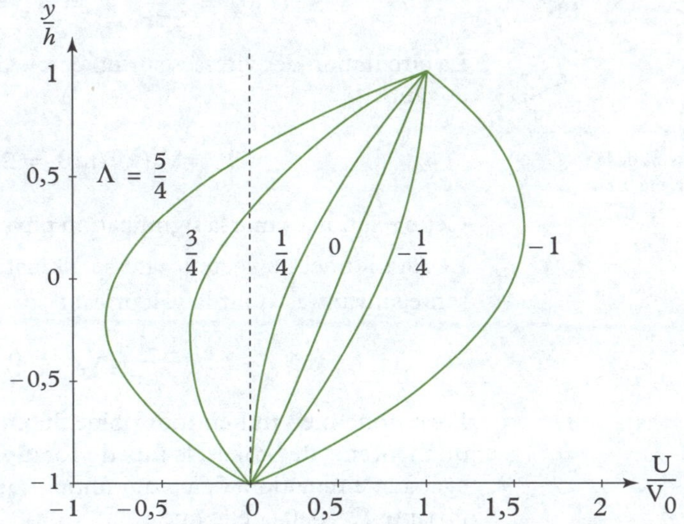

Fig. 4 - Profils de vitesse dans l'écoulement de Couette-Poiseuille pour différentes valeurs du paramètre Λ.

Physiquement, le paramètre Λ traduit l'influence relative des deux forces motrices du mouvement : pression longitudinale et viscosité à la paroi mobile. Ainsi, en particulier, pour $\Lambda = 0$, on retrouve le profil de vitesse linéaire de l'écoulement de Couette et pour $V_0 = 0$, celui parabolique symétrique de l'écoulement de Poiseuille.

Les valeurs négatives de Λ correspondent au cas où les forces motrices agissent dans le même sens : prenant par exemple $V_0 > 0$ (la plaque est translatée dans le sens des $\vec{x}$ positifs), une valeur négative de Λ correspond à un gradient de pression négatif, c'est-à-dire une pression amont $(x < 0)$ supérieure à la pression aval $(x > 0)$. Dans ce cas, la vitesse est positive sur toute la hauteur du canal.

Les valeurs positives de Λ correspondent à une action antagoniste des forces motrices, la viscosité forçant par exemple un écoulement dans le sens des x positifs, alors que le gradient de pression s'y oppose. Dans ce cas, on peut observer $\left(\Lambda \geqslant \frac{1}{4}\right)$ l'apparition d'un « courant de retour » $(U < 0)$, une partie du fluide se déplaçant à contre-courant du mouvement de la plaque. Pour $\Lambda = \frac{3}{4}$, le débit à travers la section droite du canal est nul. Au-delà de cette valeur, l'écoulement est dominé par le gradient de pression, avec un débit globalement négatif.

C.2. Diffusion d'un tourbillon rectiligne – Tourbillon de Lamb

C.2.1 - Configuration de l'écoulement

Contrairement à l'écoulement précédent où le rotationnel est présent en tout point du champ, nous considérons ici une situation où le vecteur tourbillon est initialement concentré sur une droite et donc nul dans tout le reste du

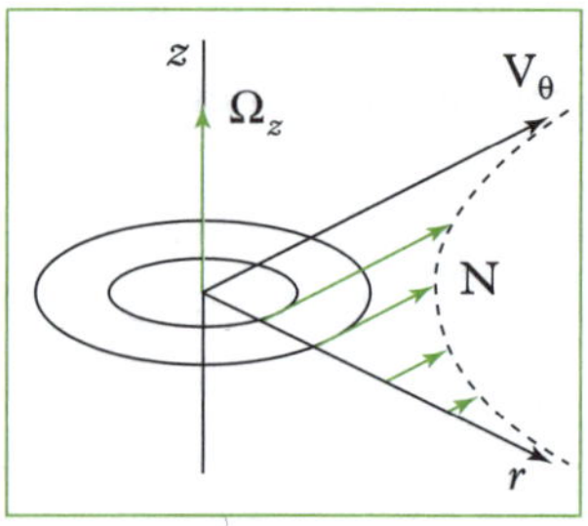

Fig. 5 - Schéma de la configuration initiale de l'écoulement ($t = 0$).

champ à l'instant $t = 0$. Cette situation correspond (fig. 5) au champ de vitesse déjà étudié au chapitre 5 (tourbillon à circulation constante), de composantes en coordonnées cylindriques :

$$V_\theta(r, 0) = \frac{\Gamma}{2\pi r}, \ V_r = V_z = 0 \text{ en tout point } r \neq 0.$$

La circulation des vitesses sur un cercle de rayon r tendant vers zéro reste finie et vaut :

$$\int_0^{2\pi} r V_\theta(r, 0) d\theta = 2\pi r V_\theta(r, 0) = \Gamma.$$

Cette relation donne la signification physique de la constante finie non nulle Γ.

Le rotationnel du vecteur vitesse à l'instant initial se réduit à sa seule composante suivant $\vec{e}_z$ dont la valeur est :

$$\frac{1}{r}\frac{d}{dr}(rV_\theta) = 0 \text{ pour } r \neq 0.$$

Il est donc bien nul en tout point du champ hormis l'axe. En effet, en vertu du théorème de Stokes, le flux du rotationnel sur le disque de rayon r doit être égal à la circulation Γ, ce qui impose que le vecteur tourbillon ait une composante $\Omega_z(0, 0)$ telle que :

$$2\pi r^2 \Omega_z(0, 0) = \Gamma = 2\pi r V_\theta(r, 0).$$

Initialement, l'écoulement est donc rotationnel uniquement sur l'axe où le vecteur tourbillon prend une valeur infinie, d'ordre r^{-2}.

Le problème consiste à déterminer l'évolution dans le temps de ce tourbillon singulier à l'origine et du champ de vitesse correspondant $V_\theta(r, t)$ pour $t > 0$.

C.2.2 - Hypothèses complémentaires

Le fluide est supposé visqueux newtonien et non pesant. Le mouvement est à symétrie de révolution, avec pour conditions aux limites $\forall t > 0$:

$$V_\theta(0, t) = 0 \text{ et } \lim_{r \to +\infty} [rV_\theta(r, t)] = \text{cte} = \frac{\Gamma}{2\pi}.$$

C.2.3 - Mise en équation

Compte tenu des hypothèses, l'équation gouvernant la seule composante non nulle du vecteur tourbillon, $\Omega(\equiv \Omega_z) = \Omega(r, t)$, se réduit[1] à :

$$\frac{\partial \Omega}{\partial t} = \nu\left(\frac{\partial^2 \Omega}{\partial r^2} + \frac{1}{r}\frac{\partial \Omega}{\partial r}\right) = \frac{\nu}{r}\frac{\partial}{\partial r}\left(r\frac{\partial \Omega}{\partial r}\right).$$

1. Cette équation s'obtient à partir de la forme générale de l'équation de $\vec{\Omega}$ établie en début de chapitre, avec ici : $\vec{\Omega} = \Omega \vec{e}_z$ et $\vec{V} = V_\theta(r, t)\vec{e}_\theta$. Ces conditions font que le terme $\vec{\text{rot}}(\vec{\Omega} \wedge \vec{V})$ est identiquement nul.

C.2.4 - Résolution

On vérifiera que la solution de cette équation s'écrit :

$$\Omega(r, t) = \frac{\Gamma}{4\pi\nu t} e^{-\frac{r^2}{4\nu t}}.$$

Le champ de vitesse orthoradiale s'en déduit par :

$$V_\theta(r, t) = \frac{1}{r}\int_0^r \Omega(u, t) du = \frac{\Gamma}{2\pi r}\left[1 - e^{-\frac{r^2}{4\nu t}}\right].$$

C.2.5 - Discussion

L'évolution de la vitesse azimutale à différents instants (fig. 6) montre que la zone de champ initialement irrotationnel ($V_\theta \propto \frac{1}{r}$) est progressivement réduite par diffusion du rotationnel depuis l'axe.

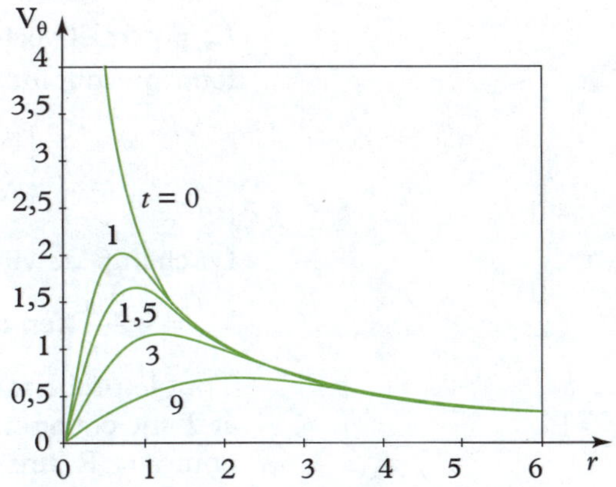

Fig. 6 - Champ de vitesse azimutale du tourbillon de Lamb à différents instants.

C.3. Équation de Laplace pour le tourbillon de Rankine

C.3.1 - Configuration de l'écoulement

De nombreuses situations existent où le mouvement d'un fluide est purement rotationnel dans un certain domaine du champ de l'écoulement, et irrotationnel partout ailleurs. Le vecteur tourbillon $\vec{\Omega}$ est alors concentré dans une région donnée de l'écoulement[1] (fig. 7). On qualifie cette région de « tourbillon à noyau solide » puisqu'en l'absence de toute déformation (*cf.* chapitre 3, mouvement purement rotationnel) le fluide se comporte comme un solide.

Ainsi, dans le cas particulier où le tourbillon est concentré uniformément sur la région en question avec la valeur $\vec{\Omega_0}$, le mouvement du fluide devient, dans cette région, analogue à celui d'un solide en rotation à la vitesse angulaire $\vec{\Omega_0}$. (On parle encore de mouvement « solidifiant » ou de « rotation en bloc ».)

Le tourbillon à noyau solide de Rankine correspond à une répartition uniforme du rotationnel dans un cylindre d'axe $\vec{e_z}$ et de rayon R, baignant dans un milieu irrotationnel.

On se limite ici au calcul du champ de vitesse associé, en supposant le régime permanent et le mouvement à symétrie de révolution (fig. 8).

1. Au sein de l'océan et de l'atmosphère terrestre, on trouve couramment des tourbillons à noyau solide d'un diamètre de l'ordre de la dizaine de kilomètres dans les océans et de la centaine de kilomètres dans l'atmosphère.

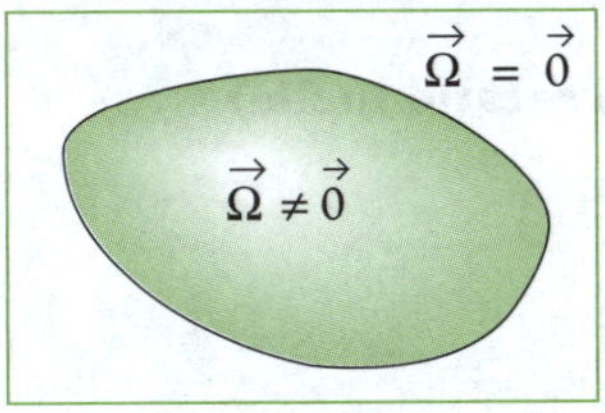

Fig. 7 - Écoulement à rotationnel concentré.

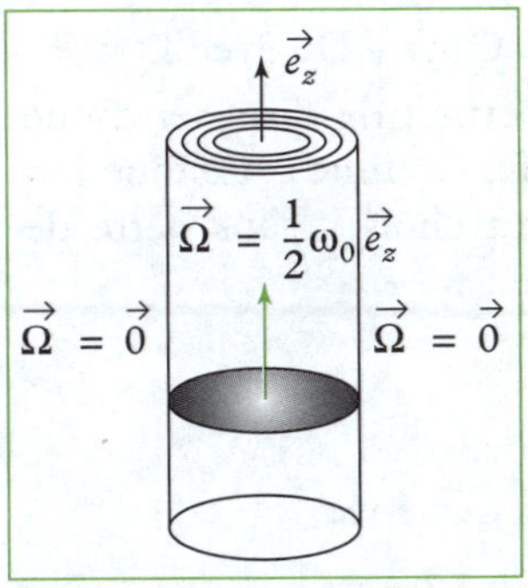

Fig. 8 - Schéma de l'écoulement de tourbillon à noyau solide de Rankine.

C.3.2 - Mise en équations

Le champ de vitesse de cet écoulement est défini par le potentiel vecteur $\vec{\psi}(r, \theta, z)$, solution des équations :

$$\begin{cases} -\vec{\Delta}\vec{\psi} = \vec{\text{rot}}\,\vec{V} = \omega_0\,\vec{e_z}, & \text{si } r \leqslant R \\ -\vec{\Delta}\vec{\psi} = \vec{\text{rot}}\,\vec{V} = \vec{0}, & \text{si } r > R \end{cases}$$

La symétrie de révolution du problème incite à procéder à une analyse du mouvement bidimensionnel plan ($\frac{\partial}{\partial z} = 0$, $V_z = 0$) en coordonnées polaires (r, θ) et à exploiter la nature axisymétrique de la frontière de la région rotationnelle pour faire l'hypothèse que la solution reste invariante en azimut $\left(\frac{\partial}{\partial \theta} = 0\right)$.

Le potentiel vecteur est ainsi pris sous la forme $\vec{\psi} = \psi(r)\vec{e_z}$, où $\psi(r)$ est la fonction courant et le système d'équations se réduit, en projection suivant $\vec{e_z}$, à :

$$\begin{cases} \Delta\psi = -\omega_0, \text{ si } r \leq R \\ \Delta\psi = 0, \quad \text{ si } r > R \end{cases} \text{avec } \Delta\psi = \frac{1}{r}\frac{d}{dr}\left(r\frac{d\psi}{dr}\right).$$

Le champ de vitesse est purement orthoradial, de composante $V_\theta(r)$, avec $V_\theta = -\frac{d\psi}{dr}$ (en conséquence de la relation $\vec{V} = -\overrightarrow{\text{rot}}\,\vec{\psi}$).

Tout le problème se ramène donc à l'intégration d'une équation de Laplace et d'une équation de Poisson, en assurant la continuité de la fonction courant pour $r = R$ ainsi que la continuité de la vitesse orthoradiale, *i.e.* de la dérivée de la fonction courant.

C.3.3 - Résolution

• Solution interne (intégration au sein du tourbillon)

Pour $r < R$, on obtient :

$$\frac{d}{dr}\left(r\frac{d\psi}{dr}\right) = -\omega_0 r \Rightarrow r\frac{d\psi}{dr} = -\omega_0\frac{r^2}{2} + A \quad (A \in \mathbb{R})$$

$$\Rightarrow \frac{d\psi}{dr} = -\omega_0\frac{r}{2} + \frac{A}{r}$$

En imposant à la vitesse orthoradiale V_θ d'être toujours finie, il en résulte que $A = 0$. On poursuit donc l'intégration par :

$$\psi = -\frac{\omega_0 r^2}{4} + B, \text{ avec } B \in \mathbb{R}.$$

• Solution externe (intégration dans la région irrotationnelle)

À l'extérieur du disque de rayon R, on a :

$$\frac{d}{dr}\left(r\frac{d\psi}{dr}\right) = 0 \Rightarrow \frac{d\psi}{dr} = \frac{C}{r}.$$

• Raccordement des solutions

– La continuité de la vitesse pour $r = R$ impose donc $C = -\frac{\omega_0 R^2}{2}$ et on achève l'intégration, dans la région externe, par $\psi = C\ln r + D$, avec $D \in \mathbb{R}$.

– La continuité de la fonction courant en $r = R$ permet de disposer d'une relation entre les deux constantes encore libres B et D. Comme cette fonction reste définie à une constante additive près, on peut choisir, sans perte de généralité, de poser $B = 0$, ce qui impose alors que :

$$D = \frac{\omega_0 R^2}{2}\left(\ln R - \frac{1}{2}\right).$$

Ainsi, à l'extérieur du disque de rayon R, la solution devient :

$$\psi = -\frac{\omega_0 R^2}{2}\left(\ln\frac{r}{R} + \frac{1}{2}\right).$$

Le champ de vitesse orthoradiale est donc :

$$\begin{cases} V_\theta(r) = \frac{\omega_0 r}{2}, \quad \text{si } r \leq R \\ V_\theta(r) = \frac{\omega_0 R^2}{2r}, \text{ si } r > R \end{cases}$$

C.3.4 - Discussion

Le profil linéaire de la vitesse orthoradiale au sein du cylindre de rayon R est conforme à une cinématique de rotation en bloc du milieu fluide. La vitesse angulaire de rotation est bien égale à la moitié du rotationnel de la vitesse. La circulation de ce tourbillon sur un contour circulaire fermé de rayon $R' > R$ est $\Gamma = \pi\omega_0 R^2$. Ainsi, le champ de vitesse irrotationnel qui s'installe autour du tourbillon à noyau solide est identique à celui obtenu en présence d'un tourbillon ponctuel de même circulation, pour $r > R$.

Le champ de rotationnel est manifestement discontinu en $r = R$. L'équation du rotationnel montre alors qu'une telle discontinuité va conduire à une évolution du rotationnel au cours du temps par diffusion visqueuse. Ainsi, le tourbillon de Rankine ne constitue-t-il que la condition « initiale » d'un tourbillon à noyau visqueux, dont le champ de vitesse évolue au cours du temps avec l'allure indiquée dans la figure 9.

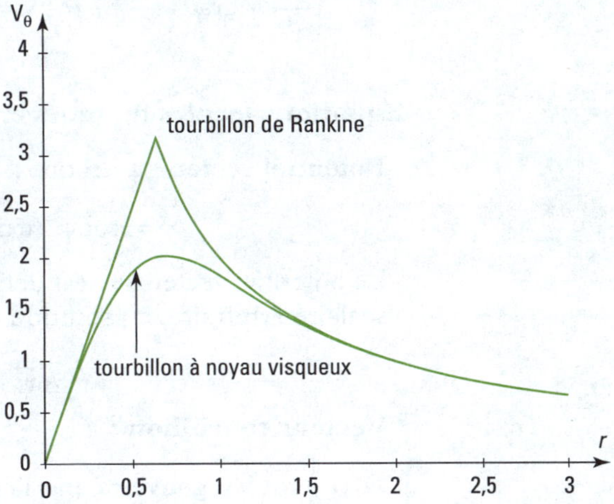

Fig. 9 - Champ de vitesse du tourbillon de Rankine et du tourbillon à noyau visqueux.

L'essentiel

✓ Hypothèses générales

- Fluide visqueux, newtonien, homogène.
- Mouvement incompressible (évolution isovolume).
- Forces extérieures de volume conservatives (dérivant d'un potentiel).

✓ Équations locales du mouvement en formulation vitesse-pression (Navier-Stokes)

$$\begin{cases} \text{div}\vec{V} = 0 \quad \text{et} \quad \rho = \text{cte} \\ \dfrac{\partial \vec{V}}{\partial t} + \overrightarrow{\text{grad}}\left(\dfrac{V^2}{2}\right) + \overrightarrow{\text{rot}}\,\vec{V} \wedge \vec{V} = -\overrightarrow{\text{grad}}\,\wp - \overrightarrow{\text{grad}}\left(\dfrac{P}{\rho}\right) - \nu\overrightarrow{\text{rot}}\,(\overrightarrow{\text{rot}}\,\vec{V}) \end{cases}$$

✓ Équations locales du mouvement en formulation $\vec{\psi}$ - $\vec{\Omega}$

- **Potentiel vecteur $\vec{\psi}$** tel que :

$$\vec{V} = \overrightarrow{\text{rot}}\,\vec{\psi} \text{ (existence assurée par } \text{div}\vec{V} = 0\text{).}$$

Le potentiel vecteur $\vec{\psi}$ est défini à l'addition près du gradient d'une fonction scalaire arbitraire, en solution de l'**équation de Laplace** :

$$\vec{\Delta}\vec{\psi} = -\overrightarrow{\text{rot}}\,\vec{V} = -2\vec{\Omega}.$$

- **Vecteur tourbillon :**

$\vec{\Omega} = \dfrac{1}{2}\overrightarrow{\text{rot}}\,\vec{V}$, gouverné par l'équation :

$$\frac{\partial \vec{\Omega}}{\partial t} + \overrightarrow{\text{rot}}(\vec{\Omega} \wedge \vec{V}) = \nu\vec{\Delta}\vec{\Omega}.$$

✓ Formulation adimensionnelle : nombre de Reynolds (global)

- **Jeu unique d'échelles** de vitesse et de longueur $(\mathcal{U}, \ell)$ en normalisation de tous les termes de l'équation de Navier-Stokes.
- **Équations adimensionnelle**s du mouvement d'un fluide non pesant :

$$\begin{cases} \text{div}'\vec{V}' = 0 \\ \dfrac{\partial \vec{V}'}{\partial t'} + \overrightarrow{\text{grad}}'\left(\dfrac{V'^2}{2}\right) + \overrightarrow{\text{rot}}'\,\vec{V}' \wedge \vec{V}' = -\overrightarrow{\text{grad}}'P' + \dfrac{1}{R_e}\vec{\Delta}'\vec{V}' \end{cases}$$

$$R_e = \frac{\text{advection}}{\text{diffusion}} = \frac{\text{forces d'inertie}}{\text{forces de viscosité}} = \frac{\rho\dfrac{\mathcal{U}^2}{\ell}}{\mu\dfrac{\mathcal{U}}{\ell^2}}.$$

✓ Similitude

Deux écoulements de même nombre de Reynolds et de conditions initiales et aux limites identiques sont dits **similaires**. Ils constituent deux solutions dimensionnées d'un même problème adimensionnel générique d'un écoulement de fluide visqueux incompressible et non pesant.

Mise en œuvre

Méthode n° 1

Comment simplifier les équations locales du mouvement en fonction des particularités du problème ?

La résolution analytique des équations locales de la dynamique (équations de Navier-Stokes) est impossible en tout généralité. Elle ne devient possible que sous certaines simplifications. Celles-ci sont à découvrir, au cas par cas, en fonction des propriétés particulières des conditions initiales et aux limites : symétrie(s), invariance(s) géométrique(s), stationnarité…

La pertinence du modèle simplifié et la facilité de la résolution dépendent étroitement de l'étape préliminaire de simplification des équations locales du mouvement. Celle-ci doit être conduite avec soin, en évitant de se précipiter sur des calculs prématurés car fondés sur un modèle encore trop général pour la question posée.

→ Savoir faire

❶ Identifier, pour un écoulement permanent, les particularités géométriques des conditions aux limites. Dans le cas d'un problème instationnaire, on cherchera plutôt les simplifications inhérentes aux conditions initiales.

❷ Traduire toutes les conséquences des symétries et invariances pour réduire :
(i) le nombre de fonctions inconnues non nulles (composantes de vitesses, par exemple) ;
(ii) le nombre des arguments (variables d'Euler, par exemple) dont dépendent les fonctions non nulles.

⚠ On sera très attentif à la nature particulière de la pression dont l'évolution dans l'espace est parfois la cause unique du mouvement. Les propriétés d'invariance de la pression s'appliquent le plus souvent à son gradient et sont à démontrer.

❸ Ne procéder à l'intégration des équations locales qu'après avoir exprimé toutes les simplifications et en exploitant leurs conséquences dans un système couplé d'équations.

→ Application

On considère l'écoulement permanent d'un fluide incompressible et non pesant compris entre deux cylindres coaxiaux de rayons respectifs R_1 et R_2 ($R_2 > R_1$) animés de mouvements de rotation uniforme de vitesses angulaires ω_1 et ω_2 autour de leur axe z (vertical ascendant). Ces deux cylindres sont supposés infiniment longs.

1) Rappeler les fonctions inconnues et leurs arguments pour un écoulement quelconque en coordonnées cylindriques.

2) Expliciter les symétries du problème et en déduire les invariances en référence aux variables d'Euler.

3) Justifier la recherche d'un champ de vitesse dont la composante axiale est nulle.

4) Déduire de ce qui précède la liste des fonctions inconnues non nulles avec leurs arguments.

5) Montrer, qu'en conséquence de l'équation de continuité :

$$\frac{1}{r}\frac{\partial(rV_r)}{\partial r} + \frac{1}{r}\frac{\partial V_\theta}{\partial \theta} + \frac{\partial V_z}{\partial z} = 0,$$

la composante radiale de la vitesse est nulle.

Solution

1) Dans le cas d'un écoulement quelconque, le champ de vitesse et de pression en coordonnées cylindriques se compose des quatre fonctions scalaires $V_r(r, \theta, z, t)$, $V_\theta(r, \theta, z, t)$, $V_z(r, \theta, z, t)$ et $P(r, \theta, z, t)$.

2) ❶ La spécificité géométrique de cet écoulement est la symétrie de révolution des conditions aux limites en r et l'absence de condition limite en z. Ces particularités ne sont pas altérées par la mise en mouvement des deux cylindres. Ceci amène à rechercher des solutions invariantes en θ $\left(\frac{\partial}{\partial\theta} = 0\right)$ et z $\left(\frac{\partial}{\partial z} = 0\right)$.

Le mouvement est en outre indépendant du temps (permanent ou stationnaire $\frac{\partial}{\partial t} = 0$).

3) Le fluide est non pesant de sorte que la rotation des cylindres est l'unique source de son mouvement. Celui-ci est donc imposé à chaque altitude z par la condition d'adhérence qui s'écrit :

$$\vec{V} = \vec{V_p},$$

où $\vec{V_p}$ est la vitesse d'un point quelconque sur l'un des deux cylindres. Ce vecteur est situé dans un plan horizontal orthogonal à l'axe de rotation des deux cylindres. Ceci conduit à rechercher un écoulement sans composante axiale de vitesse :

$$\mathbf{V_z = 0}.$$

4) ❷ En résumé, le résultat de ce travail de simplification se traduit par :

$$\begin{cases} V_r(r, \theta, z, t) \\ V_\theta(r, \theta, z, t) \\ V_z(r, \theta, z, t) \\ P(r, \theta, z, t) \end{cases} \rightarrow \begin{cases} V_r(r) \\ V_\theta(r) \\ 0 \\ P(r) \end{cases}$$

5) ❸ L'équation de continuité se réduit à :

$$\frac{d}{dr}(rV_r) = 0, \text{ soit : } V_r = \frac{A}{r}.$$

La condition à la limite en $r = R_1$ et $r = R_2$ impose $V_r(R_1) = V_r(R_2) = 0$, soit $A = 0$. L'écoulement est donc **purement orthoradial**, avec pour seule composante de vitesse non nulle $V_\theta(r)$.

Exercices

Niveau 1

Ex. 1 Similitude pour un essai de carène

Dans un laboratoire, on dispose d'un bassin rectangulaire de 50 mètres de long et de 5 mètres de large dans lequel on peut faire évoluer des maquettes de coques de navires d'une largeur de l'ordre de 20 cm. On propose d'optimiser la forme de la coque d'un voilier de type « coupe de l'América » de longueur 22,4 mètres, en pratiquant des essais à échelle réduite. Le facteur d'échelle géométrique de la maquette est de 10. Aux allures portantes, la vitesse d'un bateau en compétition est de l'ordre de $8\ \text{m} \cdot \text{s}^{-1}$ (16 nœuds). La viscosité cinématique de l'eau est de l'ordre de $10^{-6}\ \text{m}^2 \cdot \text{s}^{-1}$.

1) Quelle est la valeur du nombre de Reynolds de l'écoulement autour de la coque en conditions réelles ?

2) À quelle vitesse doit-on pratiquer l'essai dans le bassin pour assurer la représentativité de l'écoulement autour de la maquette ? Cet objectif est-il réaliste ?

Ex. 2 Similitudes pour un essai aérodynamique sur un avion de transport civil

On dispose d'une soufflerie dont la veine d'essai est à section carrée de 10 mètres de côté. La vitesse maximale de l'air est limitée à $70\ \text{m} \cdot \text{s}^{-1}$ par la puissance des ventilateurs.

On souhaite réaliser un essai aérodynamique en plaçant dans cette veine la maquette à échelle réduite d'un avion civil de type Airbus A340 d'envergure 60 mètres et dont la vitesse de croisière est transsonique de nombre de Mach 0,8 à une altitude où règne une température de -45 °C.

1) Quel est le nombre de Mach accessible dans la soufflerie disponible lorsqu'elle fonctionne à température ambiante ?

2) À quelle température faudrait-il abaisser l'air circulant dans la soufflerie pour respecter la similitude de Mach ? On prendra l'air comme un gaz parfait avec :

$$\gamma = 1{,}4,\ R_{air} = 287\ \text{J} \cdot \text{kg}^{-1} \cdot \text{K}^{-1}$$

(constante de la loi d'état).

3) On suppose que la viscosité cinématique est la même pour l'air dans la soufflerie et l'air à l'altitude de croisière. Compte tenu de la limite en vitesse de la soufflerie, quel est le facteur d'échelle requis pour le respect d'une similitude de Reynolds ?

4) On fait le choix d'une maquette de 4 mètres d'envergure. Quel est le nombre de Reynolds maximal accessible pour cet essai ? Comparer à celui de l'avion en vol de croisière.

Niveau 2

Ex. 3 Écoulement de Couette-Poiseuille modifié

On considère un fluide visqueux, incompressible et non pesant compris entre deux plaques planes infinies horizontales séparées d'une hauteur $2h$. Sa mise en mouvement résulte de la double action :

(i) d'un gradient de pression de direction $\vec{e}_P$ dans le plan horizontal $(\vec{x}, \vec{z})$,

(ii) de la translation, à vitesse constante V_0, de la plaque supérieure dans son propre plan $(\vec{x}, \vec{z})$, suivant une direction $\vec{e}_V$.

Les vecteurs $\vec{e}_P$ et $\vec{e}_V$ ne sont pas colinéaires et l'on désigne par α et β leurs angles respectifs avec l'axe x.

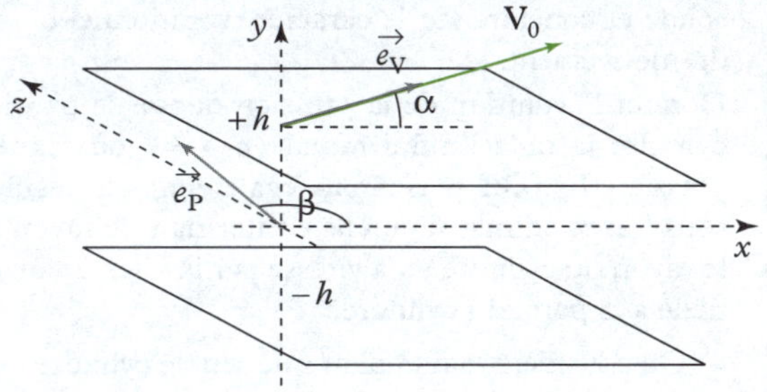

Cette situation peut être comprise comme une extension de celle étudiée au paragraphe C.1 où les forces de pression et de viscosité s'appliquaient de façon colinéaire. Cependant le gradient de pression et le mouvement de la paroi mobile *ne sont plus colinéaires*. On se limite à l'étude du champ de cet écoulement en régime permanent.

1) On suppose que le champ de vitesse est invariant par translation quelconque suivant les axes x et z. Montrer en usant de l'équation de continuité que le vecteur vitesse se réduit aux deux composantes non nulles $U(y)$ et $W(y)$. En déduire, en utilisant l'équation de la dynamique suivant y, que la pression n'est fonction que de x et z.

2) Déduire de l'équation de la dynamique en projection suivant x et z que le gradient de pression dans ces deux directions est constant.

(On posera $\dfrac{1}{\mu}\dfrac{dP}{de_\beta} = \text{Constante} = A$.)

3) Établir les expressions des deux composantes du champ de vitesse.

4) Montrer que la solution se présente comme la superposition des solutions de l'écoulement de Couette suivant $\vec{e}_V$ et de Poiseuille suivant $\vec{e}_P$. Pourquoi la superposition peut-elle s'appliquer dans ce cas ?

Ex. 4 Écoulement entre deux cylindres coaxiaux en rotation

1) Déterminer la vitesse de l'écoulement permanent d'un fluide de viscosité dynamique μ compris entre deux cylindres coaxiaux, de rayons respectifs R_1 et R_2 ($R_2 > R_1$), animés de mouvements de rotation uniforme de vitesses angulaires ω_1 et ω_2 autour de leur axe z (vertical ascendant). Ces deux cylindres sont considérés comme infiniment longs. Le fluide est incompressible et non pesant.

2) Déterminer la différence de pression entre les deux cylindres.

3) On considère que seul le cylindre intérieur est présent et tourne à la vitesse angulaire ω_1 dans le même fluide qui occupe à présent tout l'espace environnant ($R_2 \to +\infty$ et $\omega_2 = 0$).
Donner le champ de vitesse dans le fluide.
Quelle est le montant de la circulation comptée sur un cercle de rayon $r > R_1$?
Comparer cette situation à celle du tourbillon à noyau solide et conclure sur le caractère rotationnel ou non du mouvement.
Donner l'évolution de la pression depuis la paroi du cylindre jusqu'à l'infini radial ($r \to \infty$) où règne la pression P_∞. On présentera également les résultats sous forme adimensionnelle en normant le rayon par le rayon du cylindre et la vitesse par la vitesse tangentielle à la paroi du cylindre.

4) On considère maintenant que seul le cylindre extérieur est présent et tourne à la vitesse angulaire ω_2 ($R_1 = 0$ et $\omega_1 = 0$).
Donner le champ de vitesse dans le fluide.
Comparer l'écoulement à celui du tourbillon à noyau solide et conclure sur l'intensité du rotationnel dans le fluide.
Si P_{axe} est la pression qui règne sur l'axe du cylindre, donner l'évolution radiale de la pression.
Proposer des formes adimensionnelles pour les champs de vitesse et de pression.

Niveau 3

Ex. 5 Tourbillon elliptique ou tourbillon de Kirchhoff

Soit l'ellipse d'équation :

$$\frac{\bar{x}^2}{a^2} + \frac{\bar{y}^2}{b^2} = 1.$$

On s'intéresse à un tourbillon pour lequel l'intérieur de l'ellipse est à rotationnel constant et le mouvement externe à rotationnel nul. On note qu'il s'agit d'une généralisation du tourbillon à noyau solide circulaire vu plus haut.

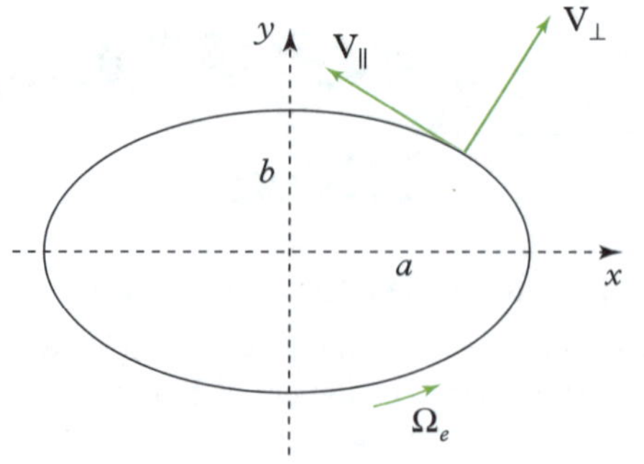

On va user de coordonnées elliptiques (ρ, θ) définies par :

$$\begin{cases} x = (\rho + \varepsilon\rho)\cos\theta \\ y = (\rho - \varepsilon\rho)\sin\theta \end{cases}$$

où $\varepsilon = \dfrac{a-b}{a+b}$ est l'excentricité de l'ellipse décrite pour $\rho = \bar{\rho} = \dfrac{1}{2}(a+b)$.

Dans ce système de coordonnées, le laplacien de la fonction courant $\psi(\rho, \theta)$ s'écrit :

$$\Delta\psi = \frac{1}{h^2}\left[\rho\frac{\partial}{\partial\rho}\left(\rho\frac{\partial\psi}{\partial\rho}\right) + \frac{\partial^2\psi}{\partial\theta^2}\right]$$

où h est le facteur géométrique :

$$h^2 = \rho^2(1-\varepsilon)^2\cos\theta + \rho^2(1+\varepsilon)^2\sin\theta.$$

On décompose le vecteur vitesse dans le plan en :

$$\vec{V} = V_\perp\vec{e_\perp} + V_\parallel\vec{e_\parallel},$$

où $\vec{e_\perp}$ et $\vec{e_\parallel}$ orientent respectivement la normale et la tangente à l'ellipse au point courant.

Dans ce repère, la relation $\vec{V} = \overrightarrow{\text{rot}}\psi$ donne :

$$V_\perp = \frac{1}{h}\frac{\partial\psi}{\partial\theta} \quad \text{et} \quad V_\parallel = -\frac{1}{h}\frac{\partial\psi}{\partial\rho}.$$

Le tourbillon est défini par :

$$\begin{cases} \Delta\psi = -\omega_0, \text{ si } \rho \leqslant \bar{\rho} \\ \Delta\psi = 0, \text{ si } \rho > \bar{\rho} \end{cases}$$

1) Usant du théorème de Stokes, montrer que la circulation du tourbillon sur une courbe fermée quelconque entourant l'ellipse est $\Gamma = \omega_0\pi ab$.

2) Montrer que :

$$\psi^- = Ax^2 + By^2 + C$$

est une solution plausible pour l'intérieur de l'ellipse si $A + B = -\dfrac{\omega_0}{2}$.

Montrer que :

$$\psi^+ = \frac{D}{2\rho}\cos 2\theta + E\ln\rho$$

est une forme qui convient pour l'environnement du tourbillon elliptique.

3) Le problème comprend cinq constantes à déterminer par la continuité de la fonction courant et du champ de vitesse à la frontière $\rho = \bar{\rho}$ de l'ellipse. La continuité de $V_\perp = \dfrac{1}{h}\dfrac{\partial\psi}{\partial\theta}$ est assurée par celle de ψ. Produire les deux relations qui expriment la continuité de ψ puis les deux relations qui assurent la continuité de $V_\parallel$.

4) On admettra qu'alors :

$$A = -\frac{1}{2}\omega_0\frac{b}{a+b} \quad \text{et} \quad B = -\frac{1}{2}\omega_0\frac{a}{a+b}.$$

Donner l'expression des composantes de la vitesse (V_x, V_y) dans le repère cartésien (x, y). Quelle est la condition pour que ce mouvement représente une rotation solide du fluide ? Montrer que la vitesse de la frontière s'écrit :

$$V_x = -V_m \sin\theta \quad \text{et} \quad V_y = V_m \cos\theta$$

où l'on déterminera la vitesse V_m.

5) Calculer la valeur de la vitesse normale $V_\perp$ à la frontière du tourbillon. On admettra qu'une ellipse, identique à celle qui définit le tourbillon, en rotation uniforme à la vitesse angulaire Ω_e est représentée par une fonction courant :

$$\psi' = \frac{1}{2}\Omega_e(x^2 + y^2).$$

Calculer la vitesse $V'_\perp = -\dfrac{1}{h}\dfrac{\partial\psi'}{\partial\theta}$ normale à l'ellipse.

En comparant cette vitesse à $V_\perp$, déduire l'expression de la vitesse de rotation du tourbillon elliptique.

Indications

Ex. 1 Appliquer la définition du nombre de Reynolds en choisissant les échelles adaptées au problème.

Ex. 2 Appliquer les définitions des nombres de Mach et de Reynolds en choisissant les échelles adaptées aux différentes situations d'écoulement.
Se rappeler que la célérité du son est fonction de la température selon la relation $a^2 = \gamma RT$ pour un gaz parfait.

Ex. 3 Commencer par revoir l'exemple traité dans le cours.

Ex. 4 On adimensionnalisera la pression par $\frac{1}{2}\rho V_{adim}^2$ où V_{adim} est l'échelle adoptée pour adimensionnaliser la vitesse.

Ex. 5 Revoir d'abord l'exemple traité en cours du tourbillon à section circulaire.
On se ramènera à la résolution de l'équation de Laplace à l'intérieur et à l'extérieur d'une ellipse.

Solutions des exercices

Exercices de niveau 1

Exercice 1

1) Le nombre de Reynolds de l'écoulement peut être bâti sur la vitesse du bateau (U), la largeur de la coque (ℓ) et la viscosité cinématique de l'eau, soit :

$$R_e = \frac{U\ell}{\nu}.$$

En conditions réelles de navigation, il vaut :

$$R_e = \frac{8 \times 22{,}4}{10^{-6}} = \mathbf{1{,}8 \cdot 10^8}.$$

2) En réduisant l'échelle de longueur d'un facteur 10, il faut, pour assurer la similitude de Reynolds, multiplier la vitesse de l'écoulement autour du modèle réduit dans le même rapport, soit une valeur de 80 m · s^{-1} ! Le bassin fait 50 mètres et l'essai à cette vitesse prendrait moins d'une seconde sur une maquette de plus de 2 mètres de long. Il faudra donc effectuer l'essai à moindre vitesse et extrapoler les résultats vers des nombres de Reynolds plus élevés.

Exercice 2

1) À la vitesse maximale V de la soufflerie, le nombre de Mach accessible est : $M = \frac{V}{a}$, où a est la célérité du son dans l'air à pression et température ambiante.

A.N. a est de l'ordre de 330 m · s^{-1}, d'où : $\mathbf{M = \frac{V}{a} = 0{,}21}$.

2) On sait que la célérité du son dépend de la température, avec pour un gaz parfait $a = \sqrt{\gamma RT}$. Pour réaliser la similitude de Mach en soufflant à 70 m · s^{-1}, il faudrait donc abaisser la température de l'air à une valeur T′ telle que :

$$M_{avion} = \frac{V_{soufflerie}}{\sqrt{\gamma R_{air} T'}}.$$

A.N. $T' = \frac{V^2_{soufflerie}}{\gamma R_{air} M^2_{avion}} = \frac{70^2}{1{,}4 \times 287 \times 0{,}8^2} = 19\ °K = \mathbf{-253\ °C}.$

3) Exprimons le nombre de Reynolds de l'avion en vol, en référence à sa vitesse de croisière V_{avion} et à son envergure L. On a :

$$R_e = \frac{V_{avion} \times L}{\nu}.$$

Soit $\lambda = \frac{V_{soufflerie}}{V_{avion}}$ le rapport entre les vitesses soufflerie et avion. Pour pouvoir conserver le nombre de Reynolds, la dimension caractéristique ℓ de la maquette d'essai en soufflerie doit être telle que :

$$V_{avion} \times L = V_{soufflerie} \times \ell, \quad \text{soit : } \ell = \frac{L}{\lambda}.$$

A.N. La vitesse de croisière est :

$$V_{avion} = aM_{avion} = (\gamma R_{t\ air} T)^{\frac{1}{2}} M = (1{,}4 \times 287 \times 228)^{\frac{1}{2}} \times 0{,}8 = 242\ \text{m} \cdot \text{s}^{-1} = \mathbf{872\ km \cdot h^{-1}}.$$

Le rapport des vitesses vaut donc $\lambda = \frac{70}{242} = 0{,}29$, d'où :

$$\ell = \mathbf{3{,}45\ L}.$$

Il faudrait donc réaliser les essais sur une « maquette » près de trois fois et demie plus grande !

4) Si la maquette ne fait que 4 mètres d'envergure, le nombre de Reynolds de l'essai est tout au plus de :

$$R_e = \frac{V_{\text{soufflerie}} \times \ell}{\nu} = \frac{70 \times 4}{1{,}4 \cdot 10^{-5}} = \mathbf{20 \cdot 10^6}.$$

Le nombre de Reynolds de l'Airbus A340 en croisière est lui de :

$$R_e = \frac{V_{\text{avion}} \times L}{\nu} = \frac{242 \times 60}{1{,}4 \cdot 10^{-5}} = \mathbf{10^9}.$$

Exercices de niveau 2

Exercice 3

1) L'équation de continuité s'écrit sous les hypothèses de l'étude :

$$\frac{\partial V}{\partial y} = 0.$$

La vitesse verticale étant nulle aux parois est donc nulle dans tout le champ. La vitesse se réduit aux composantes $U(y)$ et $W(y)$. L'équation de la dynamique en projection suivant y fournit alors :

$$0 = -\frac{1}{\rho}\frac{\partial P}{\partial y} + 0, \text{ soit : } \mathbf{P = P(x, z)}.$$

2) Les deux projections de l'équation de quantité de mouvement suivant x et z s'écrivent :

$$\begin{cases} 0 = -\dfrac{1}{\rho}\dfrac{\partial P(x,z)}{\partial x} + \nu\dfrac{d^2U(y)}{dy^2} \\ 0 = -\dfrac{1}{\rho}\dfrac{\partial P(x,z)}{\partial z} + \nu\dfrac{d^2W(y)}{dy^2} \end{cases} \text{ soit, avec } \vec{e}_P \cdot \vec{x} = \cos\beta : \begin{cases} \dfrac{1}{\mu}\dfrac{\partial P(x,z)}{\partial e_\beta}\cos\beta = \dfrac{d^2U(y)}{dy^2} \\ \dfrac{1}{\mu}\dfrac{\partial P(x,z)}{\partial e_\beta}\sin\beta = \dfrac{d^2W(y)}{dy^2} \end{cases}$$

Les deux membres de ces égalités étant fonctions de variables indépendantes, il en résulte que :

$$\mathbf{\frac{1}{\mu}\frac{\partial P(x,z)}{\partial e_\beta} = cte = A.}$$

3) Avec le résultat précédent, le champ de vitesse est solution des équations :

$$\begin{cases} A\cos\beta = \dfrac{d^2U(y)}{dy^2} \\ A\sin\beta = \dfrac{d^2W(y)}{dy^2} \end{cases}$$

dont l'intégration, sous les quatre conditions aux limites $U(-h) = 0$, $W(-h) = 0$, $U(h) = V_0\cos\alpha$ et $W(h) = V_0\sin\alpha$ conduit à :

$$\begin{cases} \dfrac{U}{V_0} = \Lambda\cos\beta\left[\left(\dfrac{y}{h}\right)^2 - 1\right] + \dfrac{\cos\alpha}{2}\left(\dfrac{y}{h} + 1\right) \\ \dfrac{W}{V_0} = \Lambda\sin\beta\left[\left(\dfrac{y}{h}\right)^2 - 1\right] + \dfrac{\sin\alpha}{2}\left(\dfrac{y}{h} + 1\right) \end{cases} \text{ où } \Lambda = \frac{Ah^2}{V_0}.$$

4) La solution s'écrit directement comme la superposition des solutions de l'écoulement de Couette suivant $\vec{e_V}$ et de Poiseuille suivant $\vec{e_P}$:

$$\mathbf{\vec{V} = U_{Couette}\,\vec{e_V} + U_{Poiseuille}\,\vec{e_P}},$$

avec $U_{\text{Poiseuille}} = Ah^2\left[\left(\dfrac{y}{h}\right)^2 - 1\right]$ et $U_{\text{Couette}} = \dfrac{V_0}{2}\left(\dfrac{y}{h} + 1\right)$.

La superposition s'applique à cette configuration d'écoulement car les non-linéarités du terme d'advection sont absentes des équations simplifiées, compte tenu des hypothèses. Le problème, régi par un système linéaire, est donc susceptible d'être traité avec le principe de superposition.

La figure ci-contre illustre le champ de vitesse pour $\alpha = \frac{\pi}{2}$ et $\beta = 0$.

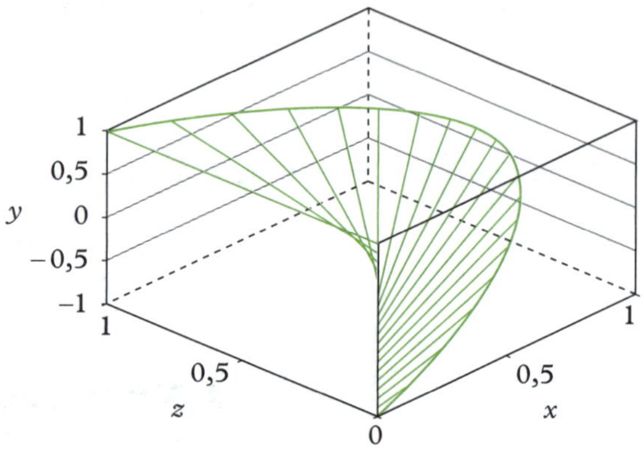

Exercice 4

1) Compte tenu des simplifications du problème, les projections de l'équation de la dynamique suivant $\vec{e}_r$ et $\vec{e}_\theta$ donnent :

$$\begin{cases} -\rho\dfrac{V_\theta^2}{r} = -\dfrac{dP}{dr} \\ 0 = \mu\dfrac{d}{dr}\left(\dfrac{1}{r}\dfrac{drV_\theta}{dr}\right) \end{cases}$$

La double intégration de la deuxième fournit :

$$V_\theta = Ar + \frac{B}{r}.$$

Les conditions aux limites en $r = R_1$ et $r = R_2$ permettent de fixer la valeur de ces deux constantes :

$$A = \frac{\omega_2 R_2^2 - \omega_1 R_1^2}{R_2^2 - R_1^2} \quad \text{et} \quad B = \frac{R_1^2 R_2^2(\omega_1 - \omega_2)}{R_2^2 - R_1^2}.$$

2) Le champ de pression est accessible par intégration de la première équation, soit :

$$\frac{dP}{dr} = \rho\left(A^2 r + \frac{AB}{r} + \frac{B^2}{r^3}\right), \text{ soit : } P - P_0 = \rho\left[A^2\frac{r^2}{2} + AB\ln r - \frac{B^2}{2r^2}\right].$$

On en déduit aisément la différence de pression entre les deux cylindres :

$$\mathbf{\Delta P = \rho\left[A^2\frac{(R_2^2 - R_1^2)}{2} + AB\ln\frac{R_2}{R_1} - \frac{B^2}{2}\left(\frac{1}{R_2^2} - \frac{1}{R_1^2}\right)\right].}$$

3) On applique la solution générale ci-dessus avec $\omega_2 = 0$ et $R_2 \to \infty$. On a alors : $A = 0$ et $B = \omega_1 R_1^2$. Le champ de vitesse vaut donc :

$$V_\theta = \frac{\omega_1 R_1^2}{r}, \text{ ou avec } r' = \frac{r}{R} \text{ et } V'_\theta = \frac{V_\theta}{\omega_1 R_1} : \mathbf{V'_\theta = \frac{1}{r'}}.$$

Cette décroissance hyperbolique de la vitesse orthoradiale est la même que celle du champ externe irrotationnel d'un tourbillon à noyau solide de rayon R_1 et de rotationnel interne $\omega_0 = 2\omega_1$. (On retrouve le coefficient 2 entre le rotationnel de la vitesse ω_0 et la vitesse angulaire effective $\frac{\omega_0}{2}$.)

La circulation est alors $\omega_0 \pi R_1^2$ ou $2\omega_1 \pi R_1^2$. L'écoulement autour du cylindre est donc irrotationnel.

Ce dernier résultat montre bien, si besoin était, qu'il ne faut pas associer le caractère rotationnel (local) du mouvement à la nature circulaire des lignes de courant qui est une propriété globale du champ.

La différence de pression qui s'établit en référence à la pression à l'infini vaut :

$$P = P_\infty - \rho\frac{\omega_1^2 R_1^4}{2r^2}.$$

Pour normer la pression, cette expression suggère d'user du groupement $\rho(\omega_1 R_1)^2$ et former ainsi l'évolution radiale de la pression adimensionnelle :

$$\mathbf{P' = P'_\infty - \frac{1}{2r'^2}}.$$

Compte tenu de l'expression du champ de vitesse $\left(V'_\theta = \frac{1}{r'}\right)$, la pression s'écrit encore : $P' + \frac{V'^2}{2} = P'_\infty$, soit, en revenant aux grandeurs dimensionnelles : $P + \frac{1}{2}\rho V_\theta^2 = \text{cte}$. Cette relation n'est autre que le théorème de Bernoulli en formulation forte, puisque cet écoulement est irrotationnel !

4) On utilise encore la solution générale avec, à présent, $R_1 = 0$, ce qui conduit à $A = \omega_2$ et $B = 0$. La solution est donc linéaire : $V_\theta = \omega_2 r$. Il s'agit d'une loi qui est caractéristique d'une rotation en bloc du fluide contenu dans le cylindre. Le rotationnel est alors constant et comme vu auparavant égal au double de la vitesse angulaire : $\overrightarrow{\text{rot}}\,\vec{V} = 2\omega_2$.

En normant le rayon par celui du cylindre et la vitesse par la vitesse tangentielle à la paroi, la forme adimensionnelle du profil de vitesse s'écrit : $V'_\theta = r'$. La pression augmente de façon quadratique avec le rayon depuis sa valeur sur l'axe :

$$P = P_{axe} - \rho\omega_2^2\frac{r^2}{2},$$

soit en introduisant la norme de pression $\frac{1}{2}\rho\omega_2^2 R_2^2$:

$$\mathbf{P' = P'_{axe} - r'^2}.$$

Exercice de niveau 3

Exercice 5

1) Le théorème de Stokes montre que la circulation d'un champ de vecteur sur un contour fermé est égale à l'intégrale du rotationnel de ce champ de vecteur sur toute surface s'appuyant sur le contour. Prenant pour surface à rotationnel non nul celle de l'ellipse elle-même (d'aire πab), on déduit la valeur de la circulation :

$$\mathbf{\Gamma = \omega_0 \pi ab}.$$

2) En appliquant l'opérateur laplacien en coordonnées cartésiennes à la forme de la fonction courant :

$$\psi^- = Ax^2 + By^2 + C,$$

on montre aisément qu'elle vérifie la définition du tourbillon elliptique pour le domaine interne à l'ellipse si $A + B = -\frac{\omega_0}{2}$.

À l'extérieur de l'ellipse, la fonction courant :

$$\psi^+ = \frac{D}{2\rho}\cos 2\theta + E\ln\rho$$

est donnée en coordonnées elliptiques. La vérification doit donc s'effectuer dans ce système de coordonnées :

$$\begin{cases} \rho\dfrac{\partial}{\partial\rho}\left(\rho\dfrac{\partial\psi^+}{\partial\rho}\right) = -\dfrac{4D}{\rho^2}\cos 2\theta \\ \dfrac{\partial^2\psi^+}{\partial\theta^2} = \dfrac{4D}{\rho^2}\cos 2\theta \end{cases}$$

3) La continuité de ψ en $\rho = \bar{\rho}$ s'écrit :

$$\psi^-(\bar{\rho}) = \psi^+(\bar{\rho}) \text{ et ce } \forall\theta.$$

Or :

$$\psi^-(\bar{\rho}) = \frac{1}{2}(Aa^2 + Bb^2) + C + \frac{1}{2}(Aa^2 - Bb^2)\cos 2\theta \quad \text{et} \quad \psi^+(\bar{\rho}) = \frac{4D}{(a+b)^2}\cos 2\theta + E\ln\left(\frac{a+b}{2}\right).$$

On obtient donc les deux premières relations entre les constantes :

$$\frac{1}{2}(Aa^2 + Bb^2) + C = E\ln\frac{a+b}{2} \quad \text{et} \quad \frac{1}{2}(Aa^2 - Bb^2) = \frac{4D}{(a+b)^2}.$$

La continuité de $V_\parallel$ en $\rho = \bar{\rho}$ s'écrit : $V_\parallel^-(\bar{\rho}) = V_\parallel^+(\bar{\rho})$ et ce $\forall\theta$, avec $V_\parallel = h^{-1}\dfrac{\partial\psi}{\partial\rho}$. Or :

$$\frac{\partial\psi^-}{\partial\rho} = (A(1+\varepsilon)^2 + B(1-\varepsilon)^2)\rho + (A(1+\varepsilon)^2 - B(1-\varepsilon)^2)\rho\cos 2\theta \quad \text{et} \quad \frac{\partial\psi^+}{\partial\rho} = -\frac{2D}{\rho^3}\cos 2\theta + \frac{E}{\rho}.$$

D'où les deux dernières relations entre les constantes :

$$\mathbf{Aa^2 + Bb^2 = E} \quad \text{et} \quad \mathbf{(Aa^2 - Bb^2)\bar{\rho}^2 = -2D.}$$

À ce stade, on connaît la fonction courant dans tout le domaine fluide.

4) Dans le tourbillon, les composantes de la vitesse en coordonnées cartésiennes sont :

$$V_x = \frac{\partial\psi}{\partial y} = -\frac{\omega_0 ay}{a+b} \quad \text{et} \quad V_y = -\frac{\partial\psi}{\partial x} = \frac{\omega_0 bx}{a+b}.$$

Une rotation solide du fluide est synonyme de vitesse orthoradiale proportionnelle au rayon, le mouvement décrit par les vitesses ci-dessus est de ce type si $a = b$. On retrouve donc le cas où l'ellipse est un cercle et le tourbillon identique à celui étudié au paragraphe C. de ce chapitre.

À la frontière de l'ellipse, $x = a\cos\theta$ et $y = b\sin\theta$. On vérifie bien que :

$$\mathbf{V_x = -V_m\sin\theta} \text{ et } \mathbf{V_y = V_m\cos\theta}, \text{ avec } V_m = \frac{\omega_0 ab}{a+b}.$$

5) Calculons la valeur de la vitesse normale $V_\perp$ à la frontière du tourbillon :

$$V_\perp = -h^{-1}\frac{\partial\psi}{\partial\theta}\bigg|_{(\rho=\bar{\rho})} = \frac{2D}{\bar{\rho}}\sin 2\theta = (Bb^2 - Aa^2)\sin 2\theta = \frac{1}{2}\omega_0 ab\varepsilon\sin 2\theta.$$

Pour une fonction courant : $\psi' = \dfrac{1}{2}\Omega_e(x^2 + y^2)$, la vitesse $V'_\perp = -\dfrac{1}{h}\dfrac{\partial\psi'}{\partial\theta}$ s'exprime par :

$$V'_\perp = -h^{-1}\frac{\partial\psi'}{\partial\theta} = \frac{1}{2}\Omega_e(a^2 - b^2)\sin 2\theta.$$

Ces deux vitesses expriment une même dépendance à l'angle polaire, on peut conclure sur la vitesse de rotation du tourbillon elliptique que :

$$\Omega_e = \frac{\omega_0 ab\varepsilon}{a^2 - b^2} = \boldsymbol{\frac{\omega_0 ab}{a^2 + b^2}}.$$

On retrouve le cas du tourbillon circulaire à noyau solide pour lequel $a = b$ et $\Omega_e = \dfrac{\omega_0}{2}$.

Dépôt légal : août 2005
2090366 / 01
Achevé d'imprimer en France par I.M.E. - 25110 Baume-les-Dames